KB233099

서울시 주상복합건물의 주거 특성

서울시 주상복합건물의 주거 특성

정 은 진

책 머리에

1990년대 중반부터 고급화·대형화 경향을 보여 온 서울시 주상복합건물은 "타워팰리스"로 대변되는 대표적 고급 주거 형태로 자리 잡고 있다.

도심부 재개발에 있어 주거공급을 위한 계획개념으로 등장하였던 '복합용도개발'의 한 형태인 주상복합건물이 서울시에서는 기존 주거지역 인근의 상업지역에 거대한 집적을 이루고 있어 여러 가지 도시문제를 내포하고 있다. 청계천 복원을 계기로 본격화되고 있는 서울시 도심부 재개발사업에서도 주상복합건물은 주거공급의 일환으로 확대일로에 있으나, 이 또한 고급 주거 형태로 공급되고 있어 지역 내 기존 거주민과의 사회·경제적 격차가 커질 것이 예상된다.

이러한 현실에서 '주상복합아파트'를 새로운 유형의 '주택'으로, 주상복합건물 집적지구를 '주거지역'으로 인식하고, 주거지역의 형성과정과 주거특성을 파악함으로써 주거지역 이해에 있어 주택과의 관련성을 파악하는 것이 본 연구의 목적이었다. 나아가 서울시 도시계획에 기초적 자료를 제공하고 정책적 함의를 찾는 것이 필요하다는 생각에서 이 연구는 시작되었다.

이를 위하여 3장에서는 1960년대 이후 서울시 주상복합건물의 공간적 확대 과정을 시기별로 살펴보고 이를 가능하게 한 사회·경제적 배경을 고찰하였고, 이어 4장에서는 서울시 주상복합건물을 대상으로 입지의 공간적 특성을 살펴보았다. 4장의 분석 결과를 토대로 사례 조사 지역을 선정, 5장에서 지역별 주거 특성을 분석하였다.

연구 결과 주택과 주거지와의 관계에서 특정 유형의 주택은 소득과 학력, 직업 등에서 차별적 성향을 강하게 나타내고 있으며, 주거지로서의 특징은 중심지 계층구조별로 지역 간에 차별성을 나타내고 있다.

이것은 주택의 선택에 있어 사회, 계층적 요소는 중요한 설명요인이지만, 주거지 선택에 있어 주변지역의 성격은 중요한 요소임을 짐작하게 하는 부분인데, 결국 특정 유형의 주택이지만 어느 지역에 입지하느냐에 따라 주거입지의 선택과정은 달라질 수 있고, 그 결과 주거지의 성격이 달라진다는 결론을 내릴 수 있다.

이상의 결과를 토대로 앞으로 증가추세를 보이고 있는 서울시 주상복합건물 건설에 대한 정책적 제안을 하였다. 가장 중요한 것은 본 연구를 통해 주거입지의 결정 요인과 특성은 지역별로 차별적임을 인식할 때 지역별로 각기 다른 개발방식을 취해야 한다는 것이다. 현재 시행되고 있는 '용도용적제'와 같은 일률적 규제는 건설업체들의 수익률 증대를 위해 도심이 아닌 기타 지역에서 고층의 고급형 주거 위주 개발을 부추길 것이며, 그 결과 주변지역 주민들과의 계층 간 위화감 등을 조성하게 되고, 한편 주변지역이 양질의 주거지역인지, 대규모 상업기능이 필요한 지역인지, 혹은 업무 중심의 기능 집적을 통한 중심적 역할을 하는 곳인지 등에 대한 고려 없는 일률적 개발을 통해 지역적 문제를 일으킬 소지가 크기 때문이다.

실제 본 연구는 2002년에 이루어진 박사학위논문으로 분석 대상 자료는 모두 2002년 4월까지로 한정되어 있다. 이 때문에 출판의뢰를 받았을 때 많이 망설였으나 이 자료는 개인적인 노력에 의해 구축된 것으로 공유의 의미가 클 것으로 판단하여 용기를 냈다.

부족한 글을 귀히 여기시고 출판하여 주신 한국학술정보(주) 사장님 이하 직원분들께 감사드린다.

차　례

I. 서 론

1. 문제제기와 연구목적

도시 내의 모든 기능과 활동은 토지와 토지상의 건축물에 기반해서 이루어진다. 특히 건축물은 도시적 활동을 가능하게 하는 공간으로써 도시 토지이용의 중요한 일면을 나타낸다.

도시의 토지이용은 경제적·제도적 여건 하에서 여러 주체들의 입지 결정의 결과에 따라 변하게 된다. 즉 생산성 측면에서의 비옥도가 토지이용에 있어 가장 중요한 결정 요인인 농촌과는 달리, 도시에서의 토지는 생산요소라기보다는 입지를 의미한다. 도시의 입지는 토지이용의 용도와 개발방향을 결정짓게 하고 결국 도시 전체의 공간구조를 형성하게 되는 것이다.

시간과 공간에 따라 인간활동이나 산업활동은 변화하고 이에 대한 적응과정으로써 도시의 토지이용도 변화과정을 겪게 되며 결국 도시의 공간구조도 변하게 된다.

근대도시는 地域·地區制(zoning)[1]를 기반으로 하는 토지이용 순화의 경향이 두드러져서 도시의 토지이용은 기능별로 각각 분리하고, 이들을 교통망에 의해 유기적으로 연결하고자 하였다. 그러나 이러한 용도분리는 지대 경쟁의 결과 외곽지역으로 밀려나게 된 주거지역으로 인해 직·주 분리현상을 야기하고, 도심공동화현상을 발생시켰으며 획일적인 기능의 집적을 초래하였다. 또한 폭발적 인구 증가와 함께 도시 교통문제는 더욱 가중되었고 이로 인한 환경오염도 심각한 수준에 이르게 되었다. 도시계

---

[1] '용도지역·지구제', '용도지역제', '지역제' 등으로도 불린다.

획가들은 이러한 문제들이 토지이용의 극단적인 기능 순화가 불러온 폐단이라 보고 복합적인 토지이용을 주장하게 되었다. 즉 도심이나 도심근교의 재개발단계에서 기존의 주거기능을 이전하고 상업·업무기능을 배치하는 종래의 단일 용도적 도시계획 개념에서 탈피하여 상업·업무기능과 함께 양질의 고층 주거들을 묶어서 계획해 나가도록 하는 '복합용도개발'이 계획가들의 관심을 끌어 왔다. 주상복합건물은 이러한 복합용도개발방식의 하나로 서구 선진국들의 도시에서 중심부의 초고층 빌딩 형태를 자랑하면서 나타나게 되었다.

우리나라는 이러한 주상복합건물을 1960년대 후반부터 도심부 재개발의 개념으로 도입하기 시작하였다. 세운상가아파트로 시작된 도심부 주상복합건물은 1980년대 후반 이후 복합용도개발의 일반적인 유용성 외에 개발 가능 택지의 부족으로 인한 서울시 주택공급의 일환으로 제기됨으로써 활발하게 건립되어 왔다. 특히 1994년을 기점으로 서울시는 상업지역에만 건설할 수 있던 주상복합건물을 준주거지역에까지 확대하게 되었고, 단계적으로 용적률을 완화하고 주거부문의 구성 비율을 확장시켜 왔다. 이러한 제도적 완화 과정 속에서 상업지역을 이용한 주상복합건물 공급은 계속 확대되어 왔고 이제는 새로운 도시 주거 유형의 하나로 자리 잡아 간다고 볼 수 있게 되었다. 또한 개별 건물들이 인접지역에 집중하면서 하나의 단지 형태를 구성하게 되었고 이러한 지역은 단순히 도시 내의 주거공간으로써 뿐만 아니라 '새로운 주거지역'이라 할 정도의 규모로 성장하고 있다. 또한 주거상업 복합건물은 주거부문의 고층 아파트, 업무시설, 상업시설, 기타 부대시설이 동시에 기능적, 형태적으로 복합되는 이유로 대부분 대규모의 고층건물이며, 독특한 형상을 갖게 되어 그 지역의 랜드마크가 될 만하다. 이는 상업적으로도 이용되며, 이런 이유로 주거상업 복합건물은 지역 발전의 핵이 될 수도 있다.

반면 도심부의 상업기능 위주의 개발을 억제하면서 조화로운 도심부 개발의 의도로 마련한 지원책이 실제 개발에 있어서는 분양가 자율화를 통한 고급주택 사업의 기회로, 위치상으로는 주로 도심 이외의 지역에, 형태상으로는 사업성만을 고려한 제한적인 형태(단동식)의 복합개발형태가 되면서, 또한 용도상으로는 소규모 필지에 주거·상업·업무·스포츠 등의 다용도를 단일의 건물에 수직적으로 복합하고, 주거시설은 상층부에 배치하는 것이 일반적인 개발수법이 되었고, 이로 인해 주거부분의 거주적합성이 현저히 낮아졌으며, 녹지나 공용공간의 확보가 부족하고, 지구단위의 공공성 및 어메니티(amenity)의 부족 등이 커다란 문제점으로 등장하기 시작하였다. 또한 생활공간의 고급화에 대한 건축적 수단 외에도 현대인이 갖고 있는 다양성에 대한 욕구는 기존의 비슷비슷한 아파트에 싫증내는 고소득자들을 위한 독특한 구조들을 공급하기 시작하면서 호텔급의 주거환경을 제공하는 주상복합 빌딩들이 나타나게 되었다. 이 건물들은 분양단계에서부터 특권적 계층만이 입주할 수 있는 환경을 조성하는 등 계층적 위화감을 조성하고 나아가 주변지역과의 부조화를 초래하는 폐단을 나타내기도 하였다.

도심부 활성화를 목적으로 도입된 복합용도 건축물이 도심부가 아닌 기타 지역에 더 많이 공급되고 있다는 사실은 건물 자체의 기능적 측면의 문제뿐 아니라 제도적 차원에서의 토지이용 계획과 관리, 나아가 도시 전체의 조화로운 공간구조 형성에 있어서도 문제가 될 수 있다.

그럼에도 불구하고 지속적으로 공급 확대 전망을 보이고 있는 주상복합건물은 도시 내에 새로운 주거공간을 형성할 뿐 아니라 상업지역 내 주거지역 형성이라는 측면에서 도시공간구조의 변화에도 영향을 미칠 것으로 판단된다. 따라서 현 시점에서의 주상복합건물 지역에 대한 정확한 고찰은 앞으로의 주상복합건물 관리와 개발에 대한 방향을 제시해 줄 수 있는 중요한 연구의 출발점이 될 것이다.

이러한 상황에서 다음과 같은 문제를 제기할 수 있다.

첫째, 복합용도개발의 일환인 주상복합건물이 서울시에서 성장하게 된 사회·경제적 배경은 무엇인가?

둘째, 현재 서울시 주상복합건물의 입지 특성은 어떠하며 앞으로 어떤 방향으로 변화해갈 것인가?

셋째, 주상복합건물 집적지역은 새로운 유형의 주택을 통해 형성된 상업지역 내의 분화된 주거지역으로 볼 수 있는가? 그렇다면 어떤 요인에 의해 설명할 수 있는가? 아울러 상업기능은 주거지역 형성에 어떠한 역할을 하고 있으며, 복합용도개발을 통해 얻고자 한 유용성들은 주상복합건물 거주자들을 통해 잘 나타나고 있는가?

넷째, 주상복합건물 집적지역의 주거 특성은 도시공간구조적 계층성에 의해 차별화되는가?

이러한 문제의식 하에 본 연구는 복합용도개발의 일환인 주상복합건물이 서울시에 형성한 새로운 주거지역적 특성이 지역 간에 차별적인지를 밝히고 이를 통해 지역적 특성에 맞는 보다 바람직한 개발 및 관리방안을 제안하는 데 목적을 둔다.

위의 연구목적을 밝히기 위한 구체적인 연구 내용은 다음과 같다〈그림 Ⅰ-1〉.

Ⅱ장은 연구의 첫 단계로 두 가지 방향에서 이론적 고찰을 하고자 한다. 먼저 주거지역 형성에 관한 문헌 연구를 통해 주택과 관련된 주거지역 연구의 관점을 정리하고, 이어 주상복합건물의 개념을 찾아볼 수 있는 복합용도개발에 관한 문헌을 정리하고 기존 연구의 한계를 통해 본 연구의 틀을 제시한다.

Ⅲ장에서는 서울시 주상복합건물의 확대 과정을 시기별·지역별로 검토하고, 특히 1990년대에 들어와 주상복합건물이 서울시 전역을 대상으로 급성장하게 된 여러 메커니즘들을 살펴본다.

Ⅳ장에서는 서울시 주상복합건물의 분포패턴, 위치적 특성, 건축적 특성 등을 통해 입지 특성을 분석하고, 그 결과를 기초로 연구대상지역을 선정한다.

Ⅴ장에서는 주민의 사회·경제적 특성 및 생애주기, 주거선택요인 및

만족도 등을 통해 주상복합아파트라는 특정 유형의 주택과 주거지역 형성 간의 관계를 파악한다. 한편 통근행태, 일상 서비스 구매행태 등을 통해 복합용도개발의 계획 개념이 실천되고 있는지 확인하고 또한 주상복합건물 내 상업부문의 특성과 주거지역 형성에의 역할을 검토한다. 이상의 고찰을 토대로 주상복합건물의 지역별 주거 특성이 도시공간구조적 계층성에 의해 차별적인지를 확인한다.

Ⅵ장에서는 이상의 연구결과를 요약하고 마지막으로 지역적 맥락과의 유기적 관계 속에서 바람직한 주상복합건물 개발방향을 제안한다.

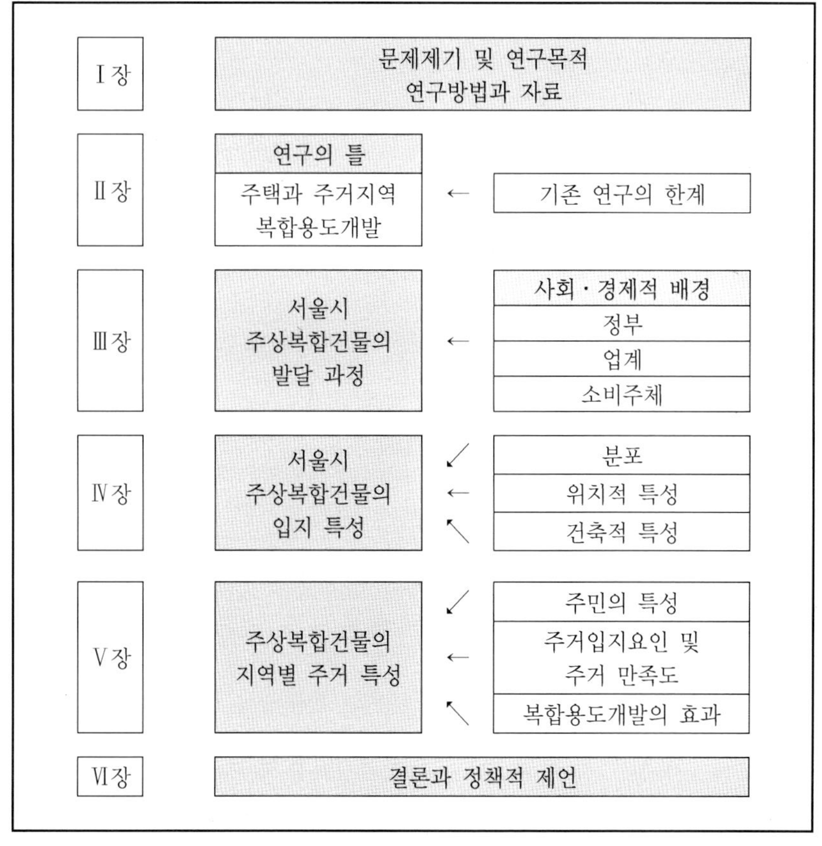

〈그림 Ⅰ-1〉 연구흐름도

2. 연구방법 및 자료

주상복합건물은 행정상의 용어가 아니기 때문에 대부분의 행정기관이 주상복합건물에 대한 통계를 내지 않고 있어 구청별로 관리하는 자료들에 일관성이 없다.

그래서 1차적으로 서울시[2]와 각 구청 건축과에 자료를 요청하였고,[3] 2차적으로 각 구청을 방문하여 1990년 이후[4]의 건축허가대장, 사용승인대장을 열람하였다. 여기서 주상복합건물일 가능성이 높아 보이는 건물들을 선별한 후, 각각의 건물들을 건축물대장을 통해 확인하였다. 보완작업으로 99년 4월 이후 서울시가 온라인상에서 공개하고 있는 건축허가자료들 중 주상복합으로 분류되는 건물들을 포함시켰고, 마지막으로 기존 연구들에서 사용했던 자료들도 참고로 하였으며 이 자료들도 마찬가지로 모두 건축물대장을 통해 확인하였다.

그 결과 현재 준공된 건물 102건과 미준공건물 120건 등 총 222건[5]에

---

2) 서울시 주택국의 건축물 관리 체계는 크게 다음과 같다.

서울시 주택국	주택기획과	사업계획승인에 의한 건물
	재개발과	도심부재개발에 의한 건물
	건축지도과	건축허가에 의한 건물

3) 21층 이상의 건물은 서울시 허가대상이고, 20층 이하는 각 구청에서 허가한다.
4) 1980년대까지의 주상복합건물은 기존의 연구에서 사용한 자료를 이용하고자 한다. 이 시기의 건물들은 대부분의 연구에서 사용하고 있는 자료가 모두 동일하기 때문이다.
5) Ⅲ장의 1절에서 서술하게 될 '서울시 주상복합건물의 확대 과정'에서 60년대 말부터 70년대 초에 건설된 건물들은 222건에서 제외되었다. 당시의 건물들은 우리나라 복합공동주택 개발의 시발점이 되긴 하였으나, 현재 기존 주거기능의 상당 부분이 타 용도로 전환되었으며, 상업기능

대한 건물자료를 분석에 이용하였다(2002년 4월 기준).

이상의 자료를 통해 서울시 주상복합건물의 입지 특성을 분석하였다. 즉 개별 건물의 건축물대장에서 얻을 수 있는 자료들을 토대로 기본적인 통계표를 작성하고 관련성이 높다고 파악되는 자료들 간의 교차분석을 통해 입지 특성을 파악하였다. 개별 건물들의 물리적 형태, 수용기능의 종류와 정도는 준공건물 102건에 대한 현장 답사를 통해 확인하였다.

건물자료의 분석은 서울시 전체 주상복합건물을 대상으로 지역 단위의 분석을 실시하였는데, 단위지역의 구분은 1차적으로 한강을 기준으로 강남과 강북으로 나누고, 2차적으로 동과 서로 구분하여 도심, 동북권, 동남권, 서북권, 서남권의 5개 권역으로 나누었다. 구체적 분석 결과는 모두 구청별로 나타내었다.

이상의 결과를 토대로 주상복합건물 지구의 사례지역을 선정하고자 하였는데, 그 첫 번째 기준은 '상업지역의 주거지화'라는 측면에서 3개동 이상의 건물이 외관상 단지를 형성하고 있는 것으로 보이는 곳이어야 하며6) 두 번째 기준은 도시공간구조의 계층성과 관련하여 서울시 중심지 체계도와 접목시켜 도심, 부도심, 지역중심, 지구중심의 중심지에 해당하는 곳으로 선정하고자 하였다. 그 결과 도심부(사직동), 부도심지역(강남역 부근의 서초 제2동, 잠실역 주변의 잠실 제6동), 지역·지구중심 지역(양천구의 목 제5동, 강남구의 도곡 제2동) 등 5개의 지역을 선정하여 사례조사를 실시하였다.

사례지역의 주민과 점포 주인을 상대로 복합용도개발의 유용성과 분화된 주거지역이라는 두 가지 관점에서 직·주 근접 정도, 통근행태, 사회·경제적 특성, 인구학적 특성, 입지 결정 요인과 이주과정, 주거 만족도, 발전가능성, 상업기능의 특성과 역할 등에 대한 설문조사를 실시하였다.

은 서울시 혹은 전국을 단위로 하는 도매시장의 기능으로 공동주택의 개념이 희박해졌기 때문에 본 연구에서는 제외시켰다.

6) 단일 건설회사에서 건축하지 않은 경우도 포함하고 있다.

24

주민과 점포 운영자를 대상으로 한 설문은 2002년 6월 24일부터 7월 20일까지 실시되었다. 그 결과 주민대상은 총 178부, 상가운영자 대상은 총 90부의 설문지를 회수하여 분석에 이용하였다. 사례지역별로 보면 주민의 경우 사직동 29부, 서초동 30부, 잠실동 36부, 목동 41부, 도곡동 42부이며, 상가운영자의 경우는 도심 19부, 서초동 4부, 잠실동 18부, 목동 24부, 도곡동 25부이다. 상가운영자의 경우 서초동과 잠실동의 설문이 어려워 이 두 지역은 지역 여건상 부도심지역의 역세권에 해당하는 동일한 지역적 특성을 가지고 있어 두 지역을 묶어 부도심지역으로 분석하였다 〈표 Ⅰ-1〉.

〈표 Ⅰ-1〉 설문지 회수 정도

조사지역		설문조사 건물	주 민		상 가
			세대수	설문회수	설문회수
도 심	사직동	1. 세종로대우빌딩 2. 세종빌딩 3. 미도파빌딩	180세대	29부(16.1%)	19부
부도심	서초동	1. 현대타워 2. 서초삼성쉐르빌Ⅱ 3. 서초동아타워	158세대	30부(19.0%)	4부
	잠실동	1. 한빛프라자 2. 한라시그마타워 3. 현대타워아파트	194세대	36부(18.6%)	18부
지역중심 · 지구중심	목 동	1. 목동트윈빌 2. 부영그린타운Ⅱ	660세대	41부(6.2%)	24부
	도곡동	1. 대림아크로빌	480세대	42부(8.8%)	25부
계			1,672세대	178부(10.6%)	90부

3. 용어정의

본 연구에서 사용하고 있는 '주상복합건물'의 개념에 대해 다음과 같이 정리하고자 한다.

계획 개념에서의 주상복합건물은 복합용도개발의 한 유형으로 하나의 건축물 내에 주거기능이 주(主) 기능으로 선정되고 이와 더불어 상업·업무·기타의 기능을 덧붙여서 입체적으로 결합시키는 건축형식을 총칭한다(주택포럼, 1995.12, 110).

따라서 주상복합건물은 행정상의 용어가 아니다.

다만 주택건설촉진법(이하 '주촉법'이라 칭함) 33조 1항[7])에 대해 주촉법 시행령 32조 1항에서는 "단독주택의 경우 20호, 공동주택의 경우 20세대 이상의 주택을 건설하거나, 1만 제곱미터 이상의 대지를 조성하고자 하는 자는 사업계획을 작성하여 건설교통부장관의 승인을 얻어야 한다"고 명시되어 있다. 그러나 다음의 경우는 예외로 하는데, "도시계획구역 중 상업지역 또는 준주거지역 안에서 주택 외의 시설과 주택을 동일건축물로 건축하는 경우, 1세대 당 주택의 규모가 297제곱미터(약 90평[8])) 이하인 경우와 당해 건축물의 연면적에 대한 주택연면적의 합계의 비율이 90퍼센트 미만인 경우는 사업계획 승인대상에서 제외"하고 있다.

여기서 '도시계획구역 중 상업지역 또는 준주거지역 안에서 주택 외의 시설과 주택을 동일건축물로 건축하는 경우로서 1세대 당 주택규모가 $297m^2$(89.83평) 이하, 주택연면적의 합계 비율이 90% 미만인 경우에 해

---

7) 제33조(사업계획의 승인 및 건축허가 등) ① 대통령령으로 정하는 호수 이상의 주택을 건설하거나 대통령령으로 정하는 면적 이상의 대지를 조성하고자 하는 자는 사업계획을 작성하여 건설부장관의 승인을 얻어야 한다. 사업계획을 변경(건설부령이 정하는 경미한 사항의 변경을 제외한다)할 때에도 또한 같다.〈개정 1981·4·7〉

8) 1평 = $400/121m^2$(약 $3.3m^2$).

당되는 사업으로 주택건설사업계획 승인대상에서 제외되는 사업'에 의해 건설된 건물을 법령상 주상복합건물이라 할 수 있다.

그러나 일반적으로는 도시계획구역 중 어느 곳에 건축되든지, 또한 사업계획 승인을 받은 건물인지 아니면 건축허가를 받은 건물인지에 상관없이 주택 외의 시설이 주택과 동일건축물로 건설되기만 하면 주상복합건물이라는 용어를 사용하고 있는 것이 사실이다.

이처럼 혼용되어 쓰이고 있는 주상복합건물에 대해 본 연구의 연구대상이 되는 주상복합건물은 다음의 경우에 한정하기로 한다.

첫째, 주거와 상업9)이 복합되어진 주거상업 복합건물만을 대상으로 하고자 한다. 즉 복합용도건물로 분류될 수 있으나 '주거'가 포함되지 않은 경우는 제외한다. 예를 들면 업무시설과 상업시설의 복합이거나, 주거와 유사한 기능을 갖는 호텔, 모텔, 오피스텔10), 콘도미니엄과 같은 것이 업무시설이나 상업시설과 함께 수용되어 있는 경우를 말한다. 이는 주거 기능 도입을 통해 도심부 재생을 의도한 복합용도개발 본래의 취지와 맞지 않거니와 특정 유형의 주택에 의한 주거지역 형성이라는 관점에서 주상복합건물 집적지역을 바라보고자 하는 연구목적에 맞지 않기 때문이다.

둘째, 공동주택이라는 관점에서 20세대 이상의 주거를 포함하고 있는 주상복합건물만을 대상으로 한다. 따라서 소규모 집합주택에서 1층을 점포로 이용하는 점포주택 등은 연구대상에서 제외한다.

셋째, 사업계획승인을 통해 건설된 일반 아파트단지 안에서 1층에 상

---

9) 주상복합에서의 '상'은 단순한 상업기능만을 의미하는 것이 아니라 상업, 업무, 숙박, 공공시설, 문화 관련 시설, 스포츠 시설 등 다양한 기능을 포함한다.

10) '오피스텔'은 주거로 사용되는 경우가 많지만, 건축허가를 받을 때에는 '업무시설'로 분류된다. 따라서 자료상으로는 실제 업무로만 사용되고 있는지, 주거로도 사용되고 있는지 파악할 수 없기 때문에 본 연구에서는 제외시킨다.

가기능을 가진 아파트 1개동의 경우 주상복합기능으로 분류하는 경우가 있다. 하지만 이 부분은 연구대상에서 제외하였는데, 그것은 기존의 아파트 주거지역 내에 있는 복합건물로 복합용도개발을 통한 주상복합건물의 아파트와는 성격이 다르다고 판단되기 때문이다.

Ⅱ. 이론적 고찰

개별 주상복합건물들이 인근에 집중되어 하나의 단지 형태를 이루고 있고 이러한 곳은 새로운 주거지로 기능하고 있다. 주거지역은 그 지역을 구성하고 있는 주택의 특성을 반영하고 있으며, 주택의 변화는 결국 주거지역의 변화로 이어진다. 주택은 주거지역을 구성하는 가장 중요한 요소 중의 하나로 특히 주택유형은 주거와 관련된 제반 요인들의 영향을 받는다. 예외적 유형11)인 주상복합건물이 대형화·고급화되면서 주택으로 자리 잡고 있는 시점에서 주상복합건물 내의 주거기능으로 인한 주거지역 형성은 상업지역의 주거용도 이용이라는 측면에서 여러 가지로 살펴볼 점이 있다고 본다.

따라서 본 장에서는 주택과 주거지역 형성에 관한 기존 연구들을 검토하고, 주상복합건물의 개념을 찾아볼 수 있는 복합용도개발에 관한 기존 연구들을 검토하도록 하겠다. 기존 연구들의 고찰을 통해 한계와 문제점을 찾아내고 이론적 논의의 결과를 바탕으로 주상복합건물 집적지역의 주거지역 형성과 특성에 대한 분석틀을 제시하고자 한다.

1. 주거지역 형성과 거주지 분화

거주기능은 현대의 도시가 담당하고 있는 가장 중요한 기능들 중의 하나이며, 도시 내부의 공간에서 거주지는 가장 넓은 공간을 점유하고 있

---

11) 우리나라의 주택은 유형별로 단독주택과 공동주택으로 구분하고, 단독주택에는 다가구주택이 포함되며 공동주택에는 아파트, 연립주택, 다세대주택이 포함된다.

30

다.[12] 따라서 도시의 공간구조와 지역 패턴을 이해하는 데 있어 주거지역은 중요한 요인이며 도시를 다루는 여러 학문 분야에서 많은 연구가 이루어졌다. 특히 지리학에서 주거지역에 대한 연구는 주로 주거지역의 성격 규명과 공간적 분화현상을 중심으로 이루어졌다(Kirby, 1983, 5-6).

1) 이론적 틀과 연구동향

도시주택 및 주거지구조에 관한 접근방법을 나누는 기준은 학자들마다 조금씩 다르다. 따라서 하나의 통일적 접근방법은 없다(Kirby, 1983, 9-11). 예를 들어 Bourne(Bourne, 1981, 10)은 '정치·경제 구조/투자·자본 시장/제도(기관)/지역적 개발의 실천/가구 입지 결정/주거이동/토지이용·근린의 변화/사회적·인구학적 변화' 등 8개의 연구 분야를 제시하고 있다. 이들을 규모(macro/micro)와 관련 주제(demand, supply, policy)에 따라 다시 나누고 있다. 이에 비하여 Robson(Robson, 1969, 71)은 경제학자들의 미시경제학적 접근에 사회 생태학(social ecology), 갈등 이론과 관리주의(conflict theory and managerialism), 막시스트적 개념을 더하여 자신의 연구관점을 인식하고 있다. 모두 각각의 연구 분야가 분절적이 아님을 주장

12) Bartholomew는 미국 도시의 용도별 토지이용에 관한 조사를 통해, 거주지가 도시 전면적의 22%를 점유하고 있을 뿐 아니라, 시가지(built-up area)에 한정하였을 경우, 무려 40%에 달하는 점유비를 차지하고 있음을 밝힌 바 있다(Bartholomew, 1955; 김인·박영규, 1984, 117). 서울시의 용도지역 현황에서도 주거지역이 49.7%로 가장 넓은 지역을 차지하고 있다.

단위: 천km^2

목표년도	계획구역면적	용도지역			
		주거지역	상업지역	공업지역	녹지지역
2011	605.96	301.08 (49.7%)	23.31 (3.9%)	28.13 (4.6%)	253.24 (41.8%)

자료: 서울통계연보 2001.

하고 있다. 이들의 구분과 함께 가장 널리 알려진 것은 Bassett와 Short의 구분방법이다(Bassett and Short, 1980). 이들의 연구는 크게 생태학적 접근, 신고전경제학적 접근, 제도적 접근, 막스주의적 접근의 4가지로 나눌 수 있는데, 이들을 다시 주택 및 거주공간의 생산과 공급부문을 중심으로 다룬 것들과 개별수요 부문을 중시한 견해들로 구분해 볼 수 있다.

① 수요 중심의 논의

거주지 분화에 대한 사회과학적 관심의 최초의 접근방식은 1920년대 Chicago학파의 생태학적 연구에서 찾아볼 수 있다(도경선, 1994, 14). 이 접근방법은 인간생태학에 이론적 토대를 두고, 자연생태계의 침입(invasion), 경쟁(competition), 지배(dominance), 천이(succession)라는 개념을 사용하여 주거지구조의 공간적 패턴을 설명하는 데 주로 관심을 두고 있다. Park, Burgess의 동심원 모형은 지가 지불능력의 차이에 의해 도시성장 및 주거지 분화가 일어나는 것으로 설명하였다. 이는 인간은 보다 넓은 토지 및 접근성을 얻기 위해 경쟁이 불가피하며 이러한 경쟁의 결과는 지가에 반영되고 지가에 대한 지불능력의 차이에 의해 소득수준별 주거지가 분화된다는 이론이다. 즉 도심지 주변의 노후화된 주택은 도시 인구의 성장과 시민 소득의 증대로 저소득 계층이 차지하고, 고소득층은 주거환경이 쾌적한 도시 외부의 동심원으로 이주하게 된다고 하였다. 즉 주택수요는 가구의 소득과 밀접한 관련이 있기 때문에 교외의 신규 고급주택은 고소득층으로서 도심과의 접근성보다는 교외의 넓은 공간을 가진 쾌적한 주택을 선호하는 가구가 차지하게 된다는 것이다. 이후 Hoyt는 Burgess의 동심원 모델을 비판, 확장시키면서 도시의 주거지 패턴은 고소득층 주거지에 의해 우선적으로 결정되며, 교통로를 따라 sector별로 분화·발전해간다는 선형(扇形)이론을 제시하였다. 이 과정에서 고소득층의 수요가 충족되면 이전의 주택은 보다 낮은 소득계층에 의해 점유되는 filtering 현상이 발생한다는 것이다. 즉 도시는 고소득 집단들에 의해 주기적으로 요구되는 새로운 토지 수요의 결과로 성장하게 된다는 관점을 보여주고 있다(Kirby, 1983, 16). Burgess와 Hoyt 이후 가장 위대한 발전을 이루었다(Johnston, 1971, 141)고 평가받는 Schnore는 근대화를 거치면서 상위계층의 주거지가 도심에서 교외지역으로 단계적으로 변화해간다는 관찰을 통해 진화론적 주거지구조 모형을 구성하였다. 그에 따르면 Burgess의 주거지 분화패턴은 이러한 진화의 최종단계인 것이다(Bassett and Short, 1980, 16-17).

이러한 고전적 도시생태학을 기반으로 사회지역분석(social area analysis)[13] 및 거주지 분화의 공간적 패턴에 계량적 기법을 이용하는 요인생태학(factorial ecology)[14]적 연구가 등장하였다.

이와 같은 생태학적 접근은 '사회의 어떤 집단이 도시의 어디에 입지하는가?' 그리고 '이러한 지역의 상태는 어떠한가?'에 대한 질문에 답하는 데 주로 관심이 있었기 때문에 '어떤 집단이 어떻게, 그리고 왜 그 장소에 입지하게 되었는가?'라는 질문에는 적절히 답하지 못했다는 것이 근본적인 약점이다.

도시 주거지구조에 대한 또 다른 접근으로, 이론적 근거를 신고전경제학에 두고 있는 신고전적 접근은 미시적인 주택시장에서 개별 소비자들의 효용 극대화를 분석하는 데 주안점을 두고 있다. 생태학적 전통이 주로 경험적 규칙성만을 나열하고 있다는 데 대해 비판하면서 주거지 분화

---

13) 대표적인 연구로는
    -Shevkey, E. & M. Williams, 1949, The Social Areas of Los Angeles, University ofCalifornia Press, Los Angeles.
    -Shevkey, E. & W. Bell, 1955, Social Area Analysis, Stanford University Press, Stanford, California.
14)   -Murdie, R. A., 1969, "Factoral Ecology of Metropolitan Toronto, 1951-1961", Research Paper 116, Dep. of Geography, University of Chicago.
    -Robson, B. T., 1969, Urban Analysis, Cambridge University Press.

의 이론적 설명을 추구하였다.

그 대표적인 연구는 Alonso의 상쇄모형(trade-off model)이다(Alonso, 1964). 그는 소득과 시간의 제약하에서 도심에서 멀어질수록 증가하는 교통비용과 도심에서 멀어질수록 감소하는 주거비용을 두고 효용을 극대화하기 위한 개별 가구의 평가와 필요에 따라 주거입지의 효율적 선택이 이루어진다고 보았다. 즉 고소득가구는 도심 가까이에 살면서 교통비용을 줄이는 대신 높은 주거비용을 부담하거나, 아니면 주변부의 값싼 주택에 거주하면서 높은 통근비용을 부담할 수 있는 선택의 여지를 가지게 된다는 것이다. 상쇄모형에서는 주택수요구조를 매우 강조한다. 개별가구는 중요한 관찰단위이며 가구의 선호도 구조는 중요한 설명변수가 되는 것이다. 반면 소득수준이 너무 다양하기 때문에 단순한 저·중·고소득층으로만 분류하기에는 너무나 거친 면이 있으며 또한 주택공급 및 배분에 대한 분석이 없다는 것은 큰 결점으로 지적되고 있다.

한편 개별수요를 중시하는 신고전적 접근과 기본입장을 같이 하면서 실제 수요자 인지의 내용과 그 제약성, 이에 의한 선택의 측면을 보다 심도 있게 탐구한 행태주의적 접근이 후속 연구들의 상당부분을 차지하게 되었다(도경선, 1994, 15). 이는 공간패턴을 설명하는 데 실패한 고전적 접근방법들에 대한 대응책으로 나온 것이다. 특히 주택 부문에서는 의사 결정에 초점을 두고 새로운 거주에 대한 선택과정에 초점을 두고 있는 것이 특징이다(Kirby, 1983, 18-23). 이러한 관점에서 '거주지 이동'은 '거주지역을 만들어내는 메카니즘'(Rees, 1970; Kirby, 1983, 19에서 재인용)으로써 중요한 연구주제이며, 이동의 원인, 탐색 과정, 주택선택에 영향을 미치는 요인 등을 고찰한 연구가 대부분이다. Hoover(1975)는 주거입지 결정의 주된 요인으로 교통비용과 시간으로 측정되는 접근도와 주거 적합성 및 근린의 질이라고 밝히고 있는데, 주거 적합성과 근린의 질은 개인의 기호에 따라 다르게 나타나므로 일정한 기준을 설정하기 어려운 주관적 가치개념이기도 하다. Papageorgiou(1976)는 주거입지 결정에 있어 개별적인 주택지의 선정이 근린지구의 특성보다 덜 중요하다고 지적하였다. 즉 입지하고자 하는 주거지역의 사회적 환경, 다시 말해 그곳에 어떤 계층의 사람들이 살고 있는가 등의 사회·경제적 동질성을 지닌 주거지역을 선호한다는 점을 더욱 강조하였다. 한편 주택은 훌륭한 재산의 증식수단이 되기 때문에 재해의 위험이나 지가의 상승, 사적 토지이용의 제약적 조건이 결부되지 않은 지역을 선택하려고 할 것이다. 이렇게 볼 때 주거입지의 결정은 경제적, 사회·심리적, 물리적 요인들이 입지 인자로 역할 한다고 할 수 있다. 이외에도 Evans(1973)는 개별가구들은 사회경제적으로 유사한 그룹끼리 동일한 위치 및 동일한 지역사회에 어울려 살기를 좋아한다는 가설에서 연구를 진행하고 있으며, Turner(1968)는 소득이 증가함에 따라 접근성보다는 쾌적성을 선호하며 소유의 문제는 소득이 증가함에 따라 선호도가 높아지다가 어느 수준에서는 다시 낮아져 상당히 높은 소득을 갖는 계층에게는 소유가 별 문제가 되지 않는다고 한다(최세락, 1999, 10-13).

이상의 접근들은 수요측면에서 거주지 분화를 설명하는 것들로, 균형상태, 주택선택, 사회적 조화를 기본적 관점으로 하고 있다. 이에 대해 Harvey(1973)는 생태학적 접근은 사용가치적 특성에, 신고전적 접근은 교환가치적 특성에 치중하고 있다고 해석하고 있다(최병두, 1983, 135-137).

② 공급 중심의 논의

전통적으로 수요에 기반한 주택에 관한 설명들은 주택의 유형과 입지에 대한 의사 결정은 곧 자유로운 선택의 결과라 보고 있다. 하지만 주택시장은 개별 가구 단위의 수요의 결과가 아니라 국가의 자원 배분의 한 분야로써만이 이해될 수 있다는, 다시 말해 종종 선택의 범위는 미리 결정되어지며 이는 자원의 공급과 배분에 책임을 지고 있는 여러 주체들

때문이라는 인식들이 공급 중심의 논의를 끌어내게 되었다(Gray, 1975; Kirby, 1983, 24에서 재인용). 이러한 관점의 전환은 대략 1960년대 말과 1970년대 초에 나타난 것으로 주택분석을 위해 차용된 광범위한 사회이론의 성격과 관련되는데, 신베버주의로 불리는 제도적 관리주의적 접근과 막시즘에 근거한 정치경제학적 접근이 대표적이다. 여기서는 개별 가구의 선호와 선택에 영향을 주는 다양한 사회적·구조적 제약들에 초점을 두었으며, 특히 평형상태와 조화보다는 불균형상태와 사회적 갈등에 초점을 두고 주거지역을 분석하였다.

도시관리주의론의 형성에 영향을 미친 것으로 Rex & Moore(1967)의 '주택계급(housing class)' 연구를 들 수 있는데, 주택계급은 주택이라는 희소한 자원을 둘러싼 갈등에서 발생되며 주택에 대한 접근성의 차이에 따라 결정된다고 보았다. 주택에 대한 접근성의 차이는 한편으로는 개인의 소득, 직업, 인종에 따라, 다른 한편으로는 공공과 민간부문의 주택배분규칙에 따라 결정된다고 설명하면서, 특정 주택계급의 위치는 '한 개인의 사회관계, 이해관계, 생활양식과 도시사회구조 내의 지위를 결정하는 데 있어 일차적 요인이다'라고 보았다(Bassett & Short, 1980, 47-49). Pahl은 주택계급 개념을 비판하면서 이를 토대로 관리주의적 이론을 체계화하였다. 그는 도시주거현상의 이해를 위해서는 '누가 희소자원과 시설을 획득하는가?', '누가 이러한 자원을 어떻게 배분하는지 결정하는가, 누가 이러한 문제의 결정권자를 결정하는가?'라는 근본적 문제가 대답되어야 함을 제안하고, 이러한 자원의 배분에 영향력을 행사하는 사람들을 '도시관리자'로 명명하였다(Pahl, 1975; Bassett & Short, 1980, 50에서 재인용). 도시관리자는 사회의 구조적 제약요소로서 주택을 포함한 자원의 배분과 분배에 영향을 미치는 정부 및 일련의 관련 기관, 도시계획가와 주택정책 입안자, 지방정부관리, 주택중개업자, 주택개발업자, 공공주택관리자, 건축조합과 보험회사의 대표 등 다양한 개인들을 포함하며, 이들은 정책개입을 통해 희소자원 배분을 결정함으로써 이미 형성된 불균등을 강화, 반영 혹은 감소시킬 수 있는 독립된 힘을 가진다는 것이다. 그러나 이러한 관리주의적 시각은 논의가 진전됨에 따라 도시관리자를 규정하는 문제와 이들이 가진 자율성이 어느 정도인가 하는 문제가 제기되었고, 이후에 Pahl은 자신의 도시관리자 범주를 지방정부의 관리자로 한정하였으며, 이들은 자신들과 관련되어 있는 민간부문 및 중앙정부의 강제에 의해 움직일 수밖에 없다는 사실을 인정하였다. 따라서 도시관리자의 역할도 독립변수라기보다는 매개변수 쪽으로 인식하게 되었다(고은아, 1993, 11-15). 이 접근은 신고전주의와 생태학적 틀을 벗어나 주택의 공급과 배분에 참여하는 개인과 기관들의 역할과 영향력, 그리고 주택시장에서의 갈등, 권력, 접근성의 관계 등을 통해 주택과 주거공간 구조의 본질을 새롭게 바라보게 하는 하나의 통일적 주제를 제시하고 있어 주택시장의 분배 메카니즘을 이해하는 데 있어 이론적 지평을 넓혀주었다는 점에서 평가되고 있다(Bassett & Short, 1980, 52). 또한 주택시장에 대한 공공의 정책적 개입이 제도화됨으로써 선·후진국을 막론한 주택건설산업의 공공정책과 관련한 연구의 근간이 되고 있다(홍인옥, 1997, 15).

주택에 대한 막스주의적 접근은 무엇보다도 상품생산체제에서 상품으로서의 주택의 위상과 노동력 재생산에 필수적인 요소로서의 주택의 역할에 초점을 맞추기 위해 사적 유물론을 토대로 하고 있다(Bassett & Short, 1980). 이들은 도시공간구조와 주거지 분화는 독립적인 공간현상이 아니며, 자본순환이라는 자본주의적 경제과정을 통해 형성되는 자본주의 축적과정의 총체적 구조의 표출이라고 주장한다. 따라서 Harvey(1973)는 거주지 분화는 축적과 계급투쟁이라는 주체를 통해 해석될 수 있다고 보았다. 주거문제에 대한 이들의 연구는 (a) 주거는 하나의 상품이며 특정 형태의 자본에게는 잉여가치의 원천이 된다 (b) 주거는 노동을 위한 필수적 소비이며, 따라서 노동력 재생산(비용)의 한 측면이다 (c) 주거의 공급형태는 자본의 다양한 사회적 관계재생산과 상호연관을 맺는다 (d) 주거시스템은 사회계급갈등의 반영이며 다양한 국가개입이 이루어진다는 네 가지 방향으로 정리될 수 있다(Bassett & Short, 1980, 174-180). 이들은 거주지 분화를 야기하는 힘이 개인적인 기호와 선택 영역의 외부에서 작용한다는 것을 보이려고 하였는데, 정부와 금융기관, 건설, 토지자본은 자본축적과 자본주의 사회의 재생산이라는 필요를 충족시키기 위해 공조하며, 도시화 과정을 통제하기 쉽도록 특정한 거주지 패턴, 즉 거주지 분화를 나타내도록 유도한다. 이렇게 해서 형성된 주거지구조는 개인들이 선택은 할 수 있으나 그 형성에는 관여할 수 없는 것으로서, 개인은 자신의 수요와 기호를 실재(實在)에 맞추어 나가야 하며, 시장구조 아래에서는 소득계층에 따라 선택의 폭도 달라진다는 것이다. 이와 같은 주장을 뒷받침하는 현상으로써, 교외화와 도시공간확산의 과정이 많은 관심을 끌었다. 이들은 교외화를 도로건설과 기타 하부구조 건설을 통해 과소 소비에 의한 불황을 타개하는 수단으로 보거나, 화이트칼라들의 소유 지향적 개인주의 문화를 바탕으로 한 사회적 관계 및 노동력 재생산이 주거와 연결되는 접점으로 간주했다(Harvey 등이 이에 대한 대표적 견해 제시, 그에 의하면 주택건설에 의해 생산부문의 과잉자본이 일차적으로 해소되고, 이것이 타부문의 소비창출로 이어지면서 자본축적 기반이 확대된다는 것이다.)(Bassett & Short, 1980, 215-222; 도경선, 1994, 17-18).

2) 주택과 주거지역

주택(house)은 인간이 주거 혹은 거처로 사용하는 건축물이다. 인간의 지표이용 중 주거활동(housing activity)은 가장 중심적인 특징을 나타낸다(Adams, 1984, 515). 주택(house)이라는 물리적 구조를 기반으로 해서 가정(home)을 이루고, 근린에 모여 있는 주택들은 하나의 거주지역(residential area)을 형성하게 되며, 나아가 도시 전체의 거주 구조(residential structure of a city)가 만들어진다. 이러한 과정에서 가장 기초가 되는 주택은 개인의 지위, 사회적 위치, 부, 권력, 소망, 그리고 자아 정체성 등과의 상호작용 과정을 반영한 것이다. 또한 자본주의사회에서 주택은 서식처 그 이상의 의미이다. 즉 투자의 한 형태이며 부(富)를 위한 한 가지 수단이 되는 기본적인 소비재이기도 하다(Morrow-Jones, 1987, 577). 그런데 주택이 다른 상품과 구분되는 가장 중요한 요인은 주택의 공간적 고정성과 내구성에서 비롯된 공간적 특성이다(Ball & Kirwin, 1977, 11).

주택이 갖는 이러한 공간적 의미에도 불구하고, Robson에 의하면 지리학에서 주택문제가 관심사로 대두한 것은 1970년대 중반에 이르러서이다(Kirby, 1983, 7). 이어 1980년대 초반 아주 많은 주택연구들이 지리학 분야에서 나오게 되었다(Bourne, 1981).

1980년대에 들어 Bourne은 주거지역에 대한 새로운 접근으로 주택을 근거로 거주지 분화를 설명하고 있다(Bourne, 1981). 이것은 생태학적 접근 중심의 기존 연구가 도시 내 주거지역 분화현상에 치중하여 그 pattern만을 분석하는 데 비해, 주택을 중심으로 한 분석에서는 수요와 공급측면으로 나누어 설명하고 있다.

주택의 수요에 근거한 분석은 개별가구의 선호와 선택에 초점을 두고 입지결정, 거주이동, 그리고 토지이용과 근린변화를 중심으로 설명하고 있으며, 주택의 공급부분은 주택을 국가적 차원의 자원배분과정의 한 부분으로 이해해야 한다고 전제하고 지역개발, 제도적 행위, 주택공급과 관련된 제 집단의 목표와 성격, 경제적 투자와 자본시장 등을 분석하고 있다(Bourne, 1981; 홍인옥, 1988, 17-20).

3) 주택과 주거지역에 대한 기존 연구

국내의 주택과 관련한 주거지역 형성과 분화에 관한 연구는 매우 미미한 편이다(홍인옥, 1997, 25).

먼저 주거지역의 개발과 관련하여 서울의 주택지 형성과정을 4가지 유형으로 구분하여 분석한 원학희(1981)의 연구와 도시개발사업에 의한 주거지역 형성과 그에 따른 주거지역 분화를 분석한 이숙임(1987)의 연구 등이 있다. 윤혜정(1996)은 서울의 주거환경개선을 위한 주거지역의 유형구분과 그에 따른 개발방향을 제시하고 있다.

공급측면에서의 거주지 분화를 분석한 것으로 권오혁·윤완섭(1991)의 연구가 있는데 이는 70년대 본격적으로 시작된 서울시의 대단위 주택지역 건설이 아파트 건설을 주로 하여 이루어졌다고 보고, 시기별 아파트 건설 증가를 통해 서울시의 공간적 확산과 거주가구의 특성을 살펴보고 있다.

개별 수요 측면에서의 주거지 분화에 대한 연구는 공급측면의 연구에 비해 많은 편인데 특히 수요자의 선택과 관련한 행태 연구가 다수를 이루고 있다. 김인·박영규(1984)는 서울시민의 동별 소득분포를 통해 주택시장에 대한 가구의 접근성 차이가 거주지 분화를 가져올 수 있음을 보여주고 있고, 이숙임(1983)과 김인·박영규(1984)는 주택의 유형에 따른 거주공간의 분화를 분석하고 있다. 고용구조의 확대와 변화에 따라 세대주의 직업이 거주지 분화의 한 동인일 수 있음을 분석하고 있는 연구(한주연, 1989)도 있으며, 주택가격이 주택의 질, 규모, 거주지역에 따른 주택 수준의 차이를 종합해 볼 수 있는 가장 적절한 지표라는 전제하에 서울시 아파트 매매가격의 전수조사를 통한 거주지역 계층화 분석을 시도한 연구(김영현, 1991)도 있다. 한편 도경선(1994)은 소비자들의 거주지 선택요인을 알아보기 위해 거주환경을 구성하는 요소들을 크게 주택관련 요소, 경제활동 관련 요소, 거주환경 요소 등으로 구분하여 계층별 선호도를 연구한 바 있다.

특정 주택유형과 관련한 연구로 박경애(1993)는 다가구주택과 다세대 주택을 중심으로 한 소규모 주택건설의 문제점을 분석하였으며, 홍인옥

(1997)은 서울시 단독주택지역의 변화 정도를 통해 유형을 구분하고, 유형별 특성에 관한 연구를 하였다.

2. 복합용도개발

1) 지역제(zoning)와 혼합적 토지이용

도시개발의 역사에 있어 서로 다른 토지이용(주거, 쇼핑, 고용, 오락 등)을 하나의 분리된 지역에 혼합하는 것은 흔한 일이었다. 도시의 토지를 복합적으로 이용하는 전통은 멀리 고대 그리스의 도시에까지 이어지며, 거대한 성으로 둘러싸인 중세의 도시, 수세기 동안 이어진 런던과 파리의 거주와 상업용도의 혼합, 심지어 북미의 여러 도시들에서도 자동차 출현 이전까지만 해도 서로 다른 토지이용들이 고도로 혼합된 모습들로 나타났다(ULI, 1987, 1).

이러한 전통은 산업혁명으로 인한 급격한 도시화 현상을 겪으면서 도시의 확산과 중심으로의 집중에 의해 기존의 주거환경을 악화시키는 결과를 가져왔다. 또한 이 시기에는 주거와 공장이 연계된 주·공 복합화 현상으로 인하여 공장의 오폐수, 매연 등에 의한 환경오염과 공장노동자들을 위한 열악한 집단주거수준 등에 의해 주거환경을 악화시키는 결과를 초래하였다(박유신, 1995, 25).

Le Corbusier(1947)는 그의 저서 '빛나는 도시'에서 산업사회에서 도시는 주거단위, 작업단위, 휴식·오락의 단위, 교통단위, 풍경단위 들의 집합이고, 이 단위 간의 연결을 위해 교통단위가 필요하다고 하면서 도시의 '기능에 의한 분리' 정신을 체계적으로 주장하고 있다(최창규역: 권문성, 1992, 5-6에서 재인용). 이러한 정신에 따라 Le Corbusier의 선도하에 운영된 1933년의 CIAM(근대국제건축회의)은 95조의 아테네 헌장을 통해 기능분리에 의한 도시구성의 개념을 완성시키게 되었다. 이는 주거, 작업, 여가의 도시 기능에 근본한 다핵의 도시구성을 하고 이들을 교통단위로 적절히 연결시켜 도시공간의 효율적 처리와 교통량 감소에 그 주안점을 두고 있다.

이처럼 근대 지역제(zoning)는 가족위주의 거주 근린으로부터 근린 주변의 환경적 질과 매력에 위해를 가하는 것들을 보호하겠다는 것이 가장 큰 목적이었다고 볼 수 있다. 이 목적은 곧 재산가치에 위협을 가하는 사회적·물리적 환경들은 제외시키는 것을 의미하는 것으로 이해되었다(Adams, 1984, 521-522).

그 결과 전통적으로 발전해 내려온 복합용도 구조는 가능한 한 지양하게 되었는데 그 극단적인 예로 독일의 경우 지난 수세기 동안 이어져 내려왔던 '복합용도지역(Mischgebiet)'이란 용도지역 명칭 자체를 토지이용의 유형에서 삭제해 버리려는 시도까지 있었다. 이러한 계획 개념은 기능주의에 입각하여 도시기능의 혼합을 죄악시하여 철저히 배제시키게 되었다.

한편 이러한 기능분리원칙은 직주분리로 인한 교통비용증가, 도심정주인구의 감소로 인한 도심공동화, 기능의 획일화 등의 문제를 야기시켰으며, 역사와 더불어 발전해 온 기존 도시공간의 맥락적 관계(역사성·장소성의 상실)를 무시하여 대부분 도시들의 황폐화를 초래하게 되었다. 특히 산업발달과 경제성장에 따른 인구의 증가와 도시집중현상을 막기 위한 도심으로부터의 분산정책, 교통수단의 발달 등은 인구와 함께 주거, 산업 및 문화시설조차 교외로 빠져나가게 만들었으며, 이러한 교외화는 기존 도시 내 복합지역에 비해 생동감이나 역사성 그리고 맥락성 등을 결여시켜 도시를 점점 퇴락시켜 버리는 지경에 이르게 되었다(조춘만, 1996, 8-9; 이주형·기윤환, 2000, 83-84).

이 문제들을 일찍이 간파한 Jane Jacobs는 도시문제의 해결 방법으로 다양한 도시기능을 수용하고, 주거기능을 복합화하여 궁극적으로 도시성이 회복되도록 주장하였다. 이에 대한 구체적인 방법은 사람들로 하여금 떠났던 도시로 되돌아오도록 유인하는 것이고, 기능과 용도에 의해 철저히 분리된 도시를 예전과 같은 기존의 모습인 여러 가지 다른 활동이 뒤범벅되어진 살아 있는 거리로 만드는 것이라 하겠다(권문성, 1992, 7).

Jane Jacobs의 영향은 20세기 말 계획가들로 하여금 생동감과 지속가능성을 위한 토지의 복합적 이용을 주장하게 하였고, 오늘날 계획에서 '복합적 이용'은 주문처럼 여겨지고 있다. 복합적 이용은 현재 유행하고 있는 새로운 도시성(New Urbanism)과 지속가능한 개발 패러다임에 있어 필수 불가결한 전제가 되고 있다(Grant, 2002, 71).

이상과 같은 직주근접의 원칙에 의한 공간 배치는 사회주의 도시계획에서 그 이상적 모형을 찾아볼 수 있다. 사회주의 도시계획에서는 어떤 계층, 어떤 지역도 소외되지 않음을 원칙으로 하고 있는데, 이를 위한 일반적 원칙은(French, 1979; 김현수, 1994, 15-16) 첫째, 주거환경을 보호하기 위하여 공업과 주거는 철저히 분리한다. 공업은 도시 내 중요한 고용원이므로 교통시간 절감을 위하여 인접하나 공해방지를 위하여 완충녹지를 설치한다. 둘째, 자족적 주거단위인 소구역(micro-district)을 설정하여 직주근접의 이상을 실현코자 한다. 셋째, 직주근접의 원칙과 공간적 형평성의 제고를 위하여 서비스시설을 균등하게 배치한다. 넷째, 도심부는 이념적 학습의 장소로서 상업, 업무시설 대신 공공시설과 기념광장 등으로 구성된다. 사회주의 도시에서 CBD는 존재하지 않으며 자본주의 도시에서 볼 수 있는 공동화현상은 일어나지 않는다. 다섯째, 교통은 지하철, 무궤도전차와 같은 대중교통에 의존하며 교통의 유형에 따라 교통망을 위계화시킨다. 여섯째, 도시토지이용의 결정은 임대료나 지가경쟁에 의해 결정되지 않고 이데올로기적 관념이나 기술적인 고려에 의하여 이루어진다.

이상의 6가지 원칙에서 직주근접과 대중교통을 이용한 교통문제 해결,

주거와 녹지의 적절한 배치를 통한 환경적 요건의 충족 등 현대 자본주의 도시의 주거환경에서 가장 큰 문제로 지적될 수 있는 부분들에 대해 가장 기초적 원칙을 제공하고 있는 듯하다. 특히 사회주의 국가에서는 공동생활을 사회생활의 기본유형으로 인식하고 있기 때문에 지구 내에 주택, 공동취사시설, 여가시설, 탁아소, 학교, 의료시설 등을 가지는 자족적인 집단 주거단위를 설치하여 작업장과 주택의 인접배치를 통해 직주근접의 이상을 실현코자 하는 원칙은 가장 중요한 요소로 여겨진다(김현수, 1994, 26). 1950년대 후반 새로운 주거단위개발을 위해 제안된 신주거단위 또한 공업, 주거, 과학연구의 복합지역을 건설하기 위해 교통, 행정, 교육, 연구 등의 기능을 통합적으로 갖춘 체계로 구상하고 있으며 이는 도시 전체를 통합된 사회적인 환경으로 전환시키고자 함이다. 신주거단위에서의 주거는 고밀도의 고층 아파트 군으로 구성하여 주택, 서비스, 학교, 위락기능이 통합된 체계로 구성하고 있다(Alexei Gutnov et al, 1974, Ideal Communist City; 김현수, 1994, 23-25). 물론 실제 사회주의 사회의 교통과 직주 간 이동은, 시간이 지날수록 이념적 규범보다는 효율성에 의존해 가는 경향이 증가하게 되어 직장과 주거의 거리는 점점 멀어지고 출퇴근 시간이 점점 길어지고 있는 사실을 경험해 왔다. 그러나 도시계획의 원칙에서만은 직주근접과 자족적 도시 생활을 위한 복합적 용도배치라는 이상을 실현시키고자 하였던 것이다.

2) 복합용도개발의 특성

① 주요 개념과 성격

복합용도개발(Mixed Use Development: MXD)이라는 용어는 'Gurney Breckenfeld'가 1972년 'Fortune'지 11월호에 처음 사용한 용어로(양동양, 1988; 조춘만, 1996, 7에서 재인용) 다양한 개념 정의들이 있으나 대체로

Witherspoon(ULI, 1987, 1-5)에 따르면,

첫째, 3가지 이상의 상이한 기능들이 상당한 규모와 소득구조를 가져야 한다. 소매점, 오피스, 주거, 호텔/모텔, 오락/문화/휴양 등과 같은 주요 소득원이 되는 용도를 세 가지 또는 그 이상 포함해야 한다. 이러한 용도의 다양성은 각 요소들 간의 지속적이며 상호적인 지원관계를 유지하면서 여러 가지 목적을 가진 이용대상자 간의 범위를 계속 확대시키고, 비업무시간의 활용을 유도하여 시설물 이용시간의 연장을 가능하게 한다. 한편 상당한 규모라는 것은 주로 500,000feet^2 이상의 대규모 빌딩을 의미한다. 대규모를 필요로 하는 것은 다양한 용도를 제대로 혼합하기 위해서이며, 또한 시장 진입에 필수적인 공공 이미지 확보의 목적도 가지고 있다.

둘째, 기능적·물리적 통합이 이루어져야 한다. 프로젝트 구성요소들 간의 의미 있는 물리적·기능적 결합이라고 할 수 있으며 이는 곧 고도의 토지이용을 의미한다. 모든 요소들은 보행자를 위한 연속적 연계가 이루어져야 한다. 4가지 방법을 제시하고 있는데 첫째, 하나의 거대한 단일건물을 통해 복합용도개발 요소들을 수직적으로 혼합하거나, 둘째, 중앙에 쇼핑갤러리·中庭이 있는 호텔·중앙 광장 등을 두고 이를 둘러싸서 용도들을 배치하기도 하며, 셋째, 교통로와 교차하는 지점에 지하보도·인도·광장 등을 두거나 빌딩들 사이에 육교를 설치하는 등 보행자가 연속적인 연결고리를 가지도록 용도들 간의 혼합을 하기도 한다. 마지막으로 에스컬레이터·엘리베이터·움직이는 인도 등의 편의시설들을 집중적으로 이용하여 보행자의 이동을 수직적·수평적으로 인도하는 방법이다. 기능적·물리적 통합이야말로 MXD가 기존의 다른 부동산 개발계획과 뚜렷하게 구분되는 특성이다. 기존의 다른 개발들은 3가지 이상의 용도를 포함한 개발이라 할지라도 이들을 기능적으로 혹은 물리적으로 하나의 건물에서 기능하는 것처럼 통합하는 개념이 부족하다. 이런 의미에서 보면 MXD는 새로운 개발의 시작이라기보다 기본 건축 경향의

정상에 있는 개발형태라 할 수 있다.

셋째, 일관성과 적합성을 지닌 개발이 이루어져야 한다. MXD의 개발
과정은 단일프로젝트에 비해 전문 분야로부터의 참여가 훨씬 많이 필요
하다. 또한 단일 요소들의 단순한 집합이 아니라 관련 요소들의 유기적
연계를 통해 전체 프로젝트의 규모, 형태, 밀도, 공정, 요소들 간의 상호
관계가 적절한 규모를 유지하도록 일관성 있는 계획에 의해 이루어져야
한다. 이러한 점에서 MXD는 다른 부동산 개발 프로젝트보다 훨씬 복잡
한 구조를 가지게 된다.

이러한 성격 외에도 많은 근대적 MXD는 역사적으로 뚜렷이 구분될
뿐만 아니라 탁월한 입지에 웅장한 디자인, 규모, 개발의 효과 등으로 인
해 도시 경관 내에서 높은 시각적 효과도 나타내고 있다.

② 기능결합의 타당성

기능분리원칙에 의한 직·주 분리는 교통비용증가, 도심정주인구의 감
소로 인한 도심공동화, 기능의 획일화 등의 문제를 야기시켰고 이러한
문제점들을 해결하기 위해 도심이나 도심근교의 재개발단계에서 기존의
주거기능을 이전하고 상업·업무기능을 배치하는 종래의 계획 개념에서
탈피하여 상업·업무기능과 함께 양질의 고층 주거를 묶어서 계획해 나
가도록 하는 '주상복합용도개발'은 매우 긍정적인 효과를 지닌 계획으로
계획가들의 관심을 끌어 왔다. 이러한 복합용도개발에 의해 수용되는 기
능결합의 타당성은 첫째, 도심지에 도시주거를 형성함으로써 도시의 무
분별한 외연적 확산을 방지할 수 있고, 둘째, 복합용도개발에 의한 다양
한 기능의 수용은 단위토지의 이용률 극대화를 유도할 수 있고 결과적으
로 도심지역의 효율성을 증가시킬 수 있다는 것이다. 셋째, 직주근접의
도시구조를 지향함으로써 도심교통난을 완화할 수 있고, 넷째, 도심에 주
거할 필요가 있는 사람들에게 양질의 도심주거를 제공하게 되며, 다섯째,

복합용도건물 내 거주자들은 건물 내 생활편익시설이나 위락시설을 편리하게 이용하고, 상업시설 운영자들은 영업시간 연장을 통해 이윤과 고정구매고객 확보로 사업 안정성을 보장받을 수 있으며, 이는 결국 도심 상주인구 증가로 활력을 되찾아 주게 되며, 여섯째, 복합기능 수용에 따라 도심지에서 상업용도가 과도하게 증가하는 현상을 방지할 수 있게 된다. 일곱째, 주차장 이용효율의 측면에서 매우 유리한데 이는 주차공간확보에 있어 피크타임을 분산시키는 효과를 얻게 될 것이기 때문이다(조춘만, 1996, 9-11).

③ 개발형태

복합용도개발은 수용기능과 건물의 형태, 대지규모별 개발형태에 따라 구분해 볼 수 있다(최세락, 1999, 20-22).

복합용도개발에서 수용하는 대표적인 기능은 주거, 상업, 업무, 호텔 등이다〈표 Ⅱ-1〉. 이들 기능 중 주거와 업무, 주거와 상업, 주거·상업·업무, 주거와 업무 및 상업과 기타 위락 등 2가지 혹은 3가지 기능의 복합 형태가 가장 대중적이다. 기타 기능으로는 전시관, 극장, 회의장 등의 문화시설과 레스토랑 등의 서비스시설, 가족단위의 위락시설, 헬스클럽, 수영장 등의 체육시설이 복합된 경우도 있다.

〈표 Ⅱ-1〉 미국 복합건축개발에 있어서의 구성요소

용 도	계획수
업무기능	86(97.7%)
상업기능	86(97.7%)
호텔기능	70(79.5%)
주거기능	54(61.4%)

주: 1981년 현재 총 88개 복합건물 중 35개가 위의 네 가지 기능을 모두 포함.
자료: Witherspoon, 1981, 47.

특히 주거기능의 비중에 따라 주거중심형과 직주등분형, 주거보조형으로 구분하기도 하는데, 주거중심형의 경우 저층 기단부에 상업시설이 위치하고 상층부에 주거가 위치하는 형태가 가장 많고, 직주등분형은 주거와 업무의 비중이 비슷한 경우로 도심재개발 시 주로 채택되나 주거에 대한 배려가 미흡한 경우가 많다. 주거보조형은 주거의 비중이 적어 거주 적합성의 문제가 대두되기 쉬운 형태이다.

한편 주상복합건축의 범위는 협의의 복합과 광의의 복합으로 구분할 수 있다. 협의의 개념에서 본 복합용도는 소규모로, 단일건물이나 건물군, 근린 규모의 대지에 두 가지 이상의 서로 다른 용도가 존재하는 것을 의미하며, 보다 넓은 개념으로는 도시계획적 차원에서 대규모로 기능의 복합이 이루어지는 것으로 지구 내 복합과 지역 내 복합으로 나눌 수 있다. 이러한 구분은 건물의 형태와 대지규모별 개발형태를 기준으로 이루어지는 것인데, 단순수직 중첩형, 수평분리형으로 구분할 수 있다. 수직 중첩형은 주거와 다른 기능이 단순히 수직적으로 중첩된 형태이며, 수평분리형은 주거와 업무의 각 기능이 하나의 건물 내에서 수평적으로 분리된 형태인 병렬 연결형, 한 대지 내에 주거와 업무용의 건물을 완전히 분리하여 독립된 건물로 분리시켜 건축한 형태로 대규모의 대지가 필요한 독립 분리형, 넓은 기단부 위에 주거나 업무용의 타워를 한 개 혹은 여러 개 올려놓은 형식의 플랫폼형(다발형 complex)이 있다.

3) 복합용도개발에서의 주거 개발

제2차 세계대전 이후의 MXD에서 나타난 주거 개발은 크게 3가지로 정리할 수 있다(ULI, 1987, 15-16).

첫째, 가장 오래된 형태로 1950년대와 1960년대 초에 출현했던 PUD (multiuse planned unit development) 개념이다. 하나의 개발에서 전체 커뮤니티를 창출해 내기 위해 상업용도, 오피스, 오락, 오픈스페이스 등과 함께 다양한 유형의 주택을 성공적으로 혼합한 경우이다. 이러한 프로젝트들은 각각의 기능들을 독립체로 한 곳에 모아 놓은 것에 불과하여 물리적·기능적 통합의 개념은 부족하였다. 하지만 20세기 초 대부분의 단일용도 개발에 대한 대안으로 주요한 분기점이 되는 개발 개념이었다. 그 대표적인 것이 'Fairfax County's 1962 Planned Residential Community' 프로젝트이다. 이것은 5개의 마을(village)을 포함하는 하나의 커뮤니티를 개발하는 것이었다. 마을의 센터(town center)를 구심점으로 해서 호텔과 소매점, 오피스, 주거지, 오락·문화 등의 편의시설들을 조밀하게 배치하는 형태를 취하였다.

둘째, 좀 더 최근의 흐름은 새로운 주거 개발에 있어 밀도가 증가하고 있다는 것이다. 지가와 이자율이 상승함에 따라 거주 밀도가 높아지게 되고, 이는 대량의 철도 서비스와 보행 순환 체계의 중요성을 드높여 주었다. 베이비붐 세대들의 주택시장 진입에 따라 고밀도의 주거 형태−콘도미니엄, 아파트 등을 포함하는−들이 증가하게 되었고, MXD에서도 이러한 주거 형태를 받아들이는 경우가 점점 늘어나게 되었다.

셋째, 많은 도시 중심부의 재생계획에서 주택의 도입이 강화되고 있다. 가구 규모의 축소와 성인 중심의 가구가 많아지면서 이러한 경향을 더욱 부추기고 있다. 가구 특성의 변화에 따라 기존의 학교나 근린 환경보다는 도시의 어메니티(amenity)와 서비스(entertainment)들이 더욱 중요해지게 되었던 것이다. 도시의 중심부에서 나타난 하나의 새로운 생활양식은 교외지역의 주택시장에서도 나타나고 있는 경향이다. 즉 '활기찬' 도시적 환경으로 인해 MXD의 주택시장은 성공적일 수 있다. 공공 부문에서도 MXD에서의 주거 개발을 적극 권장하고 있으며, ULI에 따르면 MXD의 42%가 주택개발을 포함하고 있다고 밝혔다.

4) 외국의 복합용도개발

1950년대부터 주상복합건물이 건설되기 시작한 미국은 대도시발전과정에서 나타난 여러 가지 문제점과 다양한 욕구 수용이 그 배경이었다. 도심부의 경우 공동화현상, 출퇴근 시의 교통혼잡, 주차문제 등에 대한 개선책으로, 대도시 중간지대의 슬럼화 현상에 대한 해결책으로, 교외 쇼핑센터 개발에 있어 새로운 발전의 핵심지역으로, 주요 교통의 결절점상에 통근자들을 위한 신 주거단지 개발을 위한 방편 등 도시의 각 지역들이 가지고 있는 내부구조적 문제점들을 해결하고자 한 것이다. 이를 위해 단일고층건물상의 용도복합과 다발형 콤플렉스의 2가지 기본 유형을 유지하면서 발전하였는데 그중 단일건물상의 용도복합은 도심부 내에서 주거기능의 소극적 수요인 단순가계 중심의 직주근접 요구에 대처하기 위해 시험적으로 접근된 방식이며, 다발형 콤플렉스는 단일건물 내에서 일어나는 기능 간의 상호 침해 문제를 처리하기 위해 최소한 1개의 타워에 단일 기능만을 입지시킴으로써 수직동선의 분리와 더불어 각 기능에 어울리는 평면구획, 용도배치가 가능하도록 한 형태이다. 이후 1980년대 들어 주상복합개발 프로젝트는 가장 활성화되었고 대도시의 도심이 프로젝트의 입지로 가장 적극적인 것으로 나타났다(임국택, 1995, 50-52; 주택산업연구원, 1996, 27-29).

한편 독일은 전후의 복구단계를 거쳐 경제 부흥과 함께 1960년대 후반에 접어들면서 새로운 전기를 맞이하게 되었다. 여기에 도시구조의 재편이 이루어져 도심근교의 공해공장들이 외곽으로 이전되고 남은 넓은 부지 위에 대규모의 도시재개발 프로젝트들이 시행될 수 있는 여건이 조성되었다. 이에 독일의 건축가들은 도심주변지역을 중심으로 새로운 부도심 형성을 위한 새로운 접근방식의 설계안을 제시하였는데 이것의 대부분이 여러 개의 고층 타워를 기단부 위에 올려놓은 듯한 모습의 대규모 고층형 복합 complex 유형이었다. 1970년대 초반부터 이러한 계획 개념에 대한 여러 논의를 거쳐 주로 도심부나 도심근교지역 중에서 교통이 편리한 결절점에 대규모의 복합용도 complex가 건설되었다(오덕성, 1990, 54). 그러나 이것은 도시구조와 지역별 용도구조를 감안하지 않고 경제성만을 추구하기 위하여 고층형 콤플렉스 위주로 건설한 결과 주상복합건물과 기존 도시구조와의 부조화 현상이 발생하여 시민들의 비판을 받아왔다(임국택, 1995, 53). 또한 고층 아파트에 살면서 중앙난방과 편리한 설비여건을 통해 쾌적한 실내생활만을 즐기던 주민들도 점차 생각이 바뀌기 시작하였다. 경제성장의 완숙기로 접어들면서 일주일 5일 근무제에 따른 개인생활 시간의 증대는 일상생활의 사이클을 바꿔 주어서 일주일의 노동을 위한 하루의 휴식이라는 종래의 생활관습과는 달리 작업시간의 비중만큼 개인 취미 생활 내지는 가정생활의 확보에 관심과 비중을 두게 되었다. 따라서 휴식시간 내내 아파트 안에 갇혀 지내는 일은 더 이상 주민에게 참기 어려운 입장이 되어 버렸던 것이다. 더욱이 개인승용차 보급률의 상승과 도시주변지역의 지역난방 공급의 확대, 자기 집 소유와 정원에 대한 바램 등은 종래의 complex 내 고층 주거의 이점인 편리한 주거생활공간, 직주근접에 따른 개인시간의 확충 등을 앞지르게 됨으로써 주민들의 주거선택을 고층 주거에만 묶어 두는 데에는 한계가 있었던 것이다. 이에 따라 중산층이나 사무종사자 등이 주류를 차지했던 complex 내의 거주자들은 도시근교로 이사해버리고 새로 이사해 오는 주민은 생활수준이 낮은 제조업관련 노무자, 상인 등이 대부분이었으며 외국인 노동자들의 모습도 눈에 띄게 되었다. 이들은 complex 전체의 청결유지나 쾌적한 환경확보에는 무관심하고 질서의식도 비교적 약해서 complex의 질적 상황은 점점 저급화되어갔다(오덕성, 1990, 57). 주민의 고층 주거선호도가 떨어지고 주거환경의 질이 악화되자 1970년대 말부터는 기존의 대규모 고층형 주상복합건물형태에서 탈피하여 전통적인 도시 블럭을 유지하고 기존 도심 내에 주거기능의 존속을 위하여 저층 블럭형 주상복합개발을 추진하였다. 저층 블럭형 주상복합건물의 개발은 기존 도시구역과의 조화를 추구하고 인근 건축물과의 연계강화, 성격유지가 가능토록 계획하여 시민들로부터 이질감을 완화하고 기존의 도시구조를 적극 수용하였다. 수용기능도 대규모 판매시설 대신 소매 및 서비스기능 그리고 다양한 공공편익시설 즉 문화·교육·휴게 시설 등을 수용하여 수용기능 간의 상충이나 혼잡을 피해 도심 내부의 다양성을 유지할 수 있고 건전한 도시발전에 기여할 수 있게 하였다. 또한 주거의 질을 향상시키기 위하여 접근시설, 외부공간 및 주거 내부에 다양한 시설을 배치하여 주거공간을 보호할 수 있도록 설계하였다(임국택, 1995, 53-54).

일본에서 주거복합건축이 복합화의 수법으로 활용되기 시작한 것은 1955년에 설립된 일본주택공단이 일반시가지주택을 공공집합주택으로 건설한 것이다. 주로 점포나 사무소의 상층부에 주택을 배치하는 것으로 처음에는 '시설병존주택'이라 불렸다. 그 후 이러한 유형의 주택은 민간이 건설하는 집합주택에도 널리 활용되며 관행으로 정착되기에 이르렀고, 그 후 여러 단계의 발전과정을 거친 후 오늘날의 주상복합건축으로 자리매김한 이면에는 1970년대 후반부터 1980년대에 걸친 도심부 내 주택공급 정책의 추진이 중요한 역할을 담당하였다. 즉 1980년대부터 도심부에 주택공급을 유도하기 위한 각종 정책의 입안이나 추진이 대도시자치단체로 이관되며 새로운 복합화가 다양하게 전개되었다. 특히 1983년 동경도시가지주택총합설계제도에 포함되어 있는 인센티브 수법은 도심부에서 주택을 포함한 건축물을 건설할 경우 일정비율의 용적률을 할증 받을 수 있게 하여 주택공급의 확대라는 공공의 목표와 사업성의 제고라는 민간의 시각이 합치점을 찾기에 용이한 수단으로 활용되었고, 동경의 도심에서 실시하고 있는 Linkage수법은 일정규모 이상의 개발이 이루어지는 경우에 주택부설을 의무화하도록 하고 있다. 1990년부터는 국가적인 차원에서 '중고층주택 생산공급 고도화 프로젝트'를 추진하고 있어 고층시대의 복합개발을 현실로 수용하고 있는 듯하다(주택산업연구원, 1996, 33-34; 박철수, 1995, 161-165). 일본의 연구사례를 살펴보면 阿部成治는 2차 대전 후 독일의 토지이용정책에 관한 연구를 통해 용도분리 정책을 추구하였던 독일이 여러 가지 문제에 직면하게 되면서 복합적 토지이용의 수용을 통해 거주환경의 점진적 향상을 꾀하게 되었음을 서술하고 있다. 독일은 도시 중심부의 인구 공동화 현상, 교외 주거지역의 단조로움에 대한 불만, 시가지 계획에 있어 주거와 산업 간의 선택 문제 등을 극복하기 위해 도심부에 주거를 허용하는 정책과 함께 단순한 베드타운이 아닌 교외 주거지역 계획 등의 변화를 시도하였음을 소개하고 있다(阿部成治, 1987). 近藤達夫는 오랫동안 일본의 도시계획 정책의 기본이었던 주거와 산업의 분리에 대해 최근 주거와 산업지역의 혼합이 효율성, 생명력, 인간성 등의 측면에서 많은 이익이 있음을 밝히고 있다. 저자는 오사카의 'Apartment House of Industry', 'City Industrial Town' 등을 사례로 인구변화, 주거와 산업에 할당된 바닥면적, 토지비율, 업체수, 업종수 등의 통계자료를 이용하여 주거와 산업이 혼합된 지역의 연구를 하였다. 그 결과 저자는 住工복합지역을 권장해야 한다고 주장하고 있다(近藤達夫, 1987). 田端 修는 상업과 주거의 복합이라는 새로운 형태의 토지이용을 통해 도심부 인구감소경향을 전환시킬 수 있음을 논의하고 있다. 오사카와 교토의 사례를 통해 기존의 도심부가 주거와 상업의 복합에서 주거와 상업 및 성장하는 업무기능과의 복합으로 변모하는 과정에서 그 균형이 깨지면서 도심 상주인구가 감소하게 된 것을 지적하고 있다. 따라서 주거를 포함한 도시 중심 기능의 혼합을 추구하는 condominium 형태(업체와 거주 기능이 공존하는 형태)에 대해 논의하고 있다(田端 修, 1987). 富安秀雄은 오사카 도시 재개발에서 주택과 비주거 편익시설의 혼합에 대해 고찰하면서 도시 내부에 주택공급을 주장하고 있다. 도심은 높은 지가 때문에 고층의 주택이 불가피하며 비주거용 편익시설과 혼합될 수밖에 없지만 복합 이용은 단순히 지가를 반영하는 수단으로써 뿐만 아니라 거주 기능에도 긍정적 효과를 지니고 있음을 주장한다. 그러나 복합에도 문제점들이 있는데 이들을 극복하기 위해서는 단편적 재개발이 아니라 대규모의 체계적인 재개발을 통해 새로운 토지 용도의 지정과 계획 구역의 적용 등이 필요하다고 주장하였다(富安秀雄, 1987). 支倉幸二・草場優昭는 '혼동 없는 복합'이 도시개발과 재개발의 목적이 되는 이유는 도시의 건조환경이 가지는 기능의 단일성으로 인한 여러 가지 문제점들을 극복하기 위한 것이라 한다. 다양성은 도시의 토지이용 특성, 빌딩과 편익시설의 공간적 조직, 네트워크, 거주자들의 개성과 활동, 교외통근자와 쇼핑과 오락 혹은 다른 목적으로 오는 방문자 등에 의해 만들어지는 것이라 보았다. 따라서 계획가들은 복합을 추진할 때 이러한 요소들의 관련성을 반드시 고려해야 한다고 주장하는데, 이런 상황에서 계획가들이 직면하는 여러 가지 문제들 중 특히 중요한 두 가지는 첫째, 토지이용 계획 수립 시 용도분리에 기반한 계획 논리가 복합 이론과 상충된다는 것이며, 둘째, 개발계획은 그 특성상 완료시까지 많은 시간을 요하기 때문에 계획의 각 단계별로 체계적인 조정을 보장하기가 어렵다는 것이다. 그러나 몇몇 개발 사례들이 평가되면서 '복합'에 대한 많은 기대들이 이어지고 또 확산되고 있다고 말하면서 '복합'이라는 주제를 꾸준히 추구해야 할 책임을 가져야 한다고 주장한다(支倉幸二・草場優昭, 1987). 이상의 연구사례들을 통해 볼 때 복합용도개발은 대부분 도심지 재개발과 관련된 연구들이 주류를 이루고 있음을 알 수 있다.

5) 복합용도개발에 관한 기존 연구

복합용도개발을 소재로 한 국내의 연구논문은 1980년대 중반부터 시작되었다고 볼 수 있으며, 특히 90년대 이후 활발하게 진행되어 왔다. 주상복합건물에 대한 연구가 대부분을 차지하는데, 넓게 보면 건축계획적 측면에서 건물의 합리적인 설계 방향을 제시하는 연구와 거주자들의 만족도 및 요구도를 파악하는 연구가 주종을 이루어 왔다고 볼 수 있다. 그 밖에 주상복합건물 건설의 타당성 분석에 관한 연구도 간간이 행해졌다. 주제별로 살펴보면 다음과 같다.

① 복합용도개발의 개념 및 역사적 발달 과정에 관한 연구

복합용도개발에 관한 초기 연구로 MXD에 대한 개념 설명과 선진국의 개발 사례 및 역사적 발달 과정에 관한 연구들이 주를 이루고 있다. 오덕성(1989, 1990a, 1990b, 1990c)은 1989년부터 4차례에 걸친 연속적 논문을 통해 복합용도개발의 역사적 발전추세를 소개하고, 이어 독일과 미국, 그리고 한국의 발전과정을 개발 사례를 들어 설명하고 있다.

② 입지 및 유형별 특성에 관한 연구

규모와 수용기능 등에 따라 입지별 분포 특성을 비롯하여 지역별 발생배경 등을 파악하고자 하는 연구이다.

임국택(1994, 1996)은 주상복합주택의 개념과 유형을 정의하고, 도시현상적·도시공간구조적·주택시장형성 측면에서 발생배경을 검토하였다. 그리고 사례연구를 통해 서울시 주상복합주택의 분포와 그에 따른 분포 특성을 파악하였다. 도시현상론적 접근에서는 수도권 팽창에 따른 직·주 분리와 그로 인한 교통문제, 도심공동화현상 등에 대한 하나의 주요 대안으로 도심개발의 활성화를 통하여 도심 내에 주거기능을 부여하는 주상복합주택이 발생한다는 것으로 해석하고 있다. 도시공간구조론적 접근에서는 도시발전에 따라 다핵적으로 발전해 가는 도시 내부구조에 의해 근린지구 쇼핑센터 지역이나 도심과 부도심지역에 주상복합주택이 건설되고 있다고 보고 있으며, 주택시장형성 측면에서는 주택수요자의 주택유형과 주거지에 대한 선호와 주택공급자의 경제성 추구 및 제도적 측면에 의해 이루어진다고 본다. 한편 도시계획적 측면에서 주상복합건물의 특성을 파악하고 입지결정 요인과 특성을 분석하고 있는데 그 결과 주상복합건물의 입지지역은 주로 상가 및 업무지대이며, 주변의 도로는 상당히 넓고, 토지모양은 세장형이 가장 크게 기여하고 있고, 지세는 평지가 절대적이라고 하였다. 공시지가가 높은 곳으로 4백만 원-3백만 원 미만의 지역에 가장 많고, 대지면적은 4백m^2 이상의 규모를 가지고 있는 지역이라는 것을 밝히고 있다. 이러한 분포 특성을 통해 결국 도시형성의 여건이 성숙

되어 있어 업무활동이 집중되고 토지가격이 비싸며 생활편익시설의 설비가 충분히 갖추어진 지역에 건설되는 경향이 있다고 판단하고 있다. 이는 개발업자 입장에서 그만큼의 경제적 이익 추구가 가능하기 때문인 것으로 분석하고 있다. 따라서 주상복합주택을 새로운 주거유형으로 인식하고 저소득층을 위한 주택정책이라는 주택공급의 정책목표에 부합되도록 하려면 제도 및 법규의 마련이 있어야 한다고 제안한다.

호유정(1996)은 서울시의 주상복합건물을 수용기능의 종류와 주기능을 기준으로 12가지로 유형을 분류하고 유형별 특성을 분석하였다. 주거중심형이 매우 높은 비중을 차지하고 있으며, 수용기능의 종류가 다양할수록 규모는 대체로 커지는 경향을 보이고 있고, 건물의 외관 또한 유형별로 차별적이라고 분석하고 있다. 분포 측면에 있어 서울시 전역에 분포하며 집중적인 경우와 분산적인 경우로 나뉜다. 이러한 유형별 차별성이 나타나게 된 원인을 토지이용측면, 경제적 측면, 도시공간구조적 측면에서 분석하고 있다.

③ 건축적 측면의 합리적 설계방안을 제시하는 물리적 측면의 연구

권문성(1992)은 주상복합건물에 대한 기존 연구를 기초로 하여 설계기준을 찾고 신도시를 대상으로 실제 건축적 계획을 수립하였다. 오덕성·김정태(1992)는 주상복합주택의 수용기능, 공통적 특성에 따른 계획유형의 구분, 입지성향 등 설계계획 시의 기본적 내용을 검토하였다.

한국토지개발공사(1994)의 연구는 주상복합건물의 현황과 문제점을 도출하고, 법규 및 제도 분석, 경제성 분석 등을 통해 주상복합건물 활성화 방안을 제시하고 있다. 특히 택지개발사업으로 조성하는 단지 내 주상복합건물의 용지계획 및 설계에 관한 지침을 도출하는 데 목적을 두고 분당, 상계지역을 사례지역으로 선정하여 입지 특성에 따른 주거환경과 상업환경의 차이점을 비교·분석하였다. 이와의 비교분석을 위해 도렴, 마포지구와 강동지역 중심지의 천호 지구 등을 선정하여 건물의 건축 현황 조사, 거주자와 상인 대상의 설문조사, 상가 업종조사 등을 통해 분석하고 있다. 이를 통해 입지 특성에 따라 주상복합건물의 개발유형을 구분하고 유형별 설계지침을 실질적으로 제시하고 있다.

양동양·유승무·박형석·남영우(1994)는 건물 내부의 설계 시 주거적 합성을 높이기 위해 고려할 사항들을 계획 완료된 건물들의 도면을 통해 시사점을 얻고 있다.

대한주택공사 주택연구소의 1996년 연구에서는 현행 복합개발이 내포하고 있는 문제점을 구체적으로 밝히고 이러한 문제점을 해결할 수 있는 복합개발유형과 이를 뒷받침할 수 있는 법·제도적 장치, 사업수법 및 계획기법상의 아이디어를 제시하고 있다.

④ 주거실태 및 적합성에 관한 연구

주상복합건물 거주민을 상대로 주거실태를 파악하고 건물의 주거적 합성을 고찰하는 연구로 주상복합건물에 대한 연구 중 가장 많은 비중을 차지하고 있다.

이정중(1987)은 도심부 복합용도건물 내 거주민의 주거실태를 분석하기 위해 도심부의 세운상가아파트군과 낙원상가아파트를 분석 대상지역으로 선정하고, 도심부 외곽에 위치한 서대문구의 유진상가아파트를 비교대상집단으로 선정하여 주민들을 대상으로 설문조사를 실시하였다. 이를 통해 도심부 복합용도건물 주거부문의 문제점을 고찰하고 복합용도주거의 활성화 방안을 모색하고자 하였다.

신현수·이영근·박천보·오덕성(1991)은 대전시와 청주시의 저층 주상복합건축물을 사례로 거주인의 일반적 특성을 파악하고 저층 주상복합건축물의 주 기능 구성과 거주인의 요구도를 파악하여 이를 기 조사된 고층의 주상복합건축물과 비교하였다.

김정수(1995)는 주상복합건물 점유지역의 기능적 특성과 수요자와의 관계를 밝히고, 입지별 주거환경을 비교 평가하는 데 목적을 두고 있다.

조춘만(1996)은 서울시내 재개발로 도입된 복합용도건물 가운데 주거기능을 포함한 건물을 대상으로 거주자의 주거환경 만족도에 초점을 맞추어 도심주거의 주거 적정성을 밝히고 이를 통해 복합용도개발의 제반 문제점을 분석하고 활성화방안을 모색하고자 하였다. 이를 위해 도심부(도렴지구)와 도심부근(마포지구), 도심외곽지역(천호지구)에 있는 주상복합건물을 사례로 물리적 속성, 사회·물리적 속성, 편익시설에 관한 속성, 관리·경제적 속성, 실내 환경적 속성 등 5가지 사항을 분석·비교하였다. 그 결과 사회·물리적 속성에 대한 거주자들의 불만족도가 높게 나타났고, 편익시설 속성에 대한 만족도가 가장 높게 나타났다. 전반적으로는 도심 복합주거에 대한 현 주민의 주거 만족 정도는 양호한 것으로 결론짓고 있다.

박유신(1998)은 수도권 주상복합아파트 주민들의 사회·경제적 특성을 알아보기 위해 도심지역(도렴, 마포)과 도심외곽지역(관악, 천호, 분당)으로 나누어 설문조사를 하였다. 두 지역 주민들의 사회·경제적 특성이 차별적인 것은 소득수준에 따라 주거입지 선호도가 다르기 때문인 것으로 해석하고 있다.

문영필(1998)은 복합용도개발의 거주자를 대상으로 만족도 및 선호항목을 검토하여 어떤 문제점을 내포하고 있는지를 밝히고 외국의 사례를 통해 이러한 문제점을 해결할 수 있는 복합용도개발유형과 사업수법 및 계획기법상의 개선방안을 찾는 데 연구목적을 두고 있다. 이를 위해 1990년대 이후 개발된 단동형(방이동 신동아 프라자)과 다발형(보라매 라성타운)의 사례를 선정하여 '시설측면', '환경측면', '입지측면'의 3가지 부분에서 만족도 및 선호항목에 대한 거주자 설문조사를 실시하였으며, 개발업자와 전문가 집단을 통해 중요하게 생각하는 개발항목을 조사하였다.

⑤ 주상복합건물 내 상업기능에 관한 연구

오덕성·박천보(1990)는 대전시와 청주시를 대상으로 입지에 따른 복합용도 건축물의 분포 및 수용기능의 특성을 비교분석하였다. 나아가 상업지역의 분포 유형에 있어 복합용도 건축물의 역할에 대해 고찰하였다.

엄성욱(2000)은 상업기능은 도시를 구성하는 가장 중요한 기능 중 하나로 토지이용상 비교적 좁은 지역을 차지하고 있지만 도시의 공간구조 형성에 매우 중요한 역할을 담당하고 있다는 전제하에 현재 주거 위주로 개발되고 있는 주상복합건축물 내의 상업기능에 관한 입지별 시설의 종합적인 조사 및 특성에 관해 연구하였다. 이를 위해 강남지역에서 도심, 부도심, 외곽지역으로 나누고 지역별 사례건물을 선정하여 입지별 차이에 따른 상업시설의 수용특성을 조사하였다.

⑥ 주상복합건축의 개발방향 제시

주상복합건물의 전반적인 실태 분석을 통해 법적·제도적 차원의 개선 및 개발방향을 제시하는 연구이다.

대한주택공사(1994)의 연구는 도심재개발의 일환으로 주상복합건물을 건설할 경우 주거부문의 분양성 판단을 위한 도심 내 주택수요추정을 목적으로, 도심 주상복합건물 주민을 대상으로 1차 설문조사를 하고 그 결과 2차 대상자 집단을 추정한 후 이들 집단 중 도심 내에 직장이 있는 사람들을 대상으로 2차 설문조사를 실시하였다. 주택수요 추정 결과 도심 내에서 영업활동을 하는 일반 도/소매업자로 40대의 연령층이 주요 수요계층이었으며 이들은 직주근접, 교통편리, 맞벌이 등의 이유로 도심 내 주거입주를 희망하고 있다고 밝혔다.

양동양·김진욱·김성도·박선미(1994)는 도심 주상복합개발에 관한 도심 내 직장인들의 인식을 조사하고 단지형 건물로의 개발방향을 제시하고 있다.

박용준(1994)은 국내외 사례조사와 관련 법규의 분석을 통해 문제점을 파악하고, 합리적인 개선방안을 제시하여 주상복합건물 활성화를 통한 도시의 새로운 생활패턴의 발전가능성을 살펴보고자 하였다. 기존 연구들을 종합한 주거기능의 문제점으로 공용공간의 부족, 소음·공해 등의 열악한 환경, 복잡한 동선체계, 주차시설, 근린생활시설 부족과 주변환경과의 부조화로 정리하고 있다. 상업기능과의 마찰로 인한 문제점들도 지적하고 있는데, 개선방안은 주변의 맥락과 사회·문화적 조건을 파악하고 이를 토대로 한 충분한 검토를 통해 개발가능성을 고려한 종합적 계획이 수립되어야 하며, 주차 및 편익시설 등의 동선계획을 실재로 제안하고, 오픈 스페이스 도입도 제안, 제도적 틀에 대한 제안 등을 하고 있다.

윤영미(1996)는 도심부 주택 확보를 위해 도입된 제도적 건축이 인센티브 정책으로 인해 민간주택개발업자의 수익성을 보장하는 수단으로 전환되면서 여러 가지 문제점이 발생하고 있다고 인식하고, 설계자들을 대상으로 계획수법을 조사하였다. 이를 통해 도심부에 주상복합건축 의무화라는 제도 도입, 개별건물 위주의 개발이 아닌 건물 군 위주의 면적개발로의 전환, 제도정비 등의 개발방안을 제시하고 있다.

주택산업연구원(1996)의 연구는 주상복합용도 개발의 역사적 개념변천 검토, 제도적 지원체계 분석, 입지 현황과 입지 특성 검토, 교통파급효과 논의, 주거환경에 대한 만족도와 개발의 수익성 증진방안 모색 등 종합적 고찰을 통해 주상복합용도 개발의 활성화 방안을 기본방향과 세부정책으로 나누어 제시하고 있다.

이주형·기윤환(2000)은 도시의 경제환경변화와 복합용도개발의 관계성을 분석한 후, 복합용도건물의 취약성을 도출하고 이를 개선할 제도적 방안을 제안하고 있다.

3. 기존 연구의 한계와 연구의 틀

지금까지 주거지 분화에 관한 연구들은 아파트 가격, 주민들의 사회·경제적 계층 등의 개별적 요소들을 통해 분화 요인을 밝혀내는 데 초점을 두고 있다. 즉 특정 유형의 주택에 의한 주거지역 형성이라는 관점에서의 연구는 미미한 실정이다. 또한 주거지역 연구에 있어 도시공간구조 내에서의 지역적 맥락을 고려한 연구 또한 미비한 실정이다.

한편 복합용도개발에 대한 연구는 건물 자체의 건축계획적 측면에서의 합리적 설계방안을 제시하기 위한 입지 및 유형별 특성에 관한 연구와 주민들의 건물 내 주거 적합성에 초점을 맞추어 왔다고 볼 수 있다. 즉 건물 내부의 설계 계획 시 필요한 요소들을 추출해내기 위해 주민들의 건물 내 사용 등에 관한 만족도 조사가 주된 연구 관점이었으며, 따라서 건물 단위의 분석이 주로 이루어져 왔다.

입지 및 유형별 특성에 관한 연구와 건축적 측면의 합리적 설계방안을 제시하는 물리적 측면의 연구는 서울시에 입지하고 있는 주상복합건물을 대상으로 분포 특성을 분석하고, 이를 바탕으로 유형별 설계지침을 제시하고 있는 연구들이 대부분이다. 그런데 이들 연구가 사용하고 있는 자료가 대체로 일관되지 않아 자료의 정확성 측면에서 한계를 가지고 있다. 또한 실재 설계방안 제시를 함에 있어 건물의 층별 기능 배치, 동선 처리, 진입부 관계, 오픈스페이스 조성 등 개별 건물만을 생각하는 좁은 시야를 가지고 있어 주변지역의 특성에 맞는 집합적 개발계획 개념이 부족하다.

한편 개별적인 주거실태 및 적합성에 관한 연구, 주상복합건물 내 상업 기능에 관한 연구와 주거와 상업에 대한 전반적인 실태 분석을 통해 주상복합건축의 개발방향을 제시하고자 한 연구들은 우선 사례지역 선정 〈표 Ⅱ-2〉에서 한계를 보여주고 있다. 도심부 활성화 방안으로 주상복합건축을 제안하고자 하는 연구자들은 도심부 거주에 대해서만 집중적으로 연구하고 있고, 여러 지역을 비교하고자 하는 연구들은 대부분이 도심부와 외곽 지역 및 신도시 등에 한정시키고 있어 지역적 차별성을 밝히는 데 제한적이다. 또한 지역 비교를 통해 배후지역의 성격에 맞는 주상복합건축물 개발계획을 제안하면서도 지역적 특성을 전체적으로 살펴본 연구는 없다.

<표 Ⅱ-2> 기존 연구의 사례분석지역

연구주제	저 자	사례분석지역	
		연구대상	비교대상
주거 실태 및 적합성	이정중(1987)	도심부 상가아파트	서대문구 유진상가아파트
	신현수 외 3인(1991)	대전, 청주의 저층 건물	서울의 도렴, 마포지구 건물
	김정수(1995)	도심 중심업무지역(도렴지구) 중심상업지역(을지로·충무로지구) 도시외곽상업지역(천호지구)	
	조춘만(1996)	도심부(도렴지구) 도심부근(마포지구) 도심외곽지역(천호지구)	
	박유신(1998)	도심지역(도렴, 마포) 도심외곽지역(관악, 천호, 분당)	
	문영필(1998)	단동형(방이동) 다발형(보라매 라성타운)	
건축설계 방안	한국토지개발공사 (1994)	분당, 상계지구	도렴, 마포, 천호지구
개발방향	대한주택공사 (1994)	도심주민/도심 내 직장인	

주상복합건물이 가지고 있는 다기능적 측면에서 살펴보면 주거와 상업 기능을 각각 별개로 연구하고 있는 것도 기존 연구의 한계점이라 할 수 있다. 하나의 건물이 가지고 있는 기능들은 지역 내 역할이나 영향 면에서도 유기적인 관계를 가지고 바라보아야 할 것이다.

시기적으로도 지금까지 대부분의 연구는 1996년 이전에 이루어진 것인데, 1996년은 대규모 단지화가 본격적으로 이루어지기 시작한 시기로 볼 수 있다. 현재 서울시 주상복합건물은 90년대 중반 이후 완공된 대규모

단지형 건물들이 최소 3년 이상의 거주기간을 가지고 있으며, 현재 건설 중에 있는 건물들의 규모와 수도 이에 못지않다.

이제 주상복합건물 내 주거기능은 새로운 하나의 주택유형으로 자리잡아가고 있으며, 이들 건물이 단지를 구성하고 있는 곳은 또 하나의 주거지역을 형성한다고 볼 수 있다. 이러한 상황에서 주상복합건물에 대한 연구는 건물 단위의 분석이 아니라 지역적 맥락과 도시 전체의 맥락 속에서 하나의 분화된 기능지역 단위로 고찰되어야 하며, 또한 이러한 기능지역의 특성을 형성하는 데 기여하는 주거와 기타 기능을 동시에 바라보고 이를 통해 지역별 특성에 부합하는 개발이 될 수 있는 방향을 제시해야 할 시점이라 생각한다.

따라서 본 연구는 주상복합주택을 단순히 복합용도를 위한 건물로 생각하여 건물의 물리적인 여건 개선만을 중심으로 하는 연구에서 한 걸음 나아가 도시정책적인 측면에서 도시 내의 주거문제를 해결할 수 있는 하나의 주택정책수단으로써, 또 이들 건물의 집중지역을 통해 형성된 새로운 주거지역이라는 시각에서 주상복합건물을 바라보고자 한다.

이상의 고찰을 통해 본 연구에서는 다음과 같은 관점으로 연구를 진행시키고자 한다〈그림 Ⅱ-1〉.

첫째, 주택을 근거로 한 주거지역 연구라는 시각에서 출발한다. 주상복합건물 내의 아파트라는 새로운 형태의 주택이 공급과 수요의 주체가 되는 정부, 업계, 소비자에 의해 출현하였으며, 이러한 주상복합건물의 집적으로 인해 상업지역 내에 새로운 주거지역을 형성하고 있는 상황을 바라보고자 하는 것이다.

둘째, 주거지역은 주변지역의 성격에 의해 맥락적 특성을 가지게 될 것이고 따라서 지역에 따른 차별적 특성을 나타내게 될 것이다. 주민의 특성, 주거입지 결정 요인 및 주거 만족도, 상가의 역할 등을 통해 차별적 주거 특성을 파악하고자 한다.

셋째, 지역적 맥락에 의해 형성된 주거지역은 하나의 독립된 지역으로

써만이 아니라 도시 전체의 공간구조 형성과 변화에 영향을 미치는 하나의 기능지역으로써 지역적 특성에 맞는 개발 혹은 관리방안을 수립해야한다는 것이다.

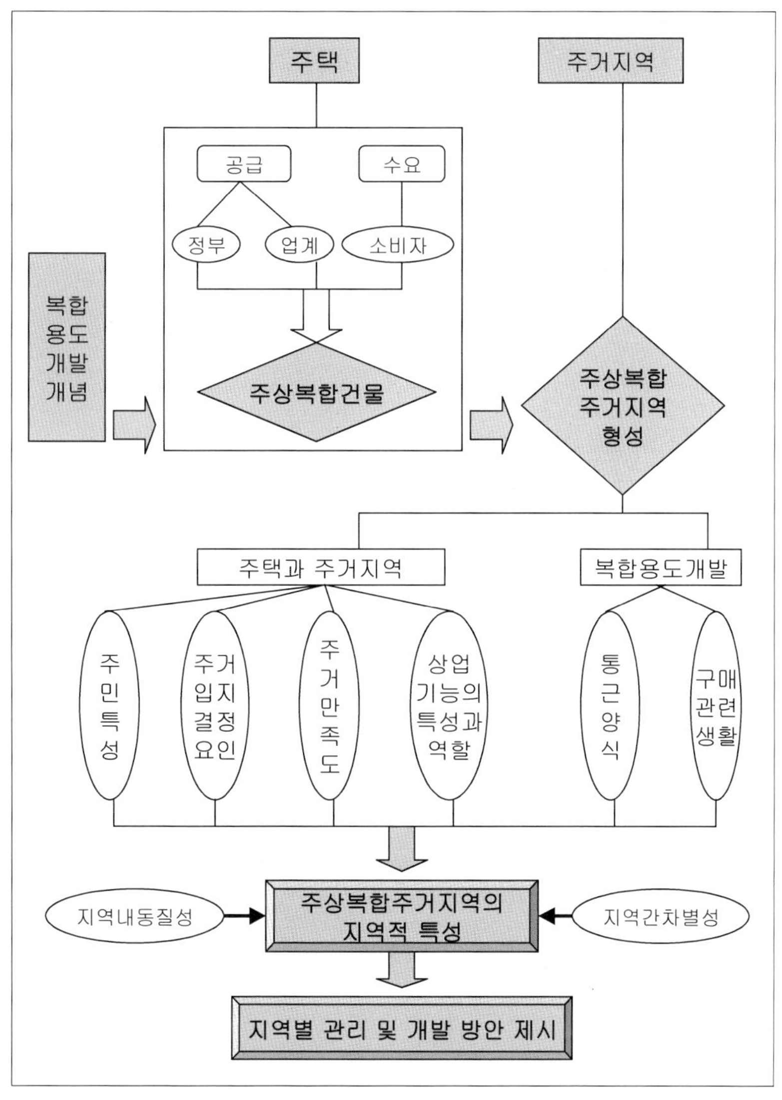

〈그림 Ⅱ-1〉 분석틀

Ⅲ. 서울시 주상복합건물의 발달 과정

1. 서울시 주상복합건물의 확대 과정

이 논문의 연구대상인 주상복합건물은 1981년 정부가 도심 내 주택공급 촉진을 취지로 상업지역 내 주상복합개발에 의한 주택사업에 대해 '주촉법'상 사업승인대상에서 제외하는 조치가 취해졌지만 1980년대의 경기침체로 대규모 개발사업이 줄어들면서 그리 큰 관심을 끌지 못하였다. 그러던 것이 1980년대 말 부동산 경기가 살아나고 주상복합아파트에 의한 대형 고급주택 사업가능성이 부각되면서[15] 주상복합아파트 건설은 신종주택 사업으로 각광을 받으며 활발히 진행되었다. 주상복합아파트는 업체들이 발굴해 낸 시장이라기보다는 정부정책에 의해 유도된 것이었으며, 주로 대형화·고급화에 치우친 행태를 보임으로써 여론의 곱지 않은 시선을 받긴 하였지만 이제껏 20호 미만의 고급연립주택에 국한되어 있던 고급 수요계층 대상 주택시장을 새로운 형태로 확대하면서 주택시장의 분화를 촉진하는 계기가 되었다(대한주택공사, 1999, 436-437).

이러한 주상복합건물을 복합용도개발의 한 유형으로 보고 서울의 복합용도개발에 의한 주상복합건물의 역사적 발달 과정을 살펴보도록 하겠다. 복합용도 단지의 한 부류인 60년대 후반부의 일부 상가아파트 건설에

---

15) 주택건설촉진법에 의한 사업승인대상에서 제외된다는 것은 곧 주택규모의 상한규제나 분양가규제를 받지 않는다는 것을 의미하므로 이 조치는 사실상 대형 주택이나 고급주택 개발사업의 가능성을 열어준 것이다. 이전까지 주택건설촉진법상의 규모 및 가격규제 수준을 상회하는 고급주택 사업은 사업승인대상이 아닌 20호 미만의 주택사업에 해당되는 고급연립주택 정도에 국한되어 있었다.

서 시작하여 70년대 말의 복합용도 재개발계획안, 80년대 말부터 이어진 도심외곽지역으로의 확산 등으로 시기별 구분을 통해 살펴보도록 하겠다.

1) 초기 복합공동주택 개발(1960년대 말 – 1970년대 초)

해방 이후 '상가주택'이라는 형태로 존재해 오던 복합용도개발은 같은 건물 내에 주거용 아파트와 상가를 입체적으로 중첩시키는 유형으로 시작되었다. 대부분의 상가아파트는 시장부근이나 도시간선도로 주변에 입지하였고 기능배분은 상업기능이 중심이 되고 주거, 업무기능 등은 보조기능에 불과한 경우가 많았다(오덕성, 1990c, 64). 그 사례로 동대문구 답십리동에 위치한 삼희아파트는 9층 규모의 5개 동이 도로를 따라 선형으로 위치하는데 1층은 전문판매, 2층은 업무용도, 3층 이상은 주거기능이 수용되었다(호유정, 1996, 44).

이후 보다 체계적이고 포괄적인 개발로 주거가 있는 복합건축이 도입된 것은 1967년의 세운상가가 그 시초이다. 개발형태상 다발형 Complex식 상가아파트의 유형으로 시작되었다(대한주택공사 주택연구소, 1996, 3)고 볼 수 있다. 이 건물들은 60년대 서울의 공간구조를 산업화에 적합하고 조국 근대화라는 사회적 명제에 따라 메가 스트럭춰 개념에 입각하여 서구화와 근대화의 상징으로 청계천변과 종로 2가, 3가와 같은 도시 중심부에 건설하게 되었던 것이다(장성수, 1995, 168)〈표 Ⅲ-1〉.

당시 계획상으로는 주거, 전문소매, 도매상가, 업무, 호텔, 극장의 기능 중 3가지 이상의 용도를 수용하는 완전한 의미의 복합용도를 계획하여, 24시간의 생활이 가능한 구조를 지향하였다. 그러나 60년대 말, 복합용도 개발이 전무한 상태에서 도시계획의 용어조차 생소한 국내상황은 실제 개발에 있어 지주들의 주장과 건설업체의 수익성이 중시되게 되면서 건물 간의 연계성은 무시되고 개별 건축적 프로젝트화 하면서 많은 문제점을 드러내게 되었다. 수용기능도 상업기능 위주가 되면서 근린상업기능보다는 전국을 대상으로 영업이 가능한 전기, 전자관련 도매업을 입점시켜 계획당시의 도심형 쇼핑몰의 형성 기회를 상실하게 되어 주거부문과의 연계성 또한 부족하게 되었다. 건물 내 물리적인 기능 분리 또한 고려하지 않음으로써 주거침해가 심각하다는 문제점을 드러내게 되었으며, 블록별로 몇 개의 건설회사가 나누어 시공, 임대하는 과정에서 다른 건물들과의 유기적 관계 또한 이루어지지 않아 단일건물의 복합구조로 변질되게 되었다. 결국 당시의 복합용도건물의 필요성을 의심케 하는 의구심만 존재할 정도로 기능이 쇠퇴하게 되었다(대한주택공사, 1994, 12-13; 호유정, 1996, 44-45).

〈표 Ⅲ-1〉 70년대 초 상가아파트 건설 현황

건립년도	위치	아파트명칭	수용기능	층수	아파트건평	동수	연건평	설비 및 기타공용시설
'67	종로	낙원	주거·상업·업무·극장	6-15	21-51	1	4,000	공용놀이터
		현대		5-13	18.2-25.2	1	2,160	놀이터
		아세아	세운상가: 주거·상업·업무·호텔	5-8	12-18.4	1	2,538	놀이터
'68	중구	대림		5-12	17.2-21.5	1	4,072	
		청계		5-8	21-27.23	1	1,972	
		신성		5-8	20-32	1	397	
		삼풍		6-16	19.9-43	1		
'70		진양		6-10	28.68-43.01	2	10,273	놀이터, 주차장
'69	동대문	대왕		5	26-54	1	867	놀이터, 주차장
		동대문		4	7.98-22.94	4	3,123	놀이터
		삼희*		9				
'70	성동	홍인		4-5	16-33.5	1	1,560	
	성북	성북		2-3	8.5-25	3	1,421	
		삼선		3	14.6-15.6	1	576	
	서대문	뉴스타		2-5	27-54	1	5,722	
		원일		3-6	18.92-24	1	860	
		서소문		2-7	12.7-18.3	1	1,700	
	은평	유진		3-5	18-67	2		놀이터
	용산	삼각지		1-5	9.8-21.4	1	1,492	놀이터
	마포	남아현		3-6	18.69-25.2	1	1,752	옥상정원, 놀이터

자료: 한국토지개발공사, 1994, 24.
   * 호유정, 1996, 45.

초기개발의 이러한 문제점은 계획지구에 대한 성격파악과 주변과의 연계성, 건설 후 파급효과에 대한 검토가 소홀했을 뿐 아니라, 도시 내 적정입지·건설과 운영계획 등 도시계획적·경제적 고려 없는 단순한 물리적 시설계획만으로 당시의 도시문제점을 해결하고자 했던 이유에서 출발하고 있다. 또한 건물 내부의 기능별 동선 체계와 주민들의 주거적 합성에 대한 고려가 미비했던 것도 큰 문제점으로 지적되고 있다.

2) 도심재개발지구 내 복합공동주택 개발
(1970년대 말 - 1980년대 초)

초기 복합용도개발의 많은 문제점 때문에 주춤했던 개발이 70년대 말에 들어 도심재개발지역에서 다시 적용되었다. 이 시기에는 재개발구역을 여러 개의 단위 필지로 분할한 후 필지별로 각각의 주상복합건물을 건축하는 방식으로 진행되었다. 주민참여에 의한 현지개발방식[16]이 적용되어 건설회사에서는 일정지분은 지주에게 분배하고 나머지 부분을 분양하도록 되어 있었기 때문에 해당 필지별로 최대의 건축면적 확보와 수익성 제고에 주안점을 두게 되었고, 따라서 소규모 광장이나 공용몰의 조성, 차량 및 보행동선의 체계적인 분리 등과 같은 단지 계획적인 검토사항이 결여될 수밖에 없었다(호유정, 1996, 46).

이 시기의 개발은 도렴지구와 마포지구에 국한되어 적용되었는데, 도렴 18지구의 대우빌딩과 마포로 1구역 23지구의 강변한신코아를 제외하면 모두가 이 시기에 준공된 건물이다.

지금까지 도심재개발을 통해 주상복합건물이 건립된 것은 종로·중구에 건립된 4개동 204세대, 마포·서대문구에 건립된 5개동 420세대에 불과하다〈표 Ⅲ-2〉.

---

16) 지주들이 조합을 구성하여 자기소유의 토지를 제공하고 건설회사가 건설자금을 투입하는 방식.

　도렴지구의 건물은 지상 10-15층, 지하 3-5층 규모이며 마포지구의 건물은 지상 15-20층, 지하 2-4층으로 도렴지구에 비해 약간 높다. 이들 건물은 주거, 업무, 상업기능을 모두 수용하는 단일고층건물형으로 일반오피스빌딩과 유사한 형태를 취하고 있다. 상이한 용도의 공간 구획은 출입구를 분리하고 엘리베이터 이용을 이용자별로 분리하는 정도의 구획방식에 의한 단순중첩형이 대표적이다. 따라서 다른 용도 간의 동선이 중복되면서 방범, 사생활 보호, 업무상 능률 등에 문제가 발생하게 되었고, 건물 내부의 일조, 통풍, 채광, 출입영역 등의 공간 미비로 주거환경 또한 문제시되었다(주택산업연구원, 1996, 22-23).

〈표 Ⅲ-2〉 도심재개발에 의한 주상복합건물 건설 현황

	지　구	위　치	건물명	세대수	층수 (지상/ 지하)	준공 년월
종로·중구	도렴　　3	종로구 신문로 1가 238	신문로빌딩	24	10/4	81.11
	도렴　　6, 7	종로구 당주동 145	미도파빌딩	48	10/4	81.12
	도렴　　12	종로구 당주동 100	세종빌딩	72	10/3	83.6
	도렴　　18	종로구 내수동 167	(주)대우	60	15/5	94.5
	서소문 1-2*	중구 태평로 2가 309-2외	삼성생명(주)	37	26/6	97.9
마포구	마포로 1구역 10지구	마포구 도화동 536	정우빌딩	90	15/3	83.9
	마포로 1구역 7지구	마포구 도화동 538	성지빌딩	84	17/3	84.2
	마포로 1구역 5지구	마포구 도화동 544	고려빌딩	63	15/3	84.11
	마포로 4구역 8지구	서대문구 충정로 3가 222	피어리스빌딩	95	17/4	87.10
	마포로 1구역 23지구	마포구 마포동 350	강변한신코아	88	18/2	92.6

　주: 서소문 1-2지구 삼성생명 건물은 1999년 주거용도를 업무용도로 변경.
　자료: 서울특별시, 도심재개발사업 현황, 2001. 5. 35.

3) 외곽지역으로의 확산(1980년대 말 이후)

　80년대 후반에 들어서면서 복합용도의 건축은 새로운 경향을 맞게 된다. 도심재개발에 의한 주상복합건축과 함께 개별건축에 의한 주상복합

건물들이 등장하게 된 것이다(한국토지개발공사, 1994, 27). 공간적으로도 도심지역을 벗어난 외곽지역에서의 공급이 많아지기 시작했는데 초기의 대표적인 외곽지역 개발로는 재개발지구인 천호지구, 택지개발지역인 상계지구 등을 들 수 있다. 이 지역의 건물들은 주로 10층 이하의 건물로 2-30평 이하의 소규모 평수로 구성되어 있다.

또한 신도시개발에도 주상복합건물이 도입되었는데 신도시 및 신시가지에서의 주상복합건축은 근린상가 성격의 상업용도와 주거를 혼합하여 상호연계성이 강화되었으나 주변이 대부분 주거지역으로 도심공동화 방지 등의 복합용도개발의 목적보다는 주거와 상업지역 간의 용도를 완충시켜주고, 과다 지정된 상업지역 면적을 조정하게 하고 토지이용의 효율성 및 생활 편리성 제고의 필요성에 의해 계획되었다.

한편 90년대 이후 택지부족으로 인해 서울시 주택공급의 일환으로 제기된 주상복합건물은 서울시 전역에 걸쳐 급격히 증가하게 되었는데 이 시기 건물의 특징은 고층의 대형건물이라는 점이다. 여기에는 정부의 정책적 뒷받침이 한 몫을 하고 있는데 용적률의 지속적인 완화, 세대수 제한 완화, 상가 의무화 비율 완화와 함께 분양가 규제대상 제외 등 법적 제한이 사실상 철폐됨에 따라 기존의 경제적 사업성 문제로 개발을 포기했던 많은 민간기업들이 새로이 개발을 활성화시키게 되었다. 이 시기의 건물들은 서구와 같은 고급형 도심주거 수요를 대상으로 원격검침시스템, 무인경비시스템, 중앙 집중식 청소시스템 등의 첨단기능을 가미하여 고급화, 대형화 추세로의 변화가 활발하게 나타났다. 송파, 서초, 강남, 동작, 양천 등 외곽 중심지를 거점으로 인접지역에 주상복합건물들이 대거 집중하면서 경관상으로도 새로운 형태의 공간을 형성하게 되었다.

그러나 이 시기의 문제점은 첫째, 대규모 주상복합단지의 경우 주거형태가 고급화, 대형화를 지향하고 있어 다양한 계층을 수용하지 못한다는 것이며, 둘째, 신도시 및 신시가지 대규모 주상복합주택단지의 경우 직·주 근접에 의한 거주자가 아니라 내 집 마련을 위한 것으로 출퇴근 시간의 교통문제가 더욱 심화되었다는 것이다. 셋째, 특히 90년대 중반 이후 등장한 대규모 단지 형태의 건물들은 주변지역과의 조화를 무시한 고급화와 고층화로 장차 지역 정서와 대립될 가능성을 가지고 있다는 것이다(주택산업연구원, 1996, 23-24).

2. 주상복합건물 확대의 사회·경제적 배경

90년대 전반 새로운 주거 형태로 떠오르면서 건축의 붐을 일으키게 된 주상복합건물은 정부·건설업체·주택수요자 등 3자의 이해가 시기적으로 맞아떨어지고 있기 때문인 것으로 보인다.

우선 정부는 사회문제로 번지고 있는 교통체증을 해결하기 위한 한 방안으로 도심의 공동화를 막고 직·주 근접형 주택으로 주상복합건물의 건축을 유도한다는 방침 하에, 한편 주택건설업체는 택지고갈과 아파트 분양가격제한에 따른 기존 주택사업의 한계를 벗어나기 위한 계기로 주상복합건물 건설을 추진하게 되었던 것이다. 주택수요자들은 이에 상승작용을 일으키면서 고급화된 주택에 대한 선호를 부추기게 되었다고 볼 수 있다. 여기에 고층화를 통한 자본축적의 논리는 이러한 확대의 근본적 배경이 되고 있다고 보여진다.

1) 도심부 주거기능의 쇠퇴 및 신규 택지개발의 한계

서울시정개발연구원의 2001년 연구에 따르면(양재섭, 2001, 11-21) 도심부의 인구 및 가구는 지속적으로 감소해 왔다〈표 Ⅲ-3, 그림 Ⅲ-1〉. 1980년에서 2000년까지 20년간 서울시 인구는 약 18% 증가한 반면, 종로와 중구의 인구는 43% 감소하였고, 도심부의 인구는 66%나 감소하였다. 상주인구의 감소뿐 아니라 가구수도 감소하고 있는데, 1980년 약 3만 4천 가구에서 2000년 1만 8천 가구로 46% 감소하였고, 종로·중구의 가구수도 20년 전에 비해 15% 정도 감소하였다. 도심부의 경우 1인 단독가구의 비중이 다른 지역에 비해 높다는 점을 감안하면 이러한 가구수의 감소비율은 상당한 정도라고 할 수 있다.

또한 도심부 거주가구는 다른 지역에 비해 저학력 가구주의 거주비율이 높은 편이며, 월세 및 무상거주 가구의 비율이 높게 나타난다. 연령별로는 60세 이상의 노령인구 비율이 다른 지역에 비해 상대적으로 높게 나타나며, 거주자들의 사회·경제적 지위도 다른 지역에 비해 낮게 나타나고 있다. 한편 가구별 거주기간은 서울시 가구의 평균거주기간에 비해 2년 정도 높게 나타났다.

인구수와 가구수 감소는 결국 주택수 감소를 초래하고 있고, 기존의 주택마저도 노후화 되었거나 대부분 소형주택이다. 특히 단독주택과 비주거용 건물 내 주택이 차지하는 비율이 높아 주거수준이 열악한 상태라 볼 수 있다.

따라서 도심 및 인접지역 거주자들은 도심부의 주거환경에 대해 이웃과의 친분관계를 제외하고는 불만족스럽게 생각하고 있는 것으로 나타났다(양재섭, 2001, 70-71).

이러한 도심부 주거기능의 쇠퇴는 인구 공동화현상을 지속시킬 가능성이 높아지는 것을 의미하게 되고, 그 결과 토지이용의 효율성 저하, 도시기반시설의 이용률 반감, 직·주 분리로 인한 교통량과 비용의 증가, 야간 도심부의 폭력과 범죄율 증가 등 부정적 현상을 가져올 소지가 높아지게 되는 것이다. 또한 도심에 더 이상의 투자가 이루어지지 않음으로 해서 주거의 질은 더욱 악화되는 악순환이 이루어지게 되는 것이다.

〈표 Ⅲ-3〉 도심부 인구 및 가구수의 변화

단위: 인, 가구, %

		1980	1985	1990	1995	2000	증감율(1980-2000)
인 구	서울시	8,364,379	9,639,110	10,612,577	10,231,217	9,891,333	1,526,954(18.3)
	종로·중구 (서울대비)	535,067 (6.4)	475,555 (4.9)	431,449 (4.1)	325,866 (3.2)	304,933 (3.1)	-230,134(-43.0)
	도심부 (서울대비)	144,673 (1.7)	111,491 (1.2)	91,958 (0.9)	57,436 (0.6)	49,510 (0.5)	-95,163(-65.8)
가구수	서울시	1,842,239	2,329,374	2,817,762	2,971,185	3,110,465	1,268,226(68.8)
	종로·중구 (서울대비)	120,910 (6.6)	120,152 (5.2)	119,791 (4.3)	103,471 (3.5)	103,010 (3.3)	-282,100(-14.8)
	도심부 (서울대비)	34,266 (1.9)	29,221 (1.3)	27,606 (1.0)	19,809 (0.7)	18,427 (0.6)	-15,839(-46.2)

자료: 통계청, 인구주택총조사 보고서, 각년도(2000년은 잠정결과임).
출처: 양재섭, 2001, 서울 도심부 주거실태와 주거확보방향 연구, pp.12-13.

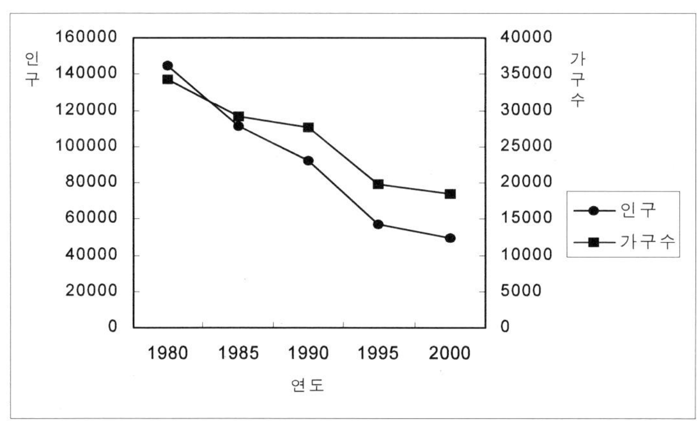

〈그림 Ⅲ-1〉 도심부 인구 및 가구수 변화

그런데 서울시 도심의 이러한 주거기능 쇠퇴의 원인에 대해 유리(1994)
는 경제·구조적 요인보다는 주거서비스 측면의 요인이 도심 인구감소에 더 큰 영향을 끼치고 있는 것으로 분석하고 있다. 평균가구원수, 평균주거면적, 주택의 질이 도심의 인구감소와 높은 상관관계를 보여 평균가구원수가 줄어들수록, 평균주거면적이 증가할수록 도심에서의 인구는 외곽으로 이동하게 되고, 아울러 도심과 외곽의 주택의 질적 차이가 주거이동을 유도하는 것으로 나타났다는 것이다. 특히 주거서비스 측면의 요인 중에서 주택 자체와 관련된 변수가 도심의 주거기능쇠퇴를 설명하는 데 더 큰 설명력을 갖는 것으로 분석하고 있다.

한편 현재 도심 및 인접지역에 거주하는 가구들은 직·주 근접의 효용성 때문에 계속적인 거주의사를 밝힌 경우가 65% 정도로 나타났는데(양재섭, 2001, 67-74), 이는 지속적으로 증가하고 있는 통근거리·통근시간에 대한 비용을 지불할 의사가 없는 사람들은 여전히 도심부 거주에 매력을 느끼고 있다는 것이다.

이상의 사실들을 통해 볼 때 도심부 내에 양질의 주택을 공급할 경우 도심공동화 문제에 대한 해결의 실마리를 찾을 수 있을 것이라는 얘기다. 그 예로 중구의 경우 명동, 남대문 등 상업지역이 발달하면서 도심 공동화현상이 심해져 지난 75년 이후 해마다 3,000~10,000명씩 줄던 인구가 99년 8월부터 늘어나기 시작한다는 증거를 보도한 바 있다. 75년 말에 28만 4,832명, 85년 21만 2,235명, 95년 14만 5,646명, 99년 7월말 12만 954명으로 최저수준을 나타내던 인구수가 신당동, 황학동 등에 대한 대대적 주택재개발사업에 의해 다소 증가하였던 것이다(세계일보 99년 12월 10일).

결국 도심부 거주에 매력을 느끼는 인구를 수용할 거주공간을 확보한다면 도심의 인구감소로 인한 도심 공동화현상의 해결방안도 찾을 수 있을 것으로 보이고, 그러한 공간 중 하나의 대안이 될 수 있는 것이 주상복합건물인 것이다.

한편 서울시는 수도권지역의 신도시를 건설하는 방식을 제외하고는 서울시계 내에서 대규모로 택지개발사업을 할 만한 대상지가 극히 희소하다. 서울시 도시계획면적 605.35km^2 중 개발제한구역 및 지형조건으로 인한 개발

불가능지를 제외한 개발 가능지는 $26.89km^2$(약 830만 평)으로 추정되고 있다〈표 Ⅲ-4〉.

〈표 Ⅲ-4〉 서울시 토지자원 현황

단위: km^2, 천 평

구 분	총 계	기개발지	미개발지	개발불능지
총 계	605.35(186,830)	328.31(101,330)	26.89(8,299)	250.15(77,207)
강 북	298.36(92,086)	159.68(49,284)	10.33(3,188)	128.35(39,614)
강 남	306.99(94,750)	168.63(52,046)	16.56(5,111)	121.80(37,593)

주: 1993년 자치구기본계획에서 발췌 정리.
자료: 서울특별시, 1997, 2011 서울도시기본계획, p.225.

한편 주택수요 단위로서의 가구수 증가는 인구성장이 안정기에 접어들더라도 지속될 것으로 전망된다. 특히 단독가구가 지속적으로 증가할 것이며, 주택소유 혹은 독립주거공간 선호경향이 강하기 때문에 이를 주택수요의 중요한 요인으로 간주해야 한다〈표 Ⅲ-5〉.

〈표 Ⅲ-5〉 연도별 서울시 주택보급률

연 도	세 대	인 구	주택수	가구당인원수	주택보급률
1970	1,096,871	5,433,198	583,612	4.95	53.2
1975	1,409,577	6,889,502	744,247	4.89	52.8
1980	1,836,903	8,364,379	968,133	4.55	52.7
1985	2,324,219	9,639,110	1,176,162	4.15	50.6
1990	2,814,845	10,612,577	1,430,981	3.77	50.8
1995	2,965,794	10,231,217	1,688,111	3.45	56.9
2000	3,085,936	9,895,217	1,916,537	3.21	62.1

주: 주택보급률＝(주택/세대)×100, 가구당인원수＝(인구/세대)×100.
자료: 경제기획원, 총 인구 및 주택 조사 보고, 1970, 1975.
　　　경제기획원, 인구 및 주택 센서스 보고, 1980, 1985.
　　　통계청, 인구 주택 총 조사 보고서, 1990, 1995, 2000.

그런데 미개발지의 대부분이 택지로 이용하기 어렵고, 따라서 개발제한 구역을 해제하지 않는 한 대규모의 택지공급은 불가능한 실정이다. 앞으로의 택지조달은 기존 시가지 재개발, 고밀 이용의 방식이 불가피하며, 특히 소규모의 재개발, 재건축사업에 대한 택지공급이 중심이 될 것이다(서울특별시, 1997, 223-228).

<표 Ⅲ-6> 도심재개발사업에 의해 시행 중인 주상복합건물

	지 구	위 치	건물명 (시행자)	세대 수	층수 (지상/지하)	허가 년월
종로·중구	공평 12	종로구 낙원동 283	로담코인사(주)	76	24/6	91.8
	신문로 2구역 8지구	종로구 신문로 2가 106	(주)거삼	63	18/7	93.6
	내수 1	종로구 내수동 100	대한주택공사	142	16/4	00.3
	내수 4	종로구 내수동 225	군인공제회	120	16/5	00.10
	내수 2	종로구 내수동 72	군인공제회	90	16/5	00.10
	내수 3	종로구 내수동 60	군인공제회	150	16/5	00.10
마포구	마포로 1구역 22지구	마포구 공덕동 423-3	롯데건설(주)	114	40/8	86.12
	마포로 1구역 47지구	마포구 신공덕동 52-1	조합	66	30/8	95.6
용산구	동자 8	용산구 동자동 14	덕유건설(주)	94	22/7	97.1
서대문구	마포로 5지구 6-1지구	서대문구 충정로 3가 293-1	조합	79	21/6	99.12

자료: 서울특별시, 도심재개발사업 현황, 2001. 5, 36-37.

대규모 재개발의 경우 정책적으로 지정된 도심재개발 구역에서 현재 대규모의 주상복합건물들이 건축 중에 있으며<표 Ⅲ-6>, 소규모 재개발사업의 경우 자투리땅에 대한 단일 고층 빌딩형의 주상복합 개발방식은 많은 효과를 기대하게 하는 부분이다[17].

---

[17] 실재 현재 준공건물 중 외곽지역의 주상복합건물은 대부분 소규모 개발로 단일 고층형 빌딩들이 홀로 입지하고 있는 경우가 많다.

2) 법적·제도적 지원

위에서 살펴본 도심부의 상황과 개발 가능 택지의 부족은 정부로 하여금 새로운 형태의 주거 개발을 선택하게 하였고 그 중에서 대표적인 것이 주상복합건물이었던 것으로 보인다.

1981년 개정된 주택건설촉진법 시행령 32조에서 사업계획 승인대상을 지정하면서 상업지역에서 주택과 복합으로 건물을 지을 경우 승인대상에서 제외시켜 주는 규모들이 생겨나면서 주상복합제도가 처음 도입되었다고 볼 수 있다.

20세대 이상의 공동주택은 건축 시 사업계획 승인대상이다. 그런데 여기서 '도시계획구역 중 상업지역 안에서 주택 이외의 시설과 주택을 동일건축물로 건축하는 경우로서 당해 건축물의 연면적에 대한 주택면적의 합계의 비율이 50% 이상인 때에는 20세대 미만, 50% 미만인 때에는 100세대 미만'일 경우 제외될 수 있는 규정을 포함시켰는데(1981년 8월 24일 개정), 이것이 제도적 차원에서 최초로 주상복합건물에 대한 규정을 내린 것이라 볼 수 있다.

〈표 Ⅲ-7〉 주상복합건축물의 주택 비율 완화 과정

날짜	내용
1981.8.24	주거연면적 50% 이상은 20세대 미만, 50% 미만은 100세대 미만 (주택건설촉진법 시행령 개정 – 주상복합제도 도입)
1984.11.3	주거연면적 50% 이상은 10세대 미만, 50% 미만은 100세대 미만
1988.6.16	주거연면적 50% 이상은 20세대 미만, 50% 미만은 100세대 미만
1994.7.30	주거연면적 50% 미만은 주택 200세대 미만
1995.10.5	주거연면적 70% 미만
1998.4.30	주거연면적 90% 미만(IMF 건설경기 부양)

이후 주상복합건축물 내부의 주택 비율 변화를 살펴보면, 이어 1984년에는 '주택연면적 50% 이상은 10세대 미만, 50% 미만은 100세대 미만'으로 세대수를 줄였다가 1988년 개정에서는 다시 '주택연면적 50% 이상은 20세대 미만, 50% 미만은 100세대 미만'으로 되돌아갔다. 이어 1994년에는 '주택연면적 50% 미만은 주택 200세대 미만'으로 세대수를 급격히 확대시켰고, 또한 용도지역 중 상업지역에만 규정되어 있던 주상복합건물을 준주거지역에까지 확대시키기에 이른다. 이어 1995년에는 세대수 제한마저 폐지하고 '주택연면적 70% 미만'이라는 규정만 남겨두게 되었고, 1998년에는 '주택연면적 90%' 미만으로까지 확대되었다〈표 Ⅲ-7〉.

이상의 법령 개정을 살펴보면 주상복합건축물에 있어 주택 비율은 지속적으로 완화되어 왔음을 알 수 있다. 이는 도심공동화로 인한 교통체증이 심각한 사회문제로까지 번지게 된 상황에서 '직·주 근접형 주택으로서의 주상복합건물 건축 유도'라는 정부가 선택한 하나의 대안이었다고 해석된다. 특히 서울시의 경우 1994년도 '서울시 도심재개발 기본계획'에서는 도심재개발지역을 '주거복합의무화구역, 주거복합권장구역' 등으로 구분·지정하여 주상복합건물의 건립을 활성화하고자 하였다. 이어 1996년도 '도심재개발 기본계획'에서는 주거복합 용도계획의 기본 방향을 도심지 내 주거복합 건축물의 개발을 유도하기 위하여 기존의 주거복합 의무화구역, 권장구역의 구분을 없애고 4대문 내 전지역을 '주거복합 유도구역'으로 설정하여 운영하고 있다.

이러한 주택 비율의 확대는 주상복합건물 공급을 변화시켜 왔는데, 90년대 중반까지 주상복합건물의 주거 비율이 50% 미만일 때에 잠실의 '한라시그마타워', 보라매공원의 '나산스위트' 등 새로운 형태의 주상복합건물이 선보였다. 그러나 이들 건물은 상가분양이 실패로 돌아가면서 주상복합시장은 다시 침체에 빠지게 되었고, 이를 극복하기 위해 주거 비율이 70%로 높아지면서 본격적인 도심 주택으로 자리를 잡기 시작했는데, 이때 등장한 것이 도곡동 '우성캐릭터빌'과 '대림 아크로빌' 등이다.

정부는 다시 주거 비율을 90% 미만으로 올리게 되고, 이때부터 부대시설과 평면 마감재를 더욱 고급화해 선보인 여의도 '대우 트럼프월드', 도곡동 '타워팰리스' 등이 등장하게 되었다.

이어 1999년에는 주상복합빌딩 내 주거시설에 대한 평형 제한이 완전히 없어지게 되었는데 이는 그동안 사업 주체들이 수익성이 높은 대형 평형을 많이 짓고 싶어도 평균 전용면적 제한 규정 때문에 소형 평형을 불가피하게 지어야 하는 등 자유로운 평면설계가 불가능했다는 지적에 대해 주택 경기 활성화 차원에서 다양한 평형의 주상복합아파트를 도심에 제공한다는 목적에서 이루어진 것이다. 이러한 조치로 대형 평형의 주상복합아파트 건설은 더욱 활기를 띠게 되었다.

그런데 이러한 규제 완화를 통해 도심부 주상복합건물 공급 확대를 기대했던 서울시는 오히려 도심부가 아닌 기타 외곽지역에서 대형의 주상복합건물들이 공급되면서, 기존의 양질의 주거지역 주변에 공급 기능을 수행해야 할 상업지역의 감소라는 문제점이 새롭게 대두되기 시작하면서 2000년 7월 '도시계획조례 개정'을 통해 일반 상업지역 내 주상복합건축물의 용적률을 규제하는 쪽으로 방향을 바꾸기 시작하였다. 즉 주상복합건물 내 상업부문 비율을 높이기 위한 조치로 상업용건물의 비중이 낮을수록 용적률을 제한하는 '용도용적제'를 실시하게 되었다〈표 Ⅲ-8〉. 이어 2001년 4월에는 주상복합아파트를 20가구 이상 공동주택으로 규정, 동시분양 물량에 포함시키는 한편 대한 주택 보증의 분양 보증대상에 포함시키는 방안을 검토하기 시작하여 2002년 말부터 시행할 가능성이 높아지고 있고, 선착순 분양에도 제동을 걸기 시작하였다. 따라서 규제 강화 이후 허가받은 건축물들은 현재 준공건물들과 차별성을 가지게 될 것으로 보인다.

<표 Ⅲ-8> 상업지역 내 주상복합건축물의 용적률(용도용적제)

주택연면적 비율(%)	중심상업지역		일반상업지역		근린상업지역
	4대문 내	기타 지역	4대문 내	기타 지역	
80 이상~90 미만	600% 이하	580% 이하	480% 이하	500% 이하	420% 이하
70 이상~80 미만	650% 이하	650% 이하	510% 이하	550% 이하	450% 이하
60 이상~70 미만	700% 이하	720% 이하	540% 이하	600% 이하	480% 이하
50 이상~60 미만	750% 이하	790% 이하	570% 이하	650% 이하	510% 이하
40 이상~50 미만	800% 이하	860% 이하	600% 이하	700% 이하	540% 이하
30 이상~40 미만	800% 이하	930% 이하	600% 이하	750% 이하	570% 이하
20 이상~30 미만	800% 이하	1,000% 이하	600% 이하	800% 이하	600% 이하
20 미만	800% 이하	1,000% 이하	600% 이하	800% 이하	600% 이하

주: 상업지역의 기본 용적률(서울특별시 도시계획 조례 제55, 56조.

	용적률	비고(4대 문안)
준주거지역	400	
상업지역		
중심상업	1,000	800
일반상업	800	600
근린상업	600	500
유통상업	600	500

자료: 서울특별시 도시계획 조례 [별표 2](서울시 인터넷 홈페이지).

3) 건축의 주체·소비주체의 다양화

한편 1980년대에 지속된 주택불경기는 주택업체들로 하여금 불경기 극복을 위한 시장 개척노력을 기울이게 하면서 주택시장에 소위 틈새시장들이 성립하는 계기로 작용하였다. 1980년대 초의 고급연립주택개발을 필두로 성립되기 시작하는 이들 틈새시장들은 이제까지 일반 공동주택시장에서 고려하지 않고 있었던 수요계층들을 대상으로 한 것들이었다. 업체들의 틈새시장 개척노력은 이제껏 '표준적인 핵가족'이라는 형태로 일원화되어 있던 주택수요계층에 대한 인식을 소득계층별, 가족형태별로 구분하여 접근토록 하는 계기로 작용하였다. 그리고 공급자 측의 이러한 경향은 수요 측과 상승작용을 일으키면서 주택수요 자체를 더욱 분화시키며 1980년대 말부터 유행어가 되다시피 한 소위 '주택수요의 다원화 시대'를 이끌게 된다(대한주택공사, 1999, 430).

특히 주택건설업체는 택지고갈과 아파트 분양가격제한에 따른 기존 주택사업의 한계를 벗어나 주택사업을 다각화하기 위한 일환으로 주상복합건물 건설을 추진해 온 것으로 보인다.

이러한 상황에서 주상복합건물 규제의 대폭 완화는 건설업체들이 도심의 자투리땅 등을 활용하는 주상복합건물을 선호하게 되는 바탕을 마련해 준 것이라 보인다.

여기에 대형 주택을 장만하려는 여유 계층 실수요자들의 욕구가 부합되고 있는 것으로 분석하고 있는데, 1993년 현재 주택보급률 78%(추정)에서 알 수 있듯이 절대적인 주택부족현상 속에서 건설사들은 대형아파트의 건축을 기피해 대형 주택을 구하기는 하늘에서 별따기 식이었다. 결국 대형아파트의 유일한 공급처가 주상복합건물이 되고 있는 셈이었다(한국경제신문, 1994. 6. 23).

또한 90년대 이후 공급된 주상복합아파트는 기존 아파트와는 전혀 다른 새로운 주거공간을 창출하고 있다는 점이 고소득 주택수요자들에게는 엄청난 이점으로 작용하게 되었다. 아파트 내부에 문화·오락·레저·편의·상업시설이 다양하게 들어서 이른바 '원스톱 리빙'이 가능하게 된 것이다. 마감재도 최고급 품질의 것을 사용하고 있어 실내가 마치 호텔 같은 분위기이며, 관리 수준 역시 호텔급을 자랑하는 곳들이 많다. 대규모 주상복합아파트의 입지 역시 주로 강남과 여의도 등 요지에 위치하고 있어 교통이 편리하다는 것도 상당한 이점으로 작용할 수 있는 부분이다. 더욱이 2·30층 이상의 고층 빌딩들은 서울의 야경이나 한강이 한눈에 들어와 전망이 탁월하다는 점도 빼놓을 수 없는 매력으로 작용했을 것이다.

4) 고층화를 통한 자본축적

앞에서 살펴본 주상복합건물에 대한 주택 부문의 규제 완화는 결과적으로 3·40층 이상의 고층 빌딩들을 생산해내게 되었는데, 현재 서울시 주상복합건물은 전체 건물의 평균 층수가 23.9층이며 미준공건물은 27.1층으로 더욱 높아질 것으로 보인다. 또한 31층 이상의 건물도 준공건물 21개, 미준공건물 34개로 전체 55개로 나타나고 있으며, 특히 61층 이상의 건물이 강남구와 양천구에서 지어지고 있는 실정이다(〈표 Ⅳ-26〉 참조). 31층 이상의 중·대형 건물은 대부분 강남구의 도곡동, 서초구의 서초동, 송파구의 신천동, 양천구의 목동, 영등포구의 여의도동 등 도심부와 관계없는 부도심 혹은 양질의 주거지역 주변에 형성되고 있다. 이러한 높이는 기존의 일반 아파트에 비해 상당히 높은 고층의 스카이라인을 형성하게 되는 것으로, 이것이 주거용으로 사용될 경우의 여러 가지 문제점들은 굳이 나열하지 않아도 짐작되는 부분이다. 건물의 구조상 통풍·일조의 문제[18]와 화재 등으로 인한 사고 위험성의 가중 그리고 건물 내 통행의 혼잡함 등이 지적되고 있으며, 주요 간선도로변이나 지하철 역 인근 등에 입지 해 있는 관계로 대기오염과 소음의 문제, 옥외공간 부족의 문제 등이 나타날 수 있다.[19] 한편 일반 아파트보다 더욱 강화된 익명성으로 인해 커뮤니티 형성이 불가능해지며, 입지 특성으로 인한 옥외공간 부족은 어린이의 생활권역을 위축시키는 결과를 가져올 가

---

18) 초고층의 경우 창문을 열지 못한다. 이런 건물들일수록 공조 시스템에 대해 자신감을 표명하고 있지만, 실질적인 관리가 제대로 이루어지고 있는지에 대한 검증은 현재까지 없는 상태이다.

19) 물론 우리의 과학기술은 점점 발달되어 앞으로는 재택근무, 재택의료 등 직장이나 학교 등에 가지 않고도 소기의 목적을 달성하게 될 때 문제점이 많이 완화되리라 기대한다. 또한 움직이는 도로, 헬리콥터의 보급, 대상교통체계의 확장과 정비로 인하여 오늘날 우리가 고심하고 있는 문제가 많이 완화하게 될 것을 바라고 있다(주종원, 1994, 10).

능성이 크다. 도시 경관적 측면에서 보아도 주변지역과 어울리지 않는 초고층의 건물은 공간의 연속성을 붕괴시키기도 하는 등의 수많은 문제점들이 제시되기도 한다. 또한 도로나 교통 시설 등의 사회간접자본이 구축되지 않은 상태에서 고층건물의 집적은 결국 엄청난 교통체증을 유발하게 되는 지름길인 것이다. 이상의 것들은 결국 전반적인 도시 생활환경을 열악하게 할 수 있다는 것을 의미한다.

도시 전체와의 부조화라는 이러한 문제는 고층건물의 주민들로 하여금 오히려 개인화를 극대화시킬 것이며 이러한 변화가 계획측면에서 시사하는 것은 자연히 인공환경의 의존도를 높이게 된다는 점이다. 예를 들어 정보설비, 환경의 전자적 제어 시스템, 홈오토메이션 등의 수용을 적극화할 것이다. 삶의 고립화라는 부정적 측면에도 불구하고 실내에서의 거주 시간대가 연장되게 되고 이것은 자연히 실내디자인의 역할이 고양되기를 기대하며 공간적 규모에 있어서도 좀 더 여유 있는 거주공간의 확보를 요구하게 될 것이다. 실내의 환경은 개별화되며, 보편적 디자인으로 모든 거주자의 대상을 포섭하려는 통합의 논리는 점차 어려워진다. 마침 정부 고시가처럼 되어 있는 아파트 분양가가 복합건축에서는 적용되지 않는 현재의 조건만으로도 이러한 차별화는 현재의 개발 프로그램에서도 효험을 발휘하는 것이다(박길룡, 1994, 14). 결국 고급화를 통해 고소득층에게만 공급됨으로써 다양한 계층을 수용하지 못하게 되고 이로 인해 주변지역 주민들과의 마찰은 근린(neighborhood) 형성에 커다란 걸림돌이 되기도 한다.

이상의 문제에도 불구하고 자본의 논리는 고층화가 필연적일 수밖에 없는 배경이 되며 여기에 지금까지의 법적 규제 완화와 건축 기술의 발달은 또한 고층화를 더욱 부추기는 부가적 배경이 되어 왔다.

건설업체의 입장에서 고층건물 건설을 통한 지대 상환에의 기대는 서울과 같이 지속적으로 지가와 주택가격이 상승하는 공간에서는 당연한 논리이다. 〈표 Ⅲ-9〉에서 보듯이 서울의 주택매매 및 아파트매매 가격지수는 전 도시 및 6개 광역시에 비해 상당히 높은데, 이것은 소비자 물가 상승률에서 나타나는 서울과 전도시의 차이에 비해 그 정도가 훨씬 크다.

<표 Ⅲ-9> 소비자물가상승률 및 주택매매 가격지수

		1990	1991	1992	1993	1994	1995	1996	1997	1998	1999	2000	2001
소비자물가 상승률[1] (%)	전도시	8.6	9.3	6.2	4.8	6.3	4.5	4.9	4.4	7.5	0.8	2.3	4.1
	서 울	8.9	9.7	5.7	5.0	6.0	3.9	4.2	4.2	7.5	0.8	2.5	4.4
아파트매매 가격지수[2]	전도시	108.6	106.6	101.3	98.6	99.3	100	103.5	108.4	93.7	101.7	103.1	118.1
	서 울	111.2	106.2	101.6	98.8	100	100	104.2	109.6	93.6	105.3	109.7	130.9
	6개 광역시	114.4	109.7	102.1	98.8	99.5	100	101.6	103.4	90.5	97.0	97.9	112.5
주택매매 가격지수[2]	전도시	109.3	108.7	103.3	100.3	100.2	100	101.5	103.5	90.7	93.8	94.2	103.5
	서 울	111.7	109.3	103.4	100.1	100.6	100	101.5	103.5	89.8	94.8	97.7	110.3
	6개 광역시	111.5	109.6	103.3	100.7	100.3	100	100.4	100.4	88.5	90.7	90.2	99.0

주: 2)의 가격지수는 1995년을 100으로 기준한 지수.
자료1): http://www.nso.go.kr(통계청 홈페이지)에서 'KOSIS>주로 찾는 통계>물가'.
자료2): http://est.kbstar.com(국민은행 홈페이지 부동산 부문).

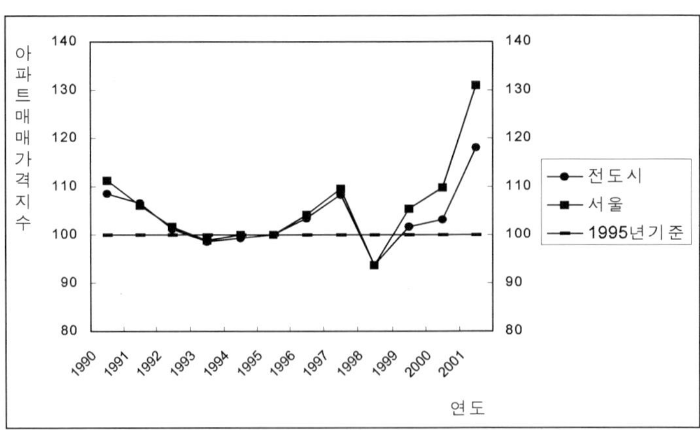

<그림 Ⅲ-2> 연도별 아파트매매 가격지수

특히 아파트매매 가격지수의 경우 1998년을 기점으로 전 도시와의 격차가 상당히 커지고 있음을 알 수 있는데<그림 Ⅲ-2>, 서울의 아파트 가격은

기타 도시에 비해 엄청나게 비싸다는 전제하에 그 차이가 점점 커지고 있다는 것은 결국 건설업체로 하여금 좀 더 많은 세대수를 건축함으로써 경제적 이득을 챙기고자 하는 데 결정적으로 도움을 주는 사실이다.[20]

여기에 건축 기술은 한 몫을 하게 되는데, 산업혁명의 시기 동안 엔지니어들은 강철과 주철을 실험하기 시작했고 이어 1857년 뉴욕의 한 백화점에 승객용 엘리베이터의 설치로 4-5층 이상의 빌딩 건설이 현실적으로 가능해지면서 1880년대 미국에서는 초고층 빌딩을 의미하는 "마천루(skyscraper)"란 신 단어가 만들어지기도 하였다. 초고층의 건물은 통행을 가능하게 하는 엘리베이터뿐만 아니라 바람이라는 난관을 이겨내는 지지체가 필요하고 이러한 건축 기술의 발달은 이제 더 이상 하늘의 제약을 받지 않을 정도의 수준이 된 것이다.[21] 우리나라의 경우 1996년 대한주택공사 및 국내의 대형 건설업체들이 컨소시엄을 구성하여 지하 7층, 지상 40층 규모의 주상복합형 아파트와 주거전용 아파트 건립을 위한 도심형 초고층 철골조 아파트 시스템에 대한 공동 연구 및 개발사업을 추진하기도 하였다(세계일보, 1996. 7. 22.). 또한 정보통신기술의 발달로 인한 홈오토메이션 시스템, 건물 내부 환경의 전자적 제어 시스템 등을 통해 초고층 빌딩에서의 주거환경을 쾌적하게 만들 수 있는 여건들이 마련된 것 또한 하나의 배경이 되는 것이다.

그러나 사람들(주택 수요자)은 기본적으로 고층 주거에 대한 기피감을 가지고 있는 것이 사실이다. 건물 내 환경적인 부분에 대한 여러 가지 기술

---

20) 주상복합건물의 개발이 현행 경제여건과 법제 하에서 건축주의 측면에서 볼 때 가장 많은 이익을 남길 수 있는 방식으로 인식되고 있어 요즘 주상복합은 단일개발 프로젝트들의 대표적 유형으로 되고 있다. 특히 분양가를 자유로이 할 수 있다는 것은 건축주들에게 가장 매력적인 사업으로 보이게 되었고 아직 주택의 경우는 그 수요가 상당히 있다는 점에서(특히 고급화, 대형화하면 할수록) 더욱 사업성이 부각되었다. 또한 공동주택의 경우는 착공과 동시에 분양할 수 있으므로 해서 개발이 매우 유리하다고 하겠다(김양성, 1995, 151-152).

21) www.cmhub.com의 "마천루 기본 지식"에서 제공하는 정보들을 이용.

적 문제를 논외로 하더라도 어린이들의 교육이나 정서적 측면, 익명성으로 인한 소외감, 사고의 위험성 등이 그러한 이유라 할 수 있다. 그럼에도 불구하고 서울의 고층 주상복합아파트는 분양 초기부터 투기의 대상이 되면서 '떴다방', '청약 경쟁률 최고' 등의 여러 가지 뉴스거리들을 제공해 왔다. 또한 우리나라에서 대부분의 공동주택에 대한 입주자의 결정이(주상복합의 경우를 포함해서) 모델 하우스를 통한 경우가 많고(내 집에 관한 관심은 높으면서도 주거단지에 대한 인식은 상당히 부족한 듯하다) 주상복합 분양의 경우에서 보면 요즘은 모델하우스에서 CAD 시뮬레이션 등을 통해 입지의 장점과 특히, 단위세대 내부공간의 우수성, 부대시설의 편리성 등을 크게 부각시키고 있는 것(김양성, 1995, 152) 등이 고층 주거의 선택에 있어 거부감을 상쇄시키는 하나의 요인으로 작용하는 것 같다.

결국 서구에서 대부분 실패로 끝난 초고층건물의 주거 형태가 서울에서는 붐을 일으키고 있는 근본적 원인은 고층화를 통한 건설업체와 수요자들의 자본축적에의 열망을 정부가 계속 간과하고 있다는 것이다. 오히려 용적률에서 인센티브가 부여되어 온 90년대 이후의 법적 조건과 분양방식, 주택시장의 투기적 성향 등이 복합건축을 통해 도시의 밀도를 계속 상승시키고 있는 것이다.

결국 주상복합건물은 도시재개발이라는 측면과 함께 획일적인 주거문화를 거부하는 다양한 주택수요계층이 출현하게 되면서 새로운 형태의 주택에 대한 수요를 교통이 편리한 역세권에 초고층의 주상복합건물의 형태로 수용하려는 업체들의 개발방식과 상승작용을 일으키면서 새로운 주거지역 형성을 가능하게 한 것으로 보인다. 여기에 고층화를 통한 업계와 소비자의 자본축적 논리는 이러한 확대의 근본적 배경이 되고 있는 것으로 보여진다.

Ⅳ. 서울시 주상복합건물의 입지 특성

　　도시기능들은 도시지역 내에서 일정한 위치와 면적을 가지고 토지공간을 점유하여 입지하게 되므로 도시 내에 있어 각종 기능의 입지는 도시의 지역구조를 이루는 가장 기본적 단계가 된다(남영우, 1993, 47-48). 특히 도시의 기능은 주로 특정 토지를 이용한 건축물을 통해 이루어지게 되고 따라서 특정 기능을 수행하는 건축물의 입지를 파악하는 것이 도시의 지역구조 이해의 첫 걸음이라 할 수 있다.

　　이러한 관점에서 본 장에서는 서울시 주상복합건물의 주거기능이 새로운 주거지역을 형성하고 있는 시점에서 주상복합건물의 지역구조를 파악하기 위해 이들 건물의 공간적·시간적 입지 특성을 파악하고자 한다.

　　이를 위해 서울시 주상복합건물의 공간적 확산 과정 및 분포패턴, 위치적 특성, 건축적 특성의 3가지를 분석 요소로 삼았다. 먼저 입지 특성을 이해하기 위한 가장 기본적 단계로 지역별·시기별 분포패턴을 살펴보고 공간적 확산 과정을 파악하였다. 이어 분포 지역의 위치적 특성을 파악하기 위해 토지이용과 입지 여건이라는 두 가지 관점에서 용도지역, 도로 및 지하철과의 관계, 아파트 가격, 서울시 중심지체계와의 관련성 등을 분석하였다. 마지막으로 건물의 건축적 특성이 이러한 위치적 특성과 관련하여 지역간 차별성을 나타내고 있는지 고찰하고자 건물의 규모와 형태, 수용기능에 따라 분석하였다.

　　이상의 분석은 이미 준공되어 주거와 상업기능을 수행하고 있는 건물과 현재 건설 중이거나 건축허가를 마친 상태의 건물까지 포함하여 현재의 특성뿐 아니라 미래의 주상복합 공간을 예측해보고자 하였다.

1. 서울시 주상복합건물의 분포패턴

1) 지역별 분포 현황

① 건물수[22]

준공건물의 경우〈표 Ⅳ-1, 그림 Ⅳ-1〉서울시 전체 25개 구에서 주상복합건물이 1개 이상 입지하고 있는 곳은 중랑·성북·도봉구를 제외한 22개 구이다. 가장 많은 곳은 각각 10개씩의 건물이 있는 서초·강남·송파·영등포 등의 4개 구로 주로 동남권지역이다. 가장 건물이 적은 곳은 성동·강북·노원·강동·금천구로 각각 1개씩의 건물만 건설되어 있는데 주로 동북권에 해당하는 지역들이다.

이들을 권역별로 살펴보면 준공건물의 경우 도심부에 해당하는 종로·용산·중구에 9개(8.8%), 동대문·성동·광진·강북·노원구를 포함하는 동북부지역에 10개(9.8%), 은평·서대문·마포의 3개 구에 해당하는 서울시 서북지역에 13개(12.7%), 동남부지역인 서초·강남·송파·강동구에 31개(30.4%), 그리고 나머지 서남부지역에 39개(38.2%)로 총 102개의 건물이 존재한다.

이 중 한강 이남의 11개 구에 전체 건물의 68.6%인 70개가 건설되어 있고, 도심을 포함한 강북지역은 32개로 전체 31.4%를 차지하고 있다. 한강 이남지역 중 서초·강남·송파·영등포·양천·동작·구로 등 7개 구에서 전체 건물의 5% 이상씩을 보유하고 있는데 건물수는 전체 60개이며 비율은 58.8%에 해당한다. 한강 이북지역에서 5% 이상의 건물을 보유하고 있는 곳은 마포구가 유일한 지역이다.

---

22) 하나의 주소로 등록되어 있는 건물을 1개로 잡았다. 건축 당시 합필을 한 경우에는 1개의 건물 주소에 2개 이상의 동이 건설되어 있는 경우도 있다.

〈표 IV-1〉 지역별 주상복합건물의 건물수와 세대수

단위: 개, (%)

지 역		준공건물		미준공건물		전체 건물	
		건물수	세대수	건물수	세대수	건물수	세대수
도심	종로	4(3.9)	204(1.7)	10(8.3)	1,101*(5.0)	14(6.3)	1,305(3.9)
	용산	2(2.0)	84[1])(0.7)	4(3.3)	360*(1.6)	6(2.7)	444(1.3)
	중	3(2.9)	308(2.6)	2(1.7)	200*(0.9)	5(2.3)	508(1.5)
	계	9(8.8)	596(5.1)	16(13.3)	1,661*(7.5)	25(11.3)	2,257(6.7)
동북	동대문	5(4.9)	233(2.0)	2(1.7)	508*(2.3)	7(3.2)	741(2.2)
	성동	1(1.0)	108(0.9)			1(0.5)	108(0.3)
	광진	2(2.0)	390(3.3)	3(2.5)	410(1.9)	5(2.3)	800(2.4)
	중랑			6(5.0)	1,777*(8.1)	6(2.7)	1,777(5.3)
	성북			1(0.8)	251(1.1)	1(0.5)	251(0.7)
	강북	1(1.0)	87(0.7)			1(0.5)	87(0.3)
	도봉			2(1.7)	521(2.4)	2(0.9)	521(1.5)
	노원	1(1.0)	34(0.3)			1(0.5)	34(0.1)
	계	10(9.8)	852(7.3)	14(11.7)	3,467*(15.8)	24(10.8)	4,319(12.8)
서북	은평	4(3.9)	217(1.9)	5(4.2)	749*(3.4)	9(4.1)	966(2.9)
	서대문	3(2.9)	249(2.1)	1(0.8)	79(0.4)	4(1.8)	328(1.0)
	마포	6(5.9)	396(3.4)	5(4.2)	695(3.2)	11(5.0)	1,091(3.2)
	계	13(12.7)	862(7.4)	11(9.2)	1,523*(6.9)	24(10.8)	2,385(7.1)
동남	서초	10(9.8)	1,048(9.0)	15(12.5)	4,973*(22.6)	25(11.3)	6,021(17.9)
	강남	10(9.8)	2,562(22.0)	15(12.5)	2,848(12.9)	25(11.3)	5,410(16.1)
	송파	10(9.8)	677(5.8)	10(8.3)	1,825*(8.3)	20(9.0)	2,502(7.4)
	강동	1(1.0)	24(0.2)	4(3.3)	240*(1.1)	5(2.3)	264(0.8)
	계	31(30.4)	4,311(37.0)	44(36.7)	9,886*(44.9)	75(33.8)	14,197(42.2)
서남	양천	8(7.8)	1,158(9.9)	11(9.2)	2,113*(9.6)	19(8.6)	3,271(9.7)
	강서	5(4.9)	292(2.5)	2(1.7)	273(1.2)	7(3.2)	565(1.7)
	구로	6(5.9)	567(4.9)	9(7.5)	644*(2.9)	15(6.8)	1,211(3.6)
	금천	1(1.0)	[2])	2(1.7)	224*(1.0)	3(1.4)	224(0.7)
	영등포	10(9.8)	1,954(16.8)	4(3.3)	1,288(5.9)	14(6.3)	3,242(9.6)
	동작	6(5.9)	756(6.5)	2(1.7)	465(2.1)	8(3.6)	1,221(3.6)
	관악	3(2.9)	317(2.7)	5(4.2)	458*(2.1)	8(3.6)	775(2.3)
	계	39(38.2)	5,044(43.2)	35(29.2)	5,465*(24.8)	74(33.3)	10,509(31.2)
계		102(100.0)	11,665(100.0)	120(100.0)	22,002(100.0)	222(100.0)	33,667(100.0)

주:* 값은 추정치(세대수 자료가 없는 건물은 동일구의 평균값으로 계산).
  1) 1개 건물의 자료만.
  2) 자료 미상.

즉 현재 서울시 주상복합건물은 전체 25개 구 중에서 동남과 서남권에 있는 7개 구에서 탁월하게 분포하고 있음을 알 수 있다.

결국 주거 세대수 20호 이상의 주상복합건물은 한강 이남지역에서 크게 확산되었다는 것을 알 수 있는데, 이는 도심부 재생을 위해 복합용도 개발을 하자는 기본 개념에서 벗어나는 상황을 보여주고 있다. 도심부는 10%가 채 안 되는 9개의 건물만이 입지하고 있다.

앞으로 지어질 미준공 주상복합건물수는〈표 Ⅳ-1, 그림 Ⅳ-1〉 전체 120개로 현재 건설되어 있는 건물보다 많은 숫자의 건물이 서울시에 공급될 것으로 보인다.

미준공건물 또한 동남지역에 전체의 36.7%인 44개로 가장 많은 건물이 건설될 예정이며, 다음이 서남지역으로 29.2%인 35개가 예정되어 있다. 이들 지역 중 특히 서초·강남·송파·양천·구로 등 5개 구가 60개 건물로 50%에 해당한다. 이는 준공건물에 비해 지역적 편중이 더욱 심해질 것임을 예측하게 하는 부분이다.

전체 5% 이상의 건물이 건설될 예정인 지역은 강북의 경우 종로·중랑구, 강남의 경우 서초·강남·송파·양천·구로 등 7개 구로 이 지역의 건물수는 76개, 전체의 63.3%를 차지하게 된다.

준공건물에 비해 큰 변화는 도심지역에 해당하는 종로구에 10건의 건물이 예정되어 있다는 것이다. 이는 모두 도심재개발 구역 내에 예정되어 있는 것으로, 조만간 이 건물들이 완공되어 기능을 발휘하게 되면 도심부의 주거기능이 제법 활성화될 것으로 기대된다.

한편 기존에 한 개의 건물도 없었던 중랑·성북·도봉구에 9개의 건물이 건설될 예정이다. 반면 현재 1개씩의 건물만 입지하고 있는 성동·강북·노원의 3개 구에는 예정된 주상복합건물이 전혀 없는 상태이다.

기존의 준공건물과 비교해 보면 서북지역과 서남지역이 서울시 전체 주상복합건물에서 차지하는 비중이 감소할 전망이다.

준공건물과 미준공건물을 모두 고려하여 전체 건물의 분포패턴〈표 Ⅳ

-1, 그림 Ⅳ-1〉을 살펴보면 동남권과 서남권의 비중이 거의 비슷해지게
되며 이 두 지역이 전체의 67.1%를 차지하게 된다. 각 구청별로 살펴보
면 동남권의 서초·강남·송파구와 서남권의 양천·구로·영등포 지역이
대표적인 주상복합건물 집적지역으로 등장할 것이 예상된다. 또한 도심
과 동북, 서북권은 동남과 서남권의 1/3 수준에서 거의 비슷해질 것으로
보인다.

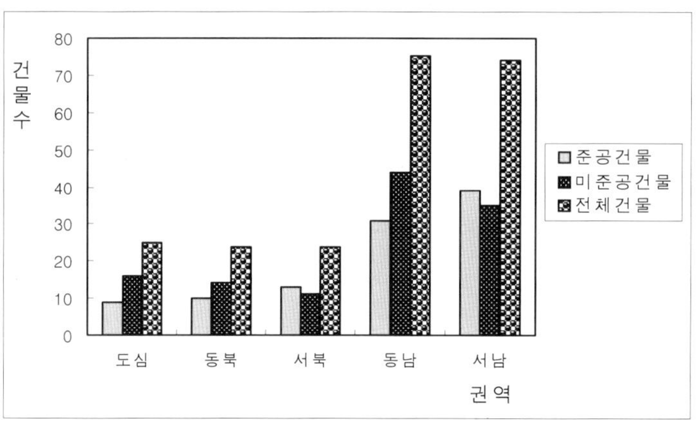

〈그림 Ⅳ-1〉 서울시 권역별 주상복합건물수

주상복합건물의 분포 현황을 행정동 수준에서 살펴보면〈표 Ⅳ-2〉, 준공
건물은 서울시 전체 522개 행정동 중 57개동에서 1개 이상의 건물이 나타
나고 있으며, 미준공건물은 67개 동에서 1개 이상의 건물이 나타나고 있다
〈지도 Ⅳ-1, Ⅳ-2〉. 이는 서울시 전체 522개 동 중 10.9%와 12.8%에 해당하
는 비율이다. 전체 건물은 100개의 행정동에서 1개 이상의 건물이 나타나
고 있으며 서울시 전체 행정동의 19.1%에 해당하는 지역이다.

대부분의 행정동이 1개의 주상복합건물들만 건설되어 있는 실정인데,
그중 하나의 행정동에 3개 이상의 건물이 입지해 있는 곳은 준공건물의
경우 10개 동이며, 미준공건물은 14개 동이다. 향후 미준공건물의 건축이
완공되었을 경우에는 27개의 행정동에서 주상복합건물 3개 이상을 보유

하게 된다. 3개 이상 건물이 입지한 행정동지역에 있는 주상복합건물이 전체 건물의 각각 43.1%, 40.8%, 57.2%를 차지하고 있다. 한편 1개 건물의 입지동도 현재보다 많이 늘어나게 된다. 이를 통해 볼 때 현재 미준공건물이 준공된 이후의 서울시 주상복합건물의 입지는 1개씩만 있는 동이 증가하면서 한편으로 6개 이상의 건물이 집중된 동도 훨씬 증가하게 되어 양극화 현상을 나타낼 듯 하다.

〈표 Ⅳ-2〉 1개 이상 건물 입지 행정동

단위: 개소, (%)

건물수	행정동수		
	준공건물	미준공건물	전체 건물
1개	37(7.1)	35(6.7)	52(10.0)
2개	10(1.9)	18(3.4)	21(4.0)
3개	1(0.2)	9(1.7)	10(1.9)
4개	5(1.0)	3(0.6)	7(1.3)
5개	3(0.6)	2(0.4)	3(0.6)
6개	1(0.2)	0	1(0.2)
7개	0	0	3(0.6)
9개	0	0	3(0.6)
전체	57(10.9)	67(12.8)	100(19.1)

현재 가장 많은 건물이 입지해 있는 곳은〈표 Ⅳ-3〉 목 제5동으로 6개의 건물이 있으며 그 다음이 5개 건물이 입지한 서초 제2동, 도곡 제2동, 신대방 제2동이다. 미준공건물의 경우에는 사직동과 구로 제5동만이 5개 건물이 예정되어 있다. 전체 건물의 경우 도심의 사직동, 강남구의 도곡 제2동, 구로구의 구로 제5동은 9개의 건물이 입지하게 되어 독특한 주상복합건물 집중지역으로 등장할 것으로 보인다. 이외에도 서초 제2동, 여의도동, 신대방 제2동은 7개씩의 건물이, 목 제5동은 6개씩의 건물이 입지하게 되는데, 이들 지역 대부분이 하나의 블럭(街區)23) 내에 혹은 도보 거리 이내에 건물들이 입지하고 있어 주상복합건물 집적지역을 형성하고 있다.

〈표 Ⅳ-3〉 주상복합건물 집적지역[1]

단위: 개, (%)

지 역		건 물	준공건물		미준공건물		전체 건물	
			건물수	세대수	건물수	세대수	건물합계	세대수합계
도심	종로	사직동	4(4.0)	204(1.7)	5(4.2)	565(2.6)	9(4.1)	769(2.3)
동북	광진	구의제3동	1	252	3	410	4(1.8)	662(2.0)
서북	마포	도화제2동	4(4.0)	257(2.2)			4(1.8)	257(0.8)
동남	서초	서초제1동	2	56	3	1,050	5(2.3)	1,106(3.3)
		서초제2동	5(5.0)	733(6.3)	2	664	7(3.2)	1,397(4.1)
		서초제3동	1	104	3	1,123(5.1)	4(1.8)	1,227(3.6)
		서초제4동	2	155	2	1,089	4(1.8)	1,244(3.7)
	강남	도곡제2동	5(5.0)	1,837(15.7)	4(3.3)	1,623(7.4)	9(4.1)	3,460(10.3)
		역삼제1동	2	338	2	179	4(1.8)	517(1.5)
	송파	잠실제6동	4(4.0)	278(2.4)	1	182	5(2.3)	460(1.4)
		가락본동	2	173	2	262	4(1.8)	435(1.3)
	강동	길제1동			4(3.3)	240(1.1)	4(1.8)	240(0.7)
서남	양천	목제5동	6(5.9)	1,103(9.5)			6(2.7)	1,103(3.3)
	강서	화곡제1동	4(4.0)	251(2.2)	1	225	5(2.3)	476(1.4)
	구로	구로제5동	4(4.0)	395(3.4)	5(4.2)	408(1.9)	9(4.1)	803(2.4)
	영등포	여의도동	3	478	4(3.3)	1,288(5.9)	7(3.2)	1,766(5.2)
	동작	신대방제2동	5(5.0)	581(5.0)	2	465	7(3.2)	1,046(3.1)
계			41(40.6)	5,639(48.3)	22(18.3)	4,124(18.7)	97(43.9)	16,968(50.4)
전체 건물계			101[2](100.0)	11,665(100.0)	120(100.0)	22,002(100.0)	221(100.0)	33,667(100.0)

주: 1) 한 개의 행정동에 4개 이상의 주상복합건물이 집적되어 있는 곳들이다.
    2) 전체 102개의 건물 중 행정동 자료 1개가 누락된 결과.

② 세대수

서울시 전체 주상복합건물의 세대수는〈표 Ⅳ-1, 그림 Ⅳ-2〉 준공건물의 경우 현재 11,665세대이다. 이 중 서남지역이 전체의 43.2%인 5,044세대로 가장 많으며, 다음이 4,311세대로 전체의 37.0%를 차지하고 있는

____

23) block, 사방이 도로로 둘러싸인 도시의 한 구획.

94

동남지역이다. 한강 이남지역의 세대수가 전체의 80%를 넘는데, 이 지역의 건물수가 68.6%를 차지하는 것과 비교해 볼 때 건물당 평균세대수가 강북지역에 비해 많다는 것을 짐작할 수 있다. 강북지역은 건물수가 31.4%를 차지하는 반면 세대수는 19.8%로 채 20%가 안 되는 실정이다. 특히 강남구는 건물수 9.8%에 세대수는 22.0%를 차지하고 있어 주거기능이 대규모로 공급되고 있음을 알 수 있다.

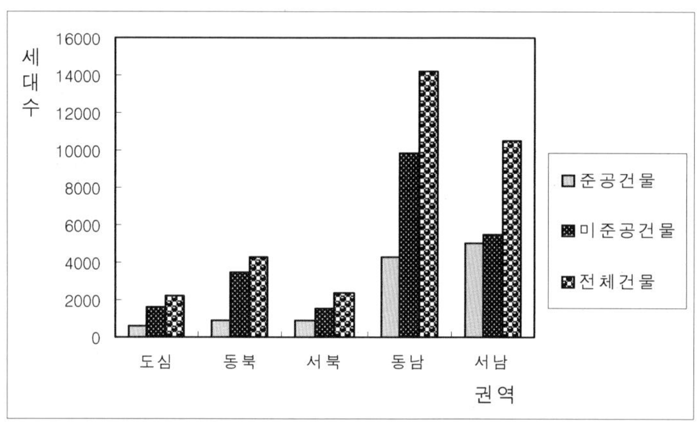

〈그림 Ⅳ-2〉 서울시 권역별 주상복합건물 세대수

　현재 건설 중이거나 허가완료 상태인 건물들의 세대수는 전체 22,002세대이다〈표 Ⅳ-1, 그림 Ⅳ-2〉. 앞으로 20,000이 넘는 세대가 주상복합건물을 통해 서울시에 공급될 예정이라는 뜻이다. 특히 서초·강남·송파·강동지역이 전체 세대수의 44.9%인 9,886세대로 가장 많이 공급될 예정이며, 이어서 서울의 서남부지역이 5,465세대로 24.8%를 차지하고 있다.

　전체 건물을 살펴보면 한강 이남지역이 73.4%이며 이 중 서초구와 강남구가 34.0%를 차지하게 될 것으로 보인다.

　도심부의 건물은 준공의 경우 5.1%, 미준공건물은 7.5%, 전체 건물은 6.7%로 다른 지역에 비해 세대수 공급이 적은 것으로 보인다.

　행정동수준에서 살펴보면〈표 Ⅳ-3〉준공건물의 경우 도곡 제2동이 15.7%로 세대수가 가장 많고, 다음이 목 제5동으로 9.5%, 서초 제2동이 6.3%, 신대방 제2동이 5.0%로 4개동의 세대수가 전체의 36.5%를 차지하고 있다. 미준공건물의 경우 도곡 제2동과 여의도동, 서초 제3동만이 전체 5% 이상의 세대수를 공급할 예정이다. 전체 건물은 도곡 제2동이 10.3%, 여의도동이 5.2%의 세대수를 차지하게 되며, 4개 이상의 건물이 입지하게 될 전체 17개 동에 전체 세대수의 50.4%가 거주하게 될 것으로 추정된다. 한편 도심부에 해당하는 종로구 사직동은 준공건물의 경우 1.7%, 미준공건물은 2.6%, 전체 건물은 2.3%를 차지하고 있어 건물수의 비중에 비해 세대수 비중이 훨씬 낮게 나타나고 있다. 즉 도심부 주상복합건물은 다른 지역에 비해 주거기능 공급의 정도가 낮음을 알 수 있다.

〈지도 Ⅳ-1〉 행정동별 주상복합건물 입지 현황(준공건물)

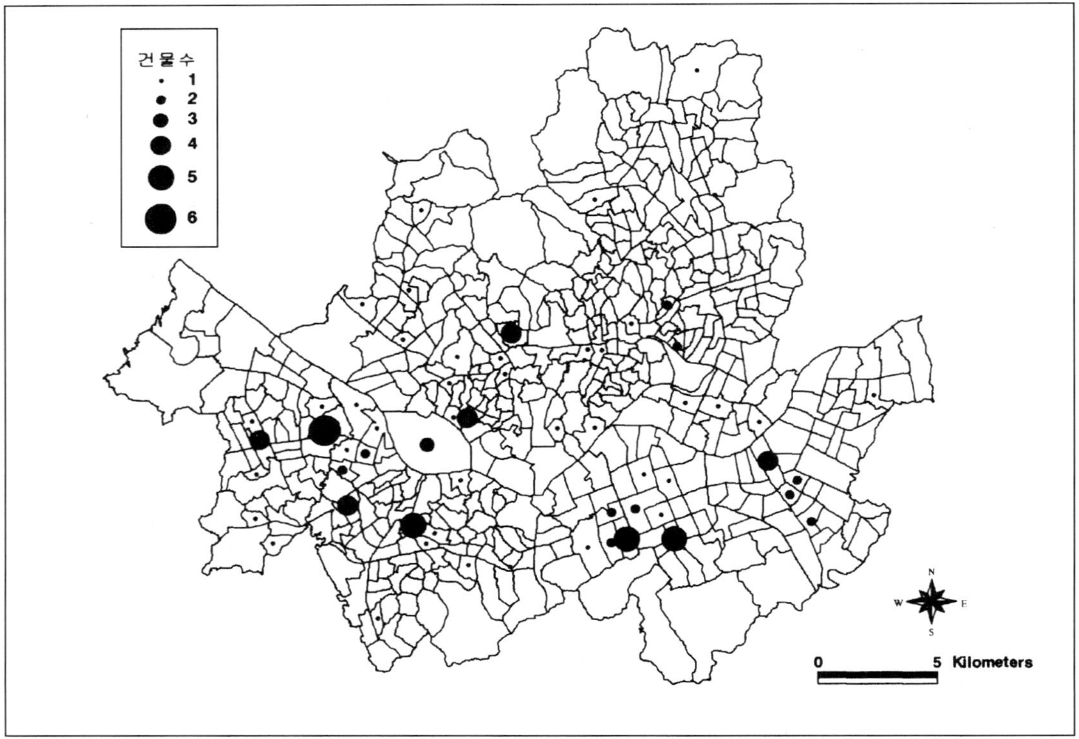

<지도 IV-2> 행정동별 주상복합건물 입지 현황(미준공건물)

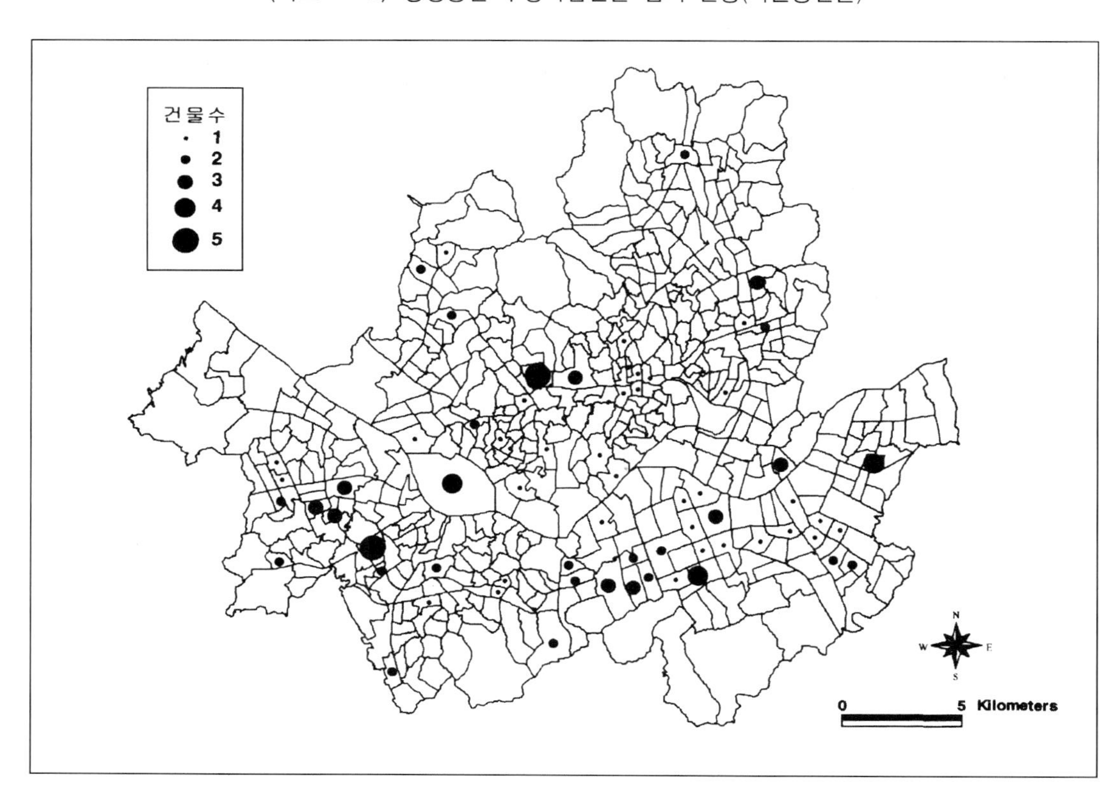

2) 1990년대 서울시 주상복합건물의 공간적 전개 과정

주상복합건물은 81년 8월 24일 주택건설촉진법 시행령에서 '상업지역 내 주택 이외의 시설과 주택을 동일건축물로 건축하는 경우……'라는 용어를 사용함으로써 주상복합건물제도를 처음으로 도입하게 되면서 등장한 용어이다. 그 후 몇 번의 법령 개정을 통해 상업지역 내 주상복합건물에 대한 규제는 완화되어 갔다. 특히 상업지역 내 주택건설이라는 기존의 문구가 1994년에는 준주거지역까지 확대되었고, 일정 기준에 해당하는 경우 사업계획 승인대상에서 제외시켜 줌으로써 주상복합건물의 급속한 발전을 예고하게 되었다. 이어 1995년에는 세대수 제한이 폐지되었고, 1998년에는 당해 건축물의 연면적에 대한 주택연면적의 합계 비율을 90%까지 확대시켜 줌으로써 건물의 증가 및 대형화를 부추기는 계기가 되었을 것으로 본다. 이러한 시점들이 주상복합건물의 공급 확대에 있어 전환점이 될 것이라 보고, 개별 건물들의 허가연도와 관련하여 전체 물량의 공급 확대 및 서울시에서의 공간적 확산 과정을 살펴보고자 한다.

① 건물수

규제 완화는 결국 건축허가건수에 가장 큰 변화를 미칠 것으로 본다. 따라서 현재 준공건물들을 대상으로 연도별로 허가건수를 살펴보면〈그림 Ⅳ-3〉 준주거지역과 관련한 법령의 개정이 있었던 1994년을 기점으로 1995년, 1996년까지 3년 동안 가장 많은 허가건수를 나타내고 있음을 알 수 있다. 이어 1997년에 급격하게 감소하고 있는 것은 국내 건설 경기 하락과 관련이 있다고 보여진다.

이후의 허가건물들은 현재 미준공인 경우가 많아 낮은 수치를 나타내고 있어 전체 건물의 상황을 살펴보았다〈그림 Ⅳ-4〉. 1993년부터 1996년까지 지속적으로 증가 경향을 나타내던 것이 1997년 건설 경기 하락,

IMF 등의 여파로 급격하게 감소하고 있다. 이후 1999년부터 새롭게 증가한 주상복합건물 허가는 2000년에 이르러 약 60건에 달하는 건물이 허가를 받을 정도로 성장하게 되었다. 이는 IMF 이후 경기 회복과 더불어 1998년의 법령 개정이 주상복합건물에 대한 새로운 시장을 급속하게 형성시킨 것으로 보이며 같은 시기의 건물 규모에 대한 분석을 통해 더욱 자세히 검토할 것이다(Ⅳ장 3절의 건축적 특성에서 분석할 것임).

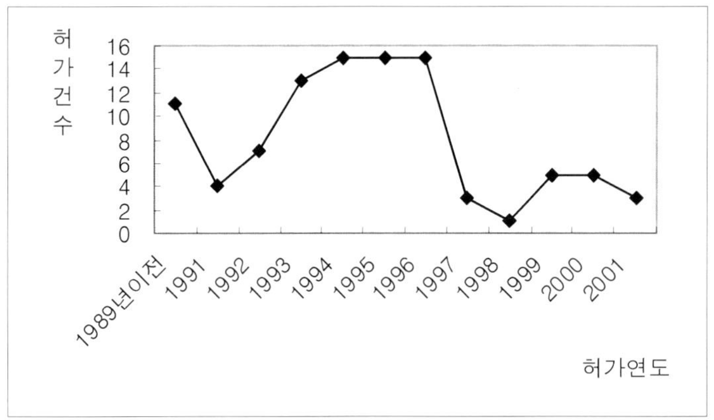

〈그림 Ⅳ-3〉 연도별 주상복합건물 허가건수(준공건물)

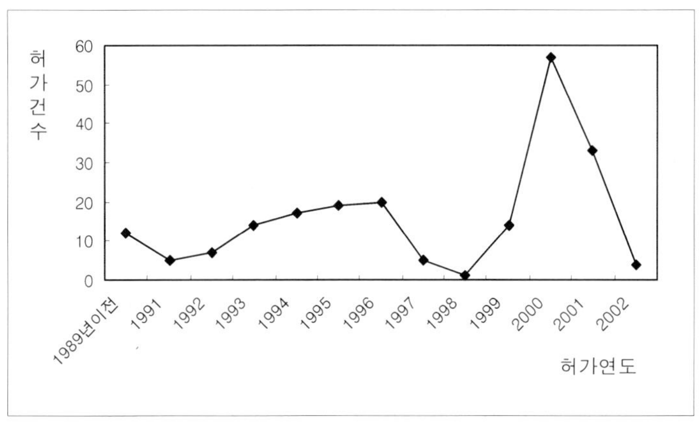

〈그림 Ⅳ-4〉 연도별 주상복합건물 허가건수(전체 건물)

허가건수의 성장을 지역별로 살펴보면〈표 Ⅳ-4〉1989년 이전에는 종로구, 서대문구, 마포구 등 주로 도심재개발사업으로 건설된 것들이 대부분을 차지하고 있으며, 1990년 이후 서울시 전역을 기반으로 확장되기 시작하였다. 1990년부터 1993년 동안에 허가된 주상복합건물은 전체의 12.5%인 26개인데 대부분 동남과 서남권 등 한강 이남지역에서 나타나는 것들이며, 동북지역과 서북지역 등 도심을 제외한 한강 이북지역의 주상복합건물 허가 건수는 극히 미미하다. 이어 1994년부터 1998년 동안에 전체 건물의 약 30% 정도를 차지하는 62건의 건물이 허가를 받은 것으로 나타났는데, 이전 시기에 가장 취약했던 동북지역(성장률 800.0%)에서 급격한 증가추세를 보이고 있는데 이 지역은 동대문구에서 주상복합건물의 허가건수가 많이 증가한 것이 주된 요인이다. 같은 시기 동남과 서남권은 서초, 강남, 송파, 양천, 강서, 구로, 영등포구의 증가가 성장을 주도하면서 높은 성장률을 나타내고 있다. 한편 1999년 이후 허가건물은 전체의 절반이 넘는 108개의 건물이 허가를 받고 있다. 이 시기에는 특히 도심부에 해당하는 종로구의 증가가 눈에 띄는데 이는 복합용도 개발을 통한 도심부 주거기능 회복이라는 기본적인 계획 개념이 실현될 가능성을 보여주고 있어 긍정적 방향으로의 변화라 생각한다. 또한 동북지역(144.4%)과 서북지역(130.0%)이 한강 이남지역에 비해 성장률이 높게 나타나고 있다.

이상의 결과 1989년 이전 대부분 도심재개발 구역에 해당하는 서울시의 5개 구에서만 허가를 받았던 주상복합건물이 1993년까지 14개 구에서 나타나고 있으며, 이어 1998년에 이르면 21개 구로 증가하고 있다. 현재 시점에서 허가건물이 모두 준공될 경우 서울시 전체 25개 구에 1개 이상의 건물이 입지하게 될 것임을 알 수 있다.

<표 Ⅳ-4> 허가연도별 건물수(전체 건물)

단위: 개

		1989년 이전	1990-1993	1994-1998	1999년 이후	계
도심	종로구	3	3		8	14
	중구		1	3		4
	용산구			3	3	6
	총허가건수(성장률)	3	7(133.3%)	13(85.7%)	24(84.6%)	
동북	동대문구		1	4	2	7
	성동구			1		1
	광진구			1	3	4
	중랑구				5	5
	성북구				1	1
	강북구			1		1
	도봉구				2	2
	노원구			1		1
	총허가건수(성장률)		1	9(800.0%)	22(144.4%)	
서북	은평구			2	7	9
	서대문구	1	1	1	1	4
	마포구	4		1	5	10
	총허가건수(성장률)	5	6(20.0%)	10(66.7%)	23(130.0%)	
동남	서초구		3	5	15	23
	강남구		1	13	11	25
	송파구		4	5	11	20
	강동구		1		4	5
	총허가건수(성장률)		9	32(255.6%)	73(128.1%)	
서남	양천구		1	8	8	17
	강서구			4	3	7
	구로구	1	3	4	6	14
	금천구				3	3
	영등포구	3	1	4	4	12
	동작구		5		1	6
	관악구		1	1	5	7
	총허가건수(성장률)	4	15(275.0%)	36(140.0%)	66(83.3%)	
계		12(5.8%)	26(12.5%)	62(29.8%)	108(51.9%)	208(100.0%)

② 세대수

주상복합건물에 대한 건축적 규제 완화 중 1995년에 있었던 세대수 제한 폐지와 1998년의 주택연면적 비율 확대는 대규모 건물의 건설을 촉진시킨 계기가 되었을 것으로 판단한다. 따라서 허가연도별로 세대수 구성 비율을 통해 대규모화 경향을 살펴보고 이러한 대형화가 지역별로는 어떠한 양상으로 나타나는지 보고자 하였다〈그림 Ⅳ-5〉.

1989년 이전에는 114세대의 규모가 가장 컸던 것에 비해 1993년에 200세대 이상의 건물이 처음으로 나타났고, 1994년에는 300세대 이상의 건물이, 1995년에는 400세대와 500세대 이상의 건물도 처음으로 나타나고 있어 점차 대형화 추세를 보이고 있으며 세대수의 구성 형태도 다양해지고 있음을 알 수 있다. 특히 1999년에는 처음으로 1,000세대 이상의 건물도 나타나고 있어 주택연면적 비율의 확대와 관련이 있는 것으로 보인다.

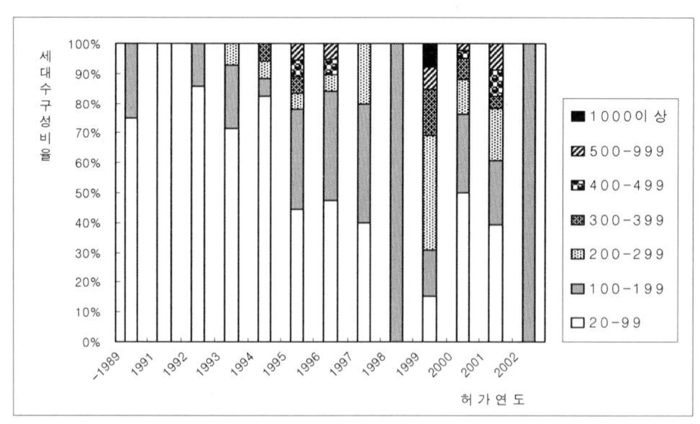

〈그림 Ⅳ-5〉 허가연도별 세대수 구성 비율(전체 건물)

자료를 단순화시켜 서울시 전체 주상복합건물의 평균 세대수를 살펴보면〈그림 Ⅳ-6〉 95년과 99년에서 가장 큰 변화를 보여주고 있다. 이는 주택연면적에 따라 제한했던 세대수를 95년의 법령 개정으로 폐지하게 되었고, 이어 98년 개정 시 주택연면적 비율을 90% 미만으로 확대시킨 제도 완화에 많은 영향을 받은 것으로 보인다. 그 결과 1999년에 이르러 주거용 세대수가 평균 350여 세대에 달하는 대형화 추세를 나타내고 있다. 그런데 이후 주상복합건물의 열기가 식으면서 최근 허가를 받는 건물들은 다시 세대수가 적어지고 있는 경향을 보인다.

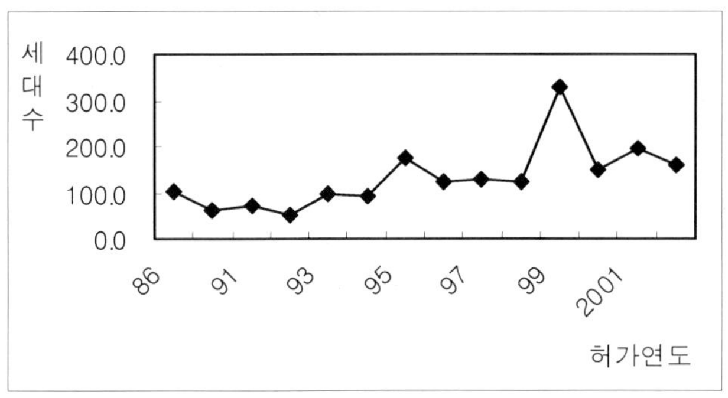

〈그림 Ⅳ-6〉 허가연도별 평균 세대수(전체 건물)

③ 준공건물의 공간적 확대 과정

한편 건물의 준공연도를 기준으로 현재 서울시 주상복합건물의 공간적 확산 과정을 살펴보고자 하였다〈그림 Ⅳ-7〉. 95년까지 완만하게 진행되던 것이 96년을 기점으로 급속하게 증가하고 있음을 볼 수 있다. 특히 서남권과 동남권에서 이러한 현상이 두드러지게 나타나고 있다. 한편 동북권과 서북권은 한강 이남지역에 비해 1년 늦은 97년부터 증가추세를 나타내고 있긴 하지만 그 증가 속도는 상당히 느리게 나타나고 있다.

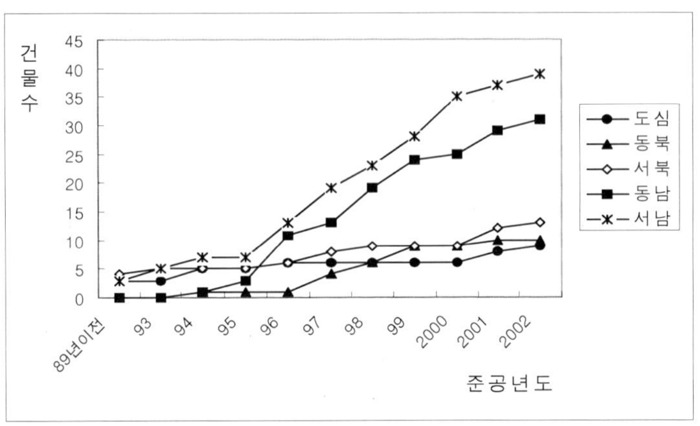

〈그림 Ⅳ-7〉 연도별 주상복합건물 준공건수

　　따라서 준공년도 1990년대 이전과 1995년을 기준으로 시기별 건물의 입지 현황을 살펴보았다〈지도 Ⅳ-3〉.24) 1990년대 이전 주상복합준공건물은 주로 도심재개발사업에 의해 건설된 것으로 종로구·서대문구·마포구·영등포구에서만 나타나고 있다. 이어 1990-1995년 사이 5년 동안 준공된 건물은 11건으로 10개 구에서 나타나고 있다. 그 중 구로구만 2개의 건물이 나타나고, 한강 이남의 강서·양천·서초·송파·강동구에서 각각 1건씩 5개의 건물이, 한강 이북의 종로·중·동대문·마포구에서 각각 1건씩 4개의 건물이 나타나고 있다. 1996년 이후 준공건물은 3개 구를 제외한 모든 지역에서 나타나고 있으며 구별 준공건물수도 상당히 증가했다.

---

24) 구청별 건물 개수만을 표현하였다.

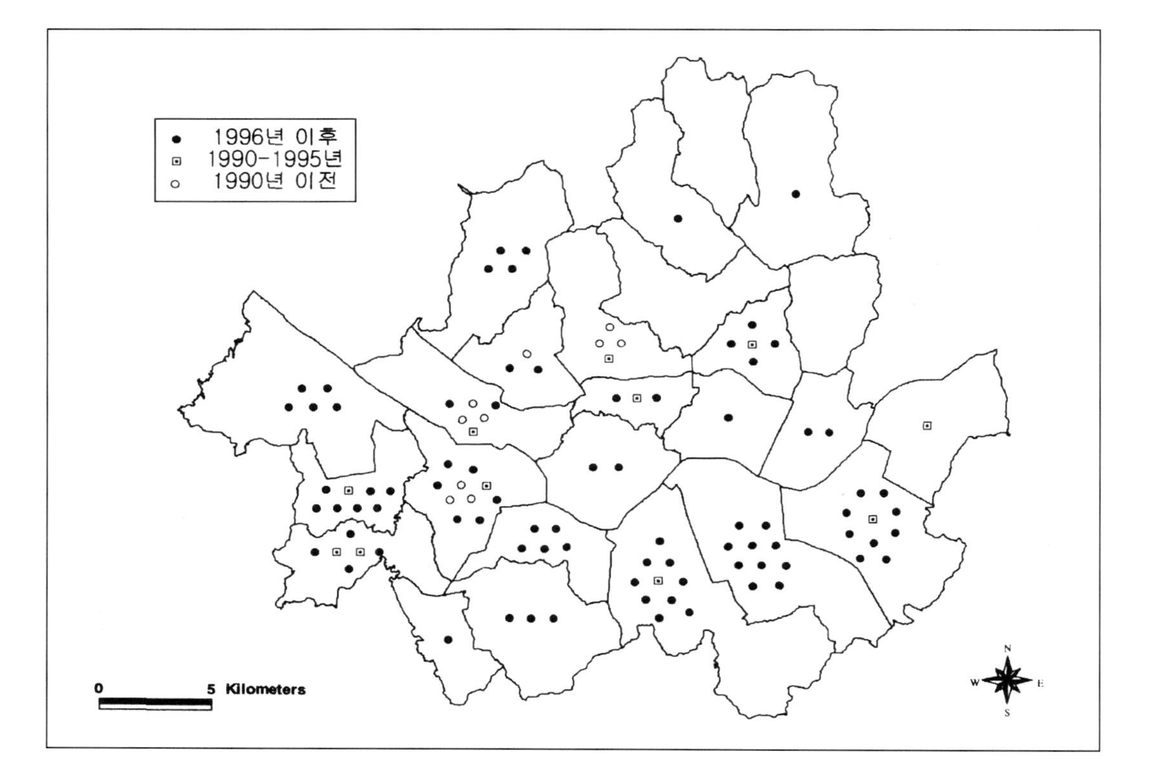

〈지도 IV-3〉 주상복합건물의 공간적 확산(준공건물)

2. 위치적 특성

1) 용도지역

① 용도지역별 토지이용

도시의 건축물은 도시의 토지이용이라는 측면에서, 도시계획상 용도지역
별로 주상복합건물이 어떠한 토지이용을 나타내고 있는지 살펴보고자 한다.
현재 서울시의 도시계획구역은 전체 605.96km^{2}에 이르며, 이를 주거·
상업·공업·녹지 등 4개 용도지역으로 구분하고 있다. 전체 지역의 거
의 절반이 주거지역에 해당하며, 상업지역과 공업지역은 3.88%, 4.64%에
해당하는 좁은 지역이다〈표 Ⅳ-5〉.

〈표 Ⅳ-5〉 서울시 용도지역 현황(2001. 12. 31 현재)

단위: km^2, %

구 분	세 분	면 적	비 율
계		605.96	100
주거지역	전용주거지역	4.18	0.69
	일반주거지역	284.28	46.91
	준주거지역	8.41	1.39
	소 계	301.11	49.69
상업지역	중심상업지역	0	0
	일반상업지역	21.78	3.59
	근린상업지역	0.72	0.12
	유통상업지역	1.00	0.17
	소 계	23.50	3.88
공업지역	전용공업지역	0	0
	일반공업지역	0	0
	준공업지역	28.13	4.64
	소 계	28.13	4.64
녹지지역	자연녹지지역	249.67	41.20
	생산녹지지역	3.48	0.58
	보전녹지지역	0.07	0.01
	소 계	253.22	41.79

자료: http://urban.seoul.go.kr(서울특별시 도시계획국 홈페이지).

 이러한 용도지역별로 20세대 이상의 주상복합건물의 입지 상황을 살펴보면〈표 Ⅳ-6〉상업지역에 입지하고 있는 건물이 전체의 60% 이상을 차지하고 있다. 주택건설촉진법에서 주택건설이 사업계획 승인대상에서 제외되는 경우가 상업지역이나 준주거지역에서 주택을 다른 용도와 복합할 경우인 것이 상당히 많은 영향을 미치고 있는 것으로 나타났다. 그러나 94년 이후 준주거지역으로 확대되었음에도 불구하고 여전히 상업지역 내 주상복합건물의 건축이 두드러지고 있음을 알 수 있는데 이것은 법정 허용 용적률이 상업지역에 비해 극히 낮기 때문인 것으로 보인다(〈표 Ⅲ-8〉참조).

 한편 미준공건물은 도심재개발지역에서 증가추세를 나타내고 있어 복합용도개발의 기본 목표와 일치하는 부분으로 발전해 나가고 있는 듯하다. 반면 주거지역과 공업지역 등에서는 주상복합건물의 감소를 나타내고 있다. 특히 공업지역에는 현재 예정되어 있는 건물이 단 한 건도 없는 것으로 나타나고 있는데 이는 복합용도개발에 있어 공업기능의 복합이 가장 힘들다는 기존의 견해에 비추어 볼 때 공업지역 내에서조차 이러한 주거기능의 복합을 꺼려하고 있는 것으로 해석된다.

<표 Ⅳ-6> 용도지역별 건물수

	준공건물		미준공건물		전체 건물	
	건물수	비율(%)	건물수	비율(%)	건물수	비율(%)
상업지역	61	61.0	53	65.4	114	63.0
준주거지역	14	14.0	16	19.8	30	16.6
주거지역	9	9.0	1	1.2	10	5.5
준공업지역[1]	1	1.0			1	0.6
공업지역[1]	7	7.0			7	3.0
도심재개발[2]	8	8.0	11	13.6	19	10.5
계	100	100	81	100.0	181	100.0

주: 1) 아래 표 〈표 Ⅳ-8〉.
　　2) 아래 표 〈표 Ⅳ-7〉.

여기서 도심재개발지역과 공업지역의 건물들을 자세히 살펴보도록 하겠다. 먼저 도심지역의 주상복합건물은 원래 1960년대 우리나라 최초의 복합용도개발이라고 할 수 있는 세운상가아파트가 그 효시이다. 그러나 6·70년대 건립된 상가아파트들은 도심재개발사업으로 건립된 것들은 아니지만, 현재 기능적 측면에 있어서도 주거부문이 거의 전용되어 있어 복합용도의 주거라고 하기는 힘든 상황이다. 도심재개발지역의 주상복합건물〈표 Ⅳ-7〉 중 1980년대 이후 건설된 것들은 모두 9개이며, 미준공건물은 동일 지역에 11개가 추가될 예정이다. 대표적인 곳은 종로구 사직동으로 미도파 빌딩, 신문로 빌딩, 세종 빌딩, 대우빌딩과 함께 현재 건설 중인 '경희궁의 아침' 등이 들어설 지역이다. 현재 건설 중인 건물들이 완공될 경우 사직동은 9개 건물에 769세대〈표 Ⅳ-3〉가 입주하는 도심 내 복합건물 주거지역으로 특화될 것으로 보인다.

반면 공업지역의 주상복합건물은〈표 Ⅳ-8〉 건설예정인 건물은 한 곳도 없으며, 현재 6개 동에 8개의 건물이 입지해 있는 상태이다. 이 중 7개의 건물이 모두 영등포구에 위치해 있으며 성동구에 1개의 건물만이 입지해 있다.

〈표 Ⅳ-7〉 도심재개발지역 주상복합건물

단위: 개소

도심재개발			
지 역		준공건물(건립년도)	미준공건물
종로구	사직동	4(81, 81, 83, 94)	5
	종로1,2,3,4가동		1
용산구	남영동		1
중구	황학동		1
서대문구	충정로동	1(87)	1
마포구	도화제2동	3(83, 84, 84)	
	용강동	1(92)	
	공덕제2동		1
	신공덕동		1
계		9	11

<표 Ⅳ-8> 공업·준공업지역 주상복합건물

단위: 개소

지 역	공업·준공업지역		미준공건물
	준공건물(건립년도)		
영등포구	양평제1동(82)	1	
	양평제2동(71)	1	
	문래제2동(98, 2000)	2	
	당산제1동(96, 99)	2	
	당산제2동(97)	1	
성동구	성수2가3동(99)	1	
계		8	0

② 상업지역 토지이용

주상복합건물이 가장 많이 입지해 있는 용도지역이 상업지역인 것을 위의 분석에서 살펴보았다. 기본적으로 상업지역은 도시계획상 그다지 많은 용지가 할당되어 있지 않다. 그런데 이러한 상업지역에 대부분의 주상복합건물이 입지하고 있으며 또한 앞으로 건설예정지라는 것은 상업지역이 주거지로 변화될 가능성을 제시해 주고 있으며, 이는 결국 지역 내 상업기능 제공에 문제가 발생할 수도 있다는 것을 시사한다.

이러한 상황을 좀 더 면밀히 살펴보기 위해 각 구청별 상업지역에 대한 주상복합건물의 입지가 어느 정도인지를 준공건물의 대지면적을 대상으로 분석하였다.[25]

---

25) 미준공건물의 대지면적 자료가 너무 불충분하여 분석에 포함시키지 못하였다.

〈표 Ⅳ-9〉 주상복합건물의 상업지역 이용도(준공건물)

지 역		상업지역면적[1] (m²)	준공건물대지면적합계(m²)	토지이용 비율(%)	건물수
도심	종로	3,730,000	12,380.2	0.3	4
	중	3,630,000	13,545.9	0.4	2
	계	7,360,000	25,926.1	0.4	6
동북	동대문	930,000	11,738.7	1.3	5
	성동(준공업지역)	3,220,000	3,435	0.1	1
	강북	320,000	1,974.2	0.6	1
	계	4,470,000	17,147.9	0.4	7
서북	은평	350,000	3,136	0.9	1
	서대문	180,000	3,046.2	1.7	2
	마포	570,000	5,800.8	1.0	4
	계	1,100,000	11,983	1.1	7
동남	서초	1,360,000	15,352	1.1	8
	강남	2,250,000	39,650.9	1.8	10
	송파	1,250,000	23,590.5	1.9	8
	강동	550,000	1,181.3	0.2	1
	계	5,410,000	79,774.7	1.5	27
서남	양천	560,000	18,570.9	3.3	6
	강서	670,000	5,921.1	0.9	3
	구로	360,000	9,252.8	2.6	5
	금천	180,000	450.9	0.3	1
	영등포 공업지역	9,550,000	38,394	0.4	7
	영등포 상업지역	2,400,000	4,426	0.2	1
	동작	200,000	27,391	13.7	6
	관악	350,000	8,438.0	2.4	2
	계	4,720,000	108,418.7	2.3	30
계		23,060,000	243,250.4	1.1	77

주: 1) 자료는 1999년 서울시 통계연보(서울시 인터넷 홈페이지).

각 구청별로 살펴보면〈표 Ⅳ-9〉 동작구의 경우 상업지역 전체 면적의 13.7%에 해당하는 면적에 주상복합건물이 입지하고 있어 가장 넓은 면적의 상업지역 토지를 이용하고 있는 것으로 나타났다. 동작구는 90년대 초 보라매공원 근처의 옛 공군사관학교 이전부지의 일부를 서울시가 주상복합용지로 일괄 개발하여 분양한 부지로 대규모의 토지가 사용된 곳이다. 나머지 지역은 대부분 3% 이하 수준에서 이용률을 나타내고 있다. 구청 전체의 상업지역을 놓고 보면 수치상으로 별 영향을 미치지 못할 듯하지만, 주변지역의 여건을 놓고 보았을 때 문제가 될 소지를 안고 있는 지역들은 꽤 있다. 양천구 목 제5동의 경우 중심부의 가장 넓은 상업지역에 현재 준공건물만도 6개가 입지하고 있으며, 건설 중인 건물들까지 모두 들어설 경우 그 지역 전체가 띠 모양의 주상복합건물 지구로 변모하게 된다. 또한 강남구 도곡 제2동 또한 주변지역이 거대한 아파트단지들로 둘러싸여 있는 곳으로 상업기능을 제공해 주어야 할 지역인데도 불구하고 서울에서 최고의 대형·고급화된 주상복합건물 지구로 변해 있다. 이러한 상황에서 주거지역 내 주민들에게 공급되어져야 할 상업기능의 부실화 가능성을 배제할 수 없는 실정이다.[26]

2) 입지환경

도로와의 관계를 기본으로 주상복합건물의 주변 환경을 고찰하였다〈표 Ⅳ-10〉. 크게 역세권 내 입지, 교차로(사거리) 입지, 간선도로변 입지, 이면도로변 입지, 주거지구 내 입지, 단지형성 등 6가지 형태로 나누어 볼 수 있었다.

---

26) 실재 주상복합건물 내 상업기능의 공급 권역을 공간적으로 파악하기 위해 점포 주인을 상대로 설문조사를 실시하였다. 그 결과는 Ⅴ장에서 분석하고 있다. 나아가 이 문제에 대한 토의는 결론 부분에서 제시하고자 한다.

<표 Ⅳ-10> 주상복합건물의 입지환경

입지환경	건물수(비율)		
	준공건물	미준공건물	전체 건물
역세권[1]	46(45.1%)	57(47.5%)	103(46.4%)
사거리	11(10.8%)	17(14.2%)	28(12.6%)
간선도로변	47(46.1%)	60(50.0%)	107(48.2%)
이면도로변	25(24.5%)	21(17.5%)	46(20.7%)
주거지구 내	11(10.8%)	14(11.7%)	25(11.3%)
단지형성	22(21.6%)	11(9.2%)	33(14.9%)
기타	3(2.9%)	5(4.2%)	8(3.6%)

주: 1) 지하철역으로부터 500m 이내.
각 건물의 입지 여건이 복수로 지적되었다.

그중 간선도로변 입지건물이 전체의 46.1%로 가장 많고 역세권 입지 건물이 45.1%로 그 다음 순위를 차지하고 있다. 간선도로와 역세권지역 입지 경향은 미준공건물에서도 뚜렷하게 나타나고 있음을 알 수 있다. 이면도로변 입지건물은 각각 24.5%, 17.5%, 20.7%를 나타내고 있는데 이 또한 도로와의 접근성이 좋은 입지환경이다. 한편 단지를 형성하고 있는 건물은 준공건물에서 훨씬 많으며, 전체 건물이 완공된 후에는 14.9% 정도의 건물이 단지를 형성하게 될 것으로 보인다.

이를 지역별로 살펴보면<표 Ⅳ-11> 역세권과 도로변 입지건물의 정도 는 비슷하지만, 주거지구 내의 건물은 서북권과 서남권에 많이 나타나며, 단지를 형성하고 있는 건물은 동남권의 강남·송파구와 서남권의 양천· 영등포·동작구에서 가장 탁월하게 나타나고 있어 한강 이남지역의 주상 복합건물에서 많이 나타나고 있음을 알 수 있다.

〈표 Ⅳ-11〉 지역별 건물의 입지환경(준공건물)

		역세권	사거리	간선도로변	이면도로변	주거지구 내	단지형성
도심	종로	3			4		
	용산	1	1	2			
	중	3		1	1		
동북	동대문	5		3	2		
	성동				1		
	광진	1		1	1	2	
	강북			1			
	노원			1			
서북	은평	1	1	2		1	
	서대문	2	1	2	1	1	
	마포	4		2	3	1	
동남	서초	7	1	6	2	1	
	강남	7		6	4		5
	송파	6		7	3		4
	강동					1	
서남	양천		2		1		6
	강서	2	2	2		2	
	구로			3	1	1	
	금천			1			
	영등포	1	3	4	1		2
	동작					1	5
	관악	2		3			
계		45	11	47	25	11	22

〈표 Ⅳ-12〉 입지환경과 역세권의 관계

단위: 개소

		사거리	간선도로변	이면도로변	주거지구 내	단지형성	기타
역세권	준공건물	5(45.5%)	22(46.8%)	17(68.0%)	1(9.1%)	9(40.9%)	1(33.3%)
	미준공건물	6(35.3%)	35(58.3%)	11(52.4%)	3(21.4%)	5(45.5%)	3(60.0%)
	계	11(39.3%)	57(53.3%)	28(60.9%)	4(16.0%)	14(42.4%)	4(50.0%)
전체 건물수		28	107	46	25	33	8

특히 지하철 교통과의 관계를 알아보기 위해 각각의 입지환경을 역세권과 관련시켜 살펴보았다〈표 Ⅳ-12〉. 그 결과 간선도로변에 입지한 건물의 50% 정도가 역세권 내에 위치하고 있으며, 이면도로에 있는 건물들 중에서도 68%의 건물은 역세권지역에 입지해 있는 것으로 나타났다. 한편 개별 주상복합건물들이 한 지역 내에 집중하여 단지를 형성하고 있는 건물의 경우에도 역세권을 선택하여 입지하고 있는 곳이 많다. 교차로에 해당하는 사거리에 있는 건물들 중에서도 50% 정도가 역세권에 입지하고 있어 주상복합건물은 대부분 입지의 교통 여건이 양호할 것으로 기대된다. 사거리와 간선도로, 이면도로 모두 도로와 바로 접하여 건물이 입지하고 있는 경우이고, 역세권 또한 도보로 대중교통 이용이 가능한 곳이기 때문이다. 미준공건물도 비슷한 현상을 나타내고 있음을 알 수 있다.

그런데 실재 현재 서울시는 지하철 8호선까지 262개 역에 걸쳐 역세권이 형성되고 있기 때문에 반경 500m권의 역세권을 기준으로 할 때 서울시 전역의 50% 이상이 포함된다고 볼 수 있다. 따라서 주상복합건물의 입지환경 중 복합용도개발의 계획 개념에 비추어볼 때 중요한 요소일 수 있는 역세권 입지에 대해 좀 더 정확한 조사를 실시하였다. 역세권 입지건물 103개를 대상으로 지하철역으로부터의 반경거리 개념으로 조사한 결과〈표 Ⅳ-13〉 지하철역 출입구를 나오면 바로 접하게 되는 곳이 27개로 26.2%를 차지하고 있으며, 이는 전체 222개 건물 중 12.2%를 차지하는 수치이다. 100m 이내의 건물은 33.0%, 200m 이내는 절반이 넘는 60개의 건물이 포함되고 300m 이내로 확장시키면 78.6%인 81개의 건물이 해당된다. 이 수치는 전체 222개 건물 중에서 36.5%의 비중을 차지하는 정도이다.

〈표 Ⅳ-13〉 지하철역으로부터의 반경 거리(전체 건물)

반경거리		출구인접	100	200	300	400	500
건물수		27	7	26	21	12	10
역세권입지건물	103(100.0%)	26.2%	6.8%	25.2%	20.4%	11.7%	9.7%
전체 건물	222(100.0%)	12.2%	3.2%	11.7%	9.5%	5.4%	4.5%

〈표 Ⅳ-14〉 환승역 입지건물(전체 건물)

	환승역		계
	2개노선환승	3개노선환승	
종로구		1	1
용산구		1	1
중구	4		4
도심계(25)	4	2	6(24.0%)
동대문구	1		1
중랑구	3		3
동북계(24)	4		4(16.7%)
은평구	2		2
서대문구	1		1
마포구	3		3
서북계(24)	6		6(25.0%)
서초구	5		5
송파구	4		4
동남계(75)	9		9(12.0%)
강서구	3		3
영등포구	1		1
관악구	2		2
서남계(74)	6		6(8.1%)
계	29	2	31

특히 역세권 입지건물 중 환승역 입지는〈표 Ⅳ-14〉 전체 222개 건물 중 13개 구에서 31개의 건물이 이에 해당한다. 이 중 3개 노선 환승역에 해당하는 2개 건물을 제외하면 나머지 29개는 모두 2개 노선의 환승역에 입지하고 있는데, 2호선과 관련된 환승역 입지가 17곳으로 가장 많고 6호선과 연결된 환승역 입지가 10곳으로 다음을 차지한다.

3) 주상복합아파트 가격

강남의 대형 주상복합아파트는 분양 당시 평당 분양가가 기존의 아파트에 비해 비싸다는 이유로 언론의 관심을 많이 받았다. 이는 초고층, 초대형 건물 내 고급주택을 공급하기 위한 건설업체들의 전략으로 인테리어를 고급화하고 전자 경비 시스템 등을 채택하면서 나타난 현상이었다. 당시 주상복합아파트 분양 가격은 신규 분양되는 중·대형 평형 아파트의 분양가격 상승을 선도한 측면이 있는 것으로 보인다. 그런데 현재 매매가격은 아파트 가격에 비해 낮은 편인데, 이는 강남지역 아파트들이 재건축 붐을 타고 엄청난 가격 상승을 하였기 때문이다. 나머지 지역의 주상복합아파트도 대부분 아파트 가격보다 낮은 가격을 형성하고 있다. 그러나 지역별로는 매매가격의 차이가 상당히 크게 나타나고 있다〈표 Ⅳ-15, 그림 Ⅳ-8〉.

〈표 Ⅳ-15〉 주상복합아파트 평균 평당가격

단위: 만 원

	종로	강남·서초	송파	강동	양천	구로	관악	여의도	동작	마포·서대문
평균 평당가격	570	1,170	925	450	900	535	670	950	600	837

자료: http://www.r114.co.kr, 2002년 9월 기준(부동산 114자료를 토대로 재구성).

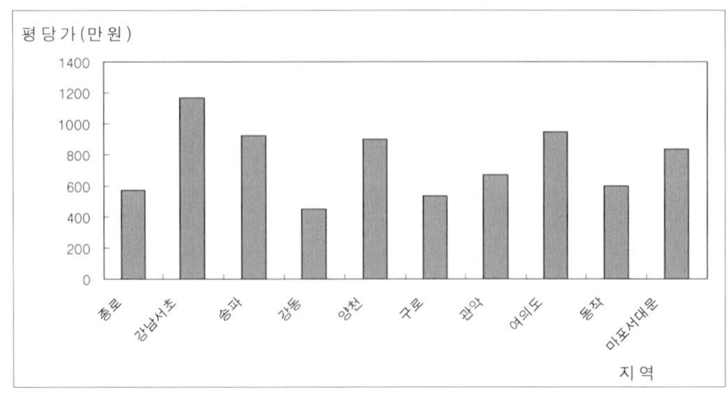

〈그림 Ⅳ-8〉 주상복합아파트 평균 평당가격

　강남, 서초 지역의 평균 평당가격은 1,170만 원 선으로 권역별 평당가가 가장 높은 지역이다. 50평형 이상은 평당가가 평균 1,300만 원이며, 최고급 호화 주거공간을 선보이는 100평형 이상은 평당 1,810만 원으로 최고 수준이다. 2002년 10월 말에 입주가 시작된 도곡동 타워팰리스로 인해 주상복합, 오피스텔이 밀집한 도곡동지역은 최근 급부상하고 있는 대치동 아파트단지와 더불어 강남의 신주거공간으로 떠오르고 있으며, 이로 인한 가격 상승은 계속 이어질 것으로 전망되고 있다. 송파지역의 주상복합아파트는 평당가격이 850~1,000만 원대이며, 강동권은 평당 400~500만 원대로 비교적 낮은 가격대를 나타내고 있다.

　구로, 양천 지역은 서울 외곽지역이기는 하나 인천 및 광명, 부천 등 경기 주요 도시와 접해있고 여의도 업무지역이 가까이 위치해 있어 주상복합 수요층이 형성되어 있는 지역이다. 목동 신시가지에 위치한 굿모닝탑, 삼성쉐르빌, 하이페리온 등의 분양권이 평당 900만 원 이상 높은 가격을 나타내고 있고, 90년 말에 입주를 마친 구로 지역의 현대파크빌, 희훈타워빌은 평당 520만 원~550만 원대의 비교적 낮은 가격을 보이고 있다. 그러나 목동 신시가지에 주상복합건물 및 오피스텔 분양이 대거 공급될 예정이어서 주상복합시장에 활기를 불어넣을 것으로 보인다. 관악권에는 봉천동의 롯데스카이와 보라매 해태, 그리고 2002년 11월 입주를 앞둔 남현동 르메이에르 강남타운 등이 속해 있다. 관악권은 주상복합 개별 단지수도 타 권역에 비해 많지 않을 뿐만 아니라 평형구성도 다양하지 않은 편이다. 롯데스카이는 60평형대로 구성됐고 보라매 해태는 20-40평형대 구성이다. 초기 주상복합시장이라고 볼 수 있는 관악권의 주상복합 시세는 최근 분양된 고급 주상복합과는 상대적으로 다소 낮게 형성되어 있다. 롯데스카이가 평당 770~780만 원, 보라매해태가 평당 530~570만 원대이다.

　2002년부터 초고층 주상복합건물이 하나 둘 들어서면서 여의도 일대는 새로운 주상복합의 중심지로 급부상할 전망이다. 여의도는 대단위 업무시설 밀집지역으로 특히 금융권 및 외국계 회사가 많아 이동 수요가 몰리는 지역인데다 한강이 바로 내려다보이는 조망권 확보로 수요자의 관심이 높다. 동작구에는 1995년 보라매우성을 시작으로 삼성옴니타워, 보라매아카데미, 보라매나산스위트, 롯데관악타워가 96년~98년 사이에 집중 공급되었고, 45층 높이의 "보라매쉐르빌"이 2002년에 추가로 입주할 예정이다. 여의도지역의 주상복합아파트가 평당 900만 원~1,000만 원을 나타내고 있으며, 신대방동 주상복합의 경우 입주년도, 시설수준에 비례하여 높게는 750만 원, 낮게는 450만 원 정도를 나타내고 있다.

마포, 서대문지역은 중소평형대로 구성된 것이 특징이다. 전체 평균 평당가는 837만 원이며 평형대별로는 30평형대가 943만 원으로 최고 평당가를 기록했다. 한편 20평형 이하는 795만 원으로 전체 평균에 못 미치는 것으로 나타났다.

결국 강남과 서초 지역의 주상복합아파트 가격이 가장 높으며 이어 송파와 양천, 여의도지역 가격이 상위에 속한다. 마포와 서대문 지역이 중간 정도를 차지하며, 종로, 강동, 구로, 관악, 동작 등이 가장 낮은 가격대를 보이고 있다.

4) 도시공간구조와의 관련성

도시 내의 다양한 기능들은 일정한 위치와 면적을 차지하여 입지하게 되고, 비슷한 기능들끼리 집적 지구를 이루게 되면서 도시의 내부구조를 형성하게 된다. 이들 집적 지구는 중심성의 차이로 인해 계층성이 생기게 되고 이 계층성은 도시공간구조 파악의 기본적 요소라 할 수 있다. 도시 내부구조의 계층성은 도시의 규모가 작아 단핵의 중심으로도 전체 도시를 커버할 수 있을 때보다 도시의 규모와 기능이 확대되면서 다핵화 현상을 경험하게 될 때 더욱 의미가 있게 된다.

　도시의 모든 기능은 도시공간구조의 계층성과 밀접하게 관련이 있는데, Proudfoot[27]와 Berry[28]의 연구를 통해 볼 때 특히 상업지역의 분포에는 계층구조가 존재하며 도로 또는 접근성이 중요한 역할을 하고 있음을 시사하고 있다. 주상복합건물은 대부분 상업지역에 건설되어 있어 계층성과 관련한 입지 특성을 분석하는 것은 의미가 있다고 생각한다. 즉 Ⅴ장에서 분석할 상업지역에서 나타나는 주거기능이 계층별로 차별적 특성을 나타내는지, 그리고 주거와의 복합을 통해 이루어지고 있는 상업기능은 지역의 계층성을 제대로 발휘하고 있는지 등을 파악하기 위한 기본적 분석이다.

　서울시의 공간구조에 대한 기존의 연구들[29]은 중심지 식별 기준으로 각기 다른 요인들을 사용하고 있으며 결과 또한 다양하게 나타나고 있다. 한편 서울시는 '도시기본계획'을 통해 전략적으로 육성해 나갈 중심지체계를 밝히고 있는데, 계획 연도에 따라 조금씩 변화하고 있다〈표 Ⅳ-16〉.

---

27) Proudfoot, M. J., 1937, "City Retail Structure", *Economic Geography*, Vol. 13, pp.425-428.
28) Berry, B. J. L., 1959, "Ribbon Development in the Urban Business Pattern", A. A. A. G., Vol.49, pp.145-155.
　　------------, 1963, "Commercial Structure and Commercial Blight", University of Chicago, Research Paper No.85.
　　------------, 1967, Geography of Market Centers and Retail Distribution, Englewood Cliffs.
29) 하성규·김재익(1992), 김수령(1992), 전명진(1995), 하성규·김재익·전명진(1995), 최막중(1995) 등이 있다. 지대, 직업밀도, 교통발생량, 사무실수, 업종별 종업원수, 상주인구수, 지가와 임대료 등 다양한 자료들을 통해 1도심과 2~7부도심으로 구분하고 있다.

<표 Ⅳ-16> 서울시 도시기본계획의 중심지체계상 부도심

	1984	1990	1997
도심권			용산
동북권		청량리	청량리 - 왕십리
서북권		신촌	수색(2011년 이후)
동남권	영동, 잠실	영동, 잠실	영동
서남권	영등포 - 여의도	영등포 - 여의도	영등포

자료: 최막중·지규현, 1997, 31.

2011년 도시기본계획에서는 도심과 부심, 지역중심, 지구중심의 4단계로 중심지체계를 구성하고 있다<지도 Ⅳ-4>. 나머지 지역은 기타 지역으로 간주하고 실재 지도상에서 건물의 위치를 확인하고 이들 중심지 내에 입지하고 있는 건물들을 구분하여 보았다. 한편 건물의 층수와 세대수 자료를 이용하여 군집분석을 실시하고 그 결과 크게 3개의 군집으로 구분된 것을 대·중·소규모로 분류하였다.[30] 건물의 규모별로 중심지체계와 관련하여 입지 상황을 분석하였다. 그런데 잠실의 경우 기존의 도시기본계획에서는 부도심으로 지정되어 있던 곳이었고, 실재 상황에서도 부도심의 기능을 수행하고 있다고 판단, 부도심지역에 포함시켜 분석하였다. 그 결과<표 Ⅳ-17> 도심지역에 해당하는 건물이 7개, 부도심지역 건물은 29개, 지역중심에 입지하고 있는 건물은 12개, 지구중심에 입지하고 있는 건물은 29개, 기타 지역 입지건물이 18개로 나타났다. 중심지체계와 관련하여 본 서울시 주상복합건물 입지는 부심지역과 지구중심 지역에 입지하고 있는 건물이 가장 많은 것으로 나타났다. 건물의 규모별

---

30) 건물수와 세대수 자료만을 이용한 군집분석에서 3개의 집단으로 구분되었는데, 첫 번째 집단은 주로 26-35층, 200세대 이상의 규모이며, 두 번째 집단은 20-35층, 100-200세대의 규모가 주된 구성원이었고, 세 번째 집단은 20층 이하, 100세대 이하 규모의 건물이 주를 이루고 있었다. 이들을 각각 대·중·소 규모로 분류하였다(Sig.=0.000).

입지를 살펴보면 대규모 건물의 경우 도심지역에는 하나도 없으며, 부심 지역에 가장 많은 것으로 나타났다. 중규모 건물은 지구중심과 부심, 그리고 기타 지역의 순으로 나타났으며, 소규모 건물은 부심과 지구중심, 기타 지역에 입지하고 있는 정도가 똑같았다.

〈표 Ⅳ-17〉 중심지체계와 관련한 규모별 건물수(준공건물)

	도 심	부 심	지역중심	지구중심	기 타	계
대규모		6	3	4	2	15(15.8%)
중규모	3	16	5	18	9	51(53.7%)
소규모	4	7	4	7	7	29(30.5%)
계	7(7.4%)	29(30.5%)	12(12.6%)	29(30.5%)	18(18.9%)	95(100.0%)

<지도 Ⅳ-4> 서울시 중심지체계도

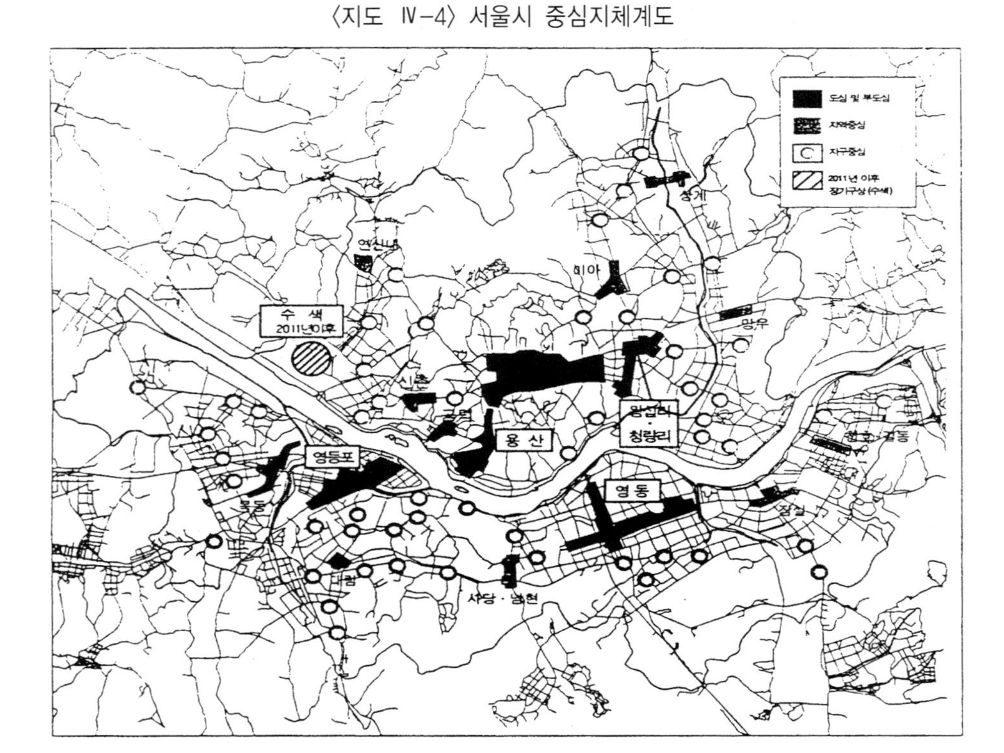

출처 : 서울특별시, 1997, 2011 서울도시기본계획, p.79

3. 건축적 특성

1) 건물의 규모

주상복합건물의 규모를 살펴보기 위해 평면적 관점에서 대지면적·건축면적·건폐율, 수직적 관점에서 층수·연면적·용적률을 분석하였다. 모든 분석 요소들은 지역별, 허가연도별로 파악하였으며, 건축면적을 제외한 나머지 요소들은 미준공건물의 자료도 분석하였다.

① 대지면적

서울시 주상복합건물의 대지면적은〈그림 Ⅳ-9, 표 Ⅳ-18〉준공건물의 경우 300평 이상 700평 미만인 경우가 전체의 47%, 700평 이상이 44%를 차지하고 있어 700평을 기준으로 비슷한 비율로 구성되어 있다. 그중 1,000평 이상 2,000평 미만의 건물이 21.3%로 가장 많다.

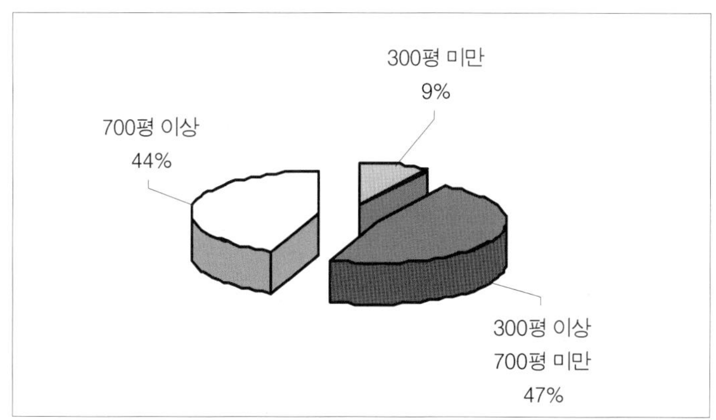

〈그림 Ⅳ-9〉 준공건물 대지면적 구성 비율

<표 Ⅳ-18> 준공건물 지역별 대지면적

단위: 개, (%)

지역	대지면적	100평미만	100평-200평미만	200평-300평미만	300평-400평미만	400평-500평미만	500평-600평미만	600평-700평미만	700평-800평미만	800평-900평미만	900평-1000평미만	1000평-2000평미만	2000평-3000평미만	3000평이상	계
도심	종로												1		1
	용산				1					1					2
	중							1			1			1	3
	계				1			1		1	1		1	1	6
동북	동대문				1	1		1			1	1			5
	성동											1			1
	광진									1		1			2
	중랑														
	성북														
	강북						1								1
	도봉														
	노원														
	계				1	1	1	1		1	1	3			9
서북	은평	1			1			1			1				4
	서대문					1					1				2
	마포		2												2
	계	1	2		1	1		1			2				8
동남	서초				3	2	1	1				3			10
	강남			1	2		2		1	2				2	10
	송파					2	2	3			1	2			10
	강동				1										1
	계			1	6	4	5	4	1	2	1	5		2	31
서남	양천			1	1		1	2				1			6
	강서		1	1	1				1	1					5
	구로					3	2			1					6
	금천		1												1
	영등포				1		2					4	2		9
	동작											6			6
	관악						1						1		2
	계		2	2	3	3	6	2	1	2		11	3		35
계		1 (1.1)	4 (4.5)	3 (3.4)	12 (13.5)	9 (10.1)	12 (13.5)	9 (10.1)	2 (2.2)	6 (6.7)	5 (5.6)	19 (21.3)	4 (4.5)	3 (3.4)	89 (100.0)

미국의 복합용도개발 건물 규모<표 Ⅳ-19>와 비교해 보면, 가장 넓은 대지면적을 나타내는 4,245.5평(14,000.4m^2)의 건물 하나를 제외하면 모두 3,600평 이하로 소규모에 해당한다고 볼 수 있다.

지역별로 살펴보면〈표 Ⅳ-18〉3,000평 이상의 건물은 도심부와 동남권지역에만 입지하고 있으며 2,000평 이상일 경우 서남권도 포함된다. 1,000평 이상의 대지면적을 나타내는 건물은 서남지역에 가장 많이 분포하고 있다.

한편 100평 미만의 가장 좁은 대지면적을 나타내는 건물은 서북지역에 입지하고 있는데, 서북지역에 있는 주상복합건물은 가장 넓은 것도 1,000평 미만이다.

〈표 Ⅳ-19〉 대지면적을 기준으로 본 건물의 규모(미국)

	소규모	중규모	대규모	초대규모
대지 면적	6,070~12,140m^2 (1836.1평~3672.1평)	12,140~40,468m^2 (3,672.1평~12240.8평)	40,468~202,340m^2 (12240.8평~61,203.9평)	202,340m^2 이상 (61,203.9평 이상)

주: acre를 m^{2}로 환산. 1평＝3.306m^{2}로 계산.
자료: Witherspoon, 1981, 44; 호유정, 1996, 59.

미준공건물의 경우〈그림 Ⅳ-10〉500평 미만이 25%, 500평 이상 1,000평 미만이 42.6%, 1,000평 이상은 32.4%를 차지하고 있다. 준공건물에 비해 500평 미만의 소규모 건물의 비중이 줄어들었고, 중규모와 대규모의 건물 비중이 증가할 것으로 보인다.

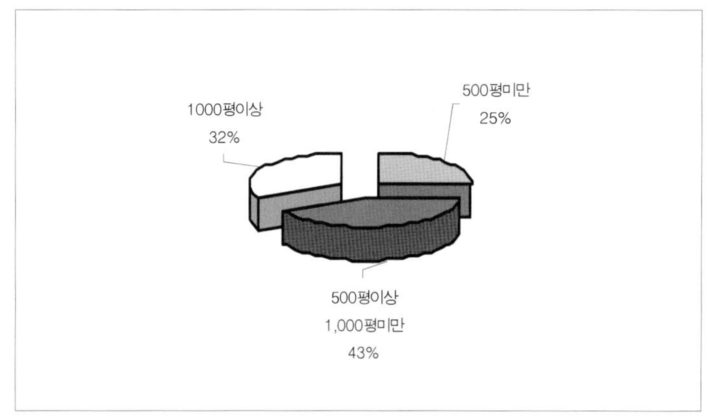

〈그림 Ⅳ-10〉 미준공건물 대지면적 구성 비율

<표 Ⅳ-20> 미준공건물 지역별 대지면적

단위: 개, (%)

		100평 미만	100평-500평 미만	500평-1,000평 미만	1,000평-5,000평 미만	5,000평 이상	10,000평 이상	계
도심	종로				3			3
	용산			1	2			3
	중				1			1
	계			1	6			7
동북	동대문		1		1			2
	광진			1	1			1
	중랑			4	2			6
	계		1	5	4			9
서북	은평		1	3	1			5
	마포			1	1			1
	계		1	4	2			6
동남	서초		2	8	3			13
	강남			2	4		1	3
	송파		3	1		1		5
	강동		2	1	3			3
	계		7	12	10	1	1	24
서남	양천		2	2	4	1		9
	구로	1	5	3	9			9
	금천			2	2			2
	동작				2			2
	계	1	7	7	17	1		22
계		1(1.5)	16(23.5)	29(42.6)	19(27.9)	2(2.9)	1(1.5)	68(100.0)

미준공건물을 지역별로 살펴보면<표 Ⅳ-20> 5,000평 이상의 대지면적을 갖는 건물이 2개 있으며, 더욱이 10,000평 이상의 건물도 강남구지역에 예정되어 있다. 이 3개의 건물은 미국의 규모와 비교할 때 중규모에 해당한다. 미준공건물도 준공건물과 마찬가지로 가장 넓은 대지면적을 나타내는 건물들은 동남과 서남지역에 많으며, 도심부의 재개발지역 내 건물도 대부분 1,000평 이상이어서 앞으로 건설될 주상복합건물은 기존의 건물보다 대형의 건물이 증가할 것으로 보인다.

 이상의 자료를 단순화시켜 권역별로 서울시 주상복합건물 대지면적의 평균값을 구해보면〈표 Ⅳ-21〉준공건물과 미준공건물 모두 도심지역이 가장 넓다. 이를 통해 도심재개발사업에 의한 주상복합건물의 대지면적이 가장 넓다는 것을 알 수 있다. 준공건물의 경우 서남과 동남지역이 그 다음이고, 서북지역의 대지면적이 가장 좁다. 동북지역은 대부분 1,000평 미만의 건물인데, 1,000평 이상 2,000평 미만의 건물 3개가 평균면적을 높여주고 있는 것으로 보인다. 미준공건물은 동남지역 건물이 서남지역에 비해 훨씬 더 넓은 대지면적을 가지게 될 것으로 예상되며, 여전히 서북지역은 가장 좁은 대지면적을 보여주고 있다.

〈표 Ⅳ-21〉권역별 대지면적 평균

권 역	준공건물(평)	미준공건물(평)
도 심	1,436.6	1,674.7
동 북	863.5	1,191.4
서 북	450.1	779.6
동 남	871.5	1,559.9
서 남	944.0	1,138.5
전체 평균	899.9	1,317.7

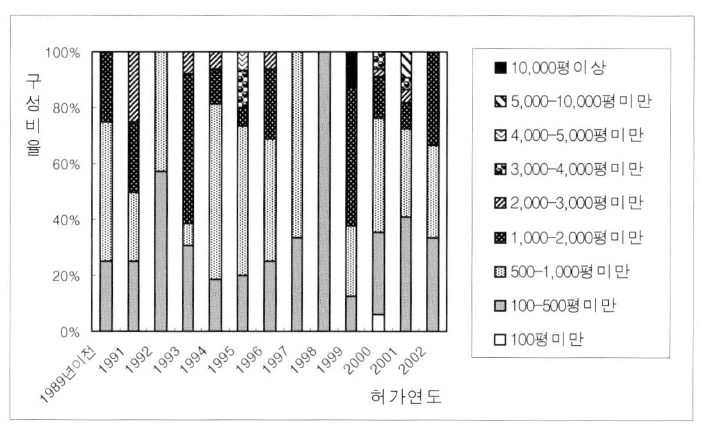

〈그림 Ⅳ-11〉허가연도별 대지면적(전체 건물)

허가연도별로는〈그림 Ⅳ-11〉 1989년 이전에도 1,000평대 규모 건물의 비중이 제법 높지만 전체 건물수가 적은 시기라는 것을 고려해야 한다. 1992년 이후 500평 이상 1,000평 미만의 건물이 많이 나타나고 있음을 알 수 있고, 특히 1993년과 1999년에는 1,000평 이상 2,000평 미만의 건물이 높은 비중을 차지하고 있다. 그러나 1997년 이후 건설경기 하락과 이어지는 IMF로 인해 다시 대지면적 100평 이상 500평 미만의 소규모 건물이 가장 많은 비율을 차지하고 있다. 하지만 2001년도의 허가건물 중에는 500평 이상의 건물이 증가하고 있어 앞으로 다시 넓은 대지면적의 건물들이 증가할 것을 예측할 수 있다.

서울시 주상복합건물의 대지면적을 종합하면 현재 도심부와 동남, 서남권지역의 건물이 다른 지역에 비해 넓으며, 미준공건물을 포함할 경우 대규모의 대지면적 건물은 더욱 증가할 것으로 보인다. 그러나 미국의 규모와 비교해 보면 대부분이 소규모이며, 몇몇 건물들만이 중규모 정도에 해당한다고 볼 수 있다.

그러나 서울시 건물들만을 대상으로 할 때 1,000평 이상의 대지면적은 대규모에 속한다고 볼 수 있다. 따라서 500평과 1,000평을 기준으로 규모별로 구분해 보면 〈표 Ⅳ-22〉와 같다. 준공건물의 경우 1,000평 이상의 건물은 전체의 29.2%, 500평 미만은 32.6%, 500평 이상 1,000평 미만은 38.2%로 500평과 1,000평을 기준으로 거의 비슷한 비율을 구성하고 있다. 미준공건물의 경우 중규모와 대규모에 해당하는 500평 이상의 건물이 기존에 비해 증가하게 되고 500평 미만의 소규모 건물은 감소할 것으로 보인다. 준공·미준공건물을 모두 고려한 전체 건물은 중규모 건물이 40% 이상을 차지, 가장 많아질 것으로 보이며, 1,000평 이상의 대규모 건물 또한 30%를 넘어서게 될 것으로 예상된다. 대지면적 500평 미만의 건물은 1,000평 이상의 건물과 비슷한 정도일 것으로 나타났다.

<표 Ⅳ-22> 대지면적에 의한 규모 분류

	소규모 (500평 미만)	중규모 (500평 이상－1,000평 미만)	대규모 (1,000평 이상)
준공건물	32.6%	38.2%	29.2%
미준공건물	25%	42.6%	32.4%
전체 건물수 비율	29.3%	40.1%	30.6%

② 건축면적

건축면적 100평 이상 600평 미만의 건물이 전체 건물의 76%를 차지하고 있어 건물의 2/3 이상이 600평 미만의 건축면적을 보유하고 있다. 600평 이상 1,000평 미만의 건물은 전체 12%, 1,000평 이상은 6.5%를 차지하고 있다<그림 Ⅳ-12>.

이를 지역별로 살펴보면<표 Ⅳ-23> 현재 건물 중 가장 넓은 건축면적은 1,500평 이상으로 동남지역 중 강남구에 입지하고 있다. 1,000평 이상으로 확대시키면 도심지역과 서남지역까지 포함된다. 반면 가장 좁은 100평 미만의 건축면적을 가지는 건물은 서북지역에 입지하고 있다. 600평 이상의 건물은 서북지역을 제외한 전 지역에 고르게 분포하고 있다.

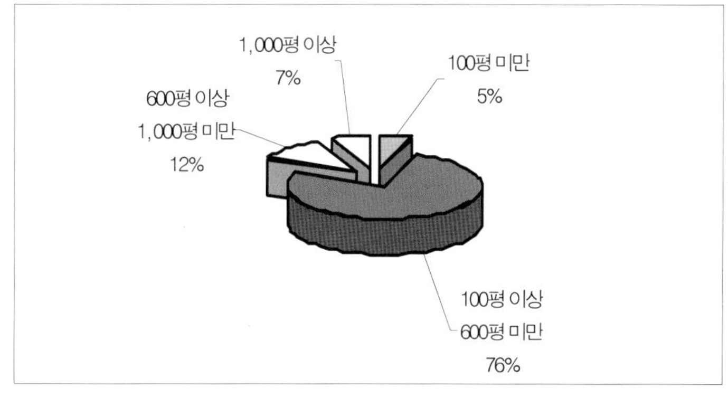

<그림 Ⅳ-12> 건축면적 구성 비율

〈표 Ⅳ-23〉 준공건물 지역별 건축면적

단위: 개, (%)

지역	건축면적	100평 미만	100평-200평 미만	200평-300평 미만	300평-400평 미만	400평-500평 미만	500평-600평 미만	600평-700평 미만	700평-800평 미만	800평-900평 미만	900평-1,000평 미만	1,000평-1,500평 미만	1,500평 이상	계
도심	종로										1			1
	용산													
	중				2							1		3
	계				2						1	1		4
동북	동대문		1	1	1		1		1					5
	성동							1						1
	광진					1					1			2
	중랑													
	성북													
	강북				1									1
	도봉													
	노원				1									1
	계		1	1	3	1	1	1	1		1			10
서북	은평	1	1		1		1							4
	서대문			1			1							2
	마포	2												2
	계	3	1	1	1		2							8
동남	서초		1	5		2	2							10
	강남	1		2	1	2	1						2	9
	송파			2	4	1			1		1			9
	강동			1										1
	계	1	1	10	5	5	3		1		1		2	29
서남	양천		2	1	1	1						1		6
	강서		3			1	1							5
	구로			4	1		1							6
	금천													
	영등포									1				1
	동작						3	1		1				5
	관악			1								1		2
	계		5	6	2	2	5	1		2		2		25
계		4 (5.3)	8 (10.5)	18 (23.7)	13 (17.1)	8 (10.5)	11 (14.5)	2 (2.6)	2 (2.6)	2 (2.6)	3 (3.9)	3 (3.9)	2 (2.6)	76 (100.0)

이상의 자료를 단순화시켜 권역별로 평균값을 구해보면〈표 Ⅳ-24〉 전체 454.6평을 나타내고 있다. 그중 도심지역의 건물들이 다른 지역에 비해 평균보다 훨씬 넓은 건축면적을 나타내고 있고 다음으로 동북, 서남, 동남 순을 나타내고 있는데 이 세 지역의 규모는 비슷한 것으로 보인다. 서북지역의 건물은 서울시 평균 건축면적의 절반 정도의 규모를 나타낼 정도로 상당히 작다는 것을 알 수 있다.

대지면적과 함께 주상복합건물의 수평적 규모는 도심부 건물이 가장 넓다는 것을 알 수 있는데, 이는 도심부 재개발지역과 관련이 있는 것으로 풀이된다. 서북지역의 평균면적이 가장 좁고, 나머지 동북·동남·서남 지역은 비슷한 수준을 보여주고 있다.

〈표 Ⅳ-24〉 준공건물 권역별 건축면적 평균

권 역	값(평)
도 심	707.5
동 북	491.1
서 북	264.0
동 남	454.8
서 남	460.5
전체 평균	454.6

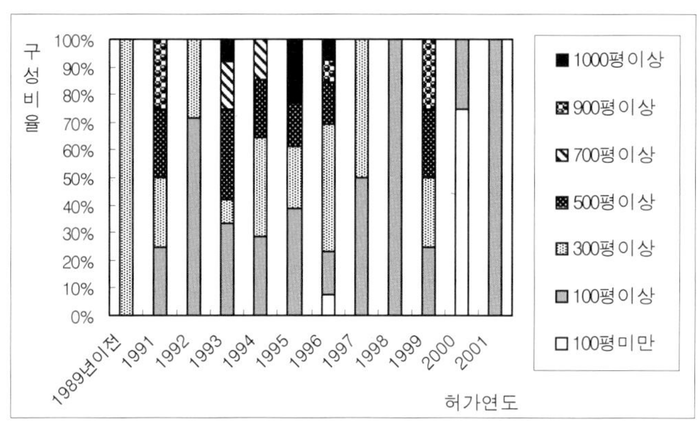

〈그림 Ⅳ-13〉 준공건물 허가연도별 건축면적

허가연도별로 살펴보면〈그림 Ⅳ-13〉 1993년에 처음으로 건축면적 1,000
평 이상의 건물이 나타나 96년까지 지속되다가 이후의 건물은 규모가 줄어
들고 있다. 1998년에는 100평 이상 300평 미만의 건물이 대부분이었다가
1999년에 다시 900평 이상의 건물이 많이 나타나고 있다. 최근에는 건축면
적 100평 미만과 300평 미만의 건물들이 대부분이다.

③ 건폐율

현재 서울시 주상복합건물의 건폐율은 50% 이상 60% 미만의 건물이
60% 이상을 차지하고 있다. 미준공건물도 거의 비슷한 수준을 나타내고
있다〈표 Ⅳ-25〉. 이는 법적 규제와 밀접한 관련이 있는 것으로 90%까지
허용되던 건축법이 2000년 7월 이후 서울시 도시계획 조례의 규정을 받
으면서 현재 상업지역 건폐율은 60%이다. 60% 이상의 건물들은 주로
92, 93, 94, 96년도에 허가를 받은 것이다.

④ 층 수

준공건물〈그림 Ⅳ-14, 표 Ⅳ-26〉의 경우 21-30층 사이의 건물이 44.1%
로 가장 많고, 11층-30층까지가 73개로 전체의 71.6%를 차지하고 있다.
41층 이상은 전체 건물 중 5개이다. 서울시의 건축허가 기준을 보면 21
층 이상 건물인 경우 서울시청의 허가대상이며 20층 이하의 건물은 각
구청에서 건축허가를 받도록 되어 있다. 이는 21층 이상의 건물을 고층
건물로 간주하는 것으로 해석할 수 있는데, 이것을 기준으로 보면 서울
시 주상복합건물의 경우 21층 이상은 66개로 전체의 절반이 넘는 64.7%
를 차지하고 있어 결국 아파트에 비해 상당히 고층의 건물들이 입지하고
있다는 것을 알 수 있다.[31] 이 건물들은 대부분의 지역에서 가장 높은

---

31) 2001년 12월 말 현재 사업계획승인에 의한 '서울시 아파트 현황 자료'
　　를 이용하여 12개 구청의 자료 중 '층별 아파트 동수'를 재구성한 결

스카이라인을 형성하고 있으며, 주변지역 내에서 랜드마크(landmark) 역할을 하고 있다. 반면 10층 이하의 건물은 8건에 불과하다.

<표 Ⅳ-25> 지역별 건폐율

단위: 개, (%)

지역	건폐율	30% 이상		40% 이상		50% 이상		60% 이상		계	
		준공	미준공	준공	미준공	준공	미준공	준공	미준공	준공	미준공
도심	종로	1	1		1		1			1	3
	용산					2	2		1	2	3
	중	1		1		1	1			3	1
	계	2	1	1	1	3	4		1	6	7
동북	동대문					3	2	2		5	2
	성동					1				1	
	광진					2	1			2	1
	중랑		2		2		2				6
	성북										
	강북					1				1	
	도봉										
	노원					1				1	
	계		2		2	8	5	2		10	9
서북	은평				1	4	4			4	5
	서대문					1		1		2	
	마포					2	1			2	1
	계				1	7	5	1		8	6
동남	서초	1		2	4	7	8		1	10	13
	강남	2			1	6	2	1		9	3
	송파		2	3		6	3	1		10	5
	강동				1	1	3			1	4
	계	3	2	5	6	20	16	2	1	30	25
서남	양천		2	1	1	4	6	3		8	9
	강서			1		4	2			5	2
	구로			1		3	7	2	1	6	8
	금천		2	1						1	2
	영등포							1		1	
	동작	1		1		2	1	1	1	5	2
	관악					1		1		2	
	계	1	4	5	1	14	16	8	2	28	23
계		6(7.3)	9(12.9)	11(13.4)	11(15.7)	52(63.4)	46(65.7)	13(15.9)	4(5.7)	82(100.0)	70(100.0)

과 서울시 아파트 평균 층수는 평균 15층 미만으로 나타나고 있다.

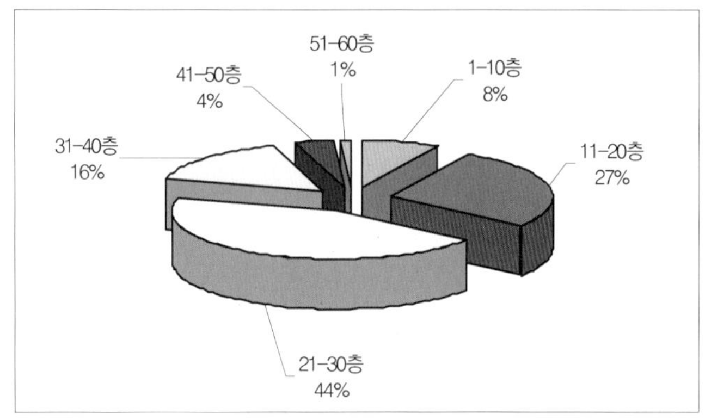

〈그림 Ⅳ-14〉 준공건물 층수 구성 비율

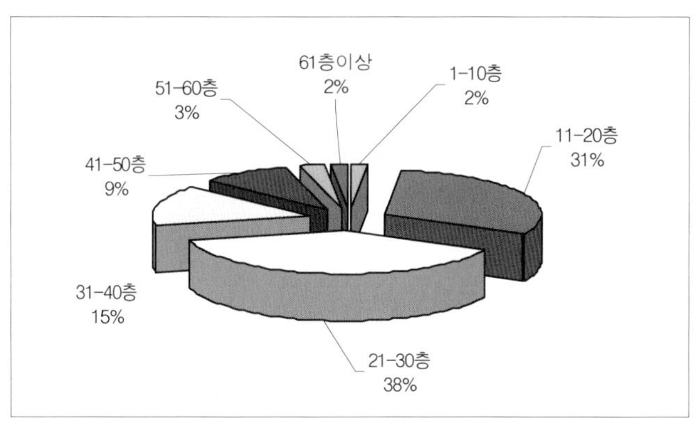

〈그림 Ⅳ-15〉 미준공건물 층수 구성 비율

미준공건물〈그림 Ⅳ-15, 표 Ⅳ-26〉도 준공건물과 마찬가지로 21-30층 사이의 건물이 46개로 가장 많으며 11층 이상 30층 이하는 83개로 전체의 69.7%를 차지한다. 41층 이상은 전체 건물 중 16개인데 특히 기존에 없던 61층 이상의 건물이 강남구와 양천구에 처음으로 등장하고 있다. 또한 10층 이하의 건물은 2건으로 나타나 준공건물에 비해 많이 줄어들었다.

앞에서 살펴 본 대지면적과 층수만을 두고 볼 때 10,000평 이상의 최대 대지규모와 61층 이상의 최고 층수 규모 등 기존의 규모를 갱신하는 건물들이 미준공건물에서 새롭게 등장하고 있음을 알 수 있다.

<표 Ⅳ-26> 지역별 층수

단위: 개, (%)

		1-10		11-20		21-30		31-40		41-50		51-60		61 이상		계	
		준공	미준공	준공	미준공	준공	미준공	준공	미준공	준공	미준공	준공	미준공	준공	미준공	준공	미준공
도심	종로			4	2		7		1							4	10
	용산				2	2	1		1							2	4
	중					3	1									3	1
	계			4	4	5	9		2							9	15
동북	동대문		1	1		4			1							5	2
	성동						1									1	
	광진			1		1	2				1					2	3
	중랑				3		2		1								6
	성북						1										1
	강북					1										1	
	도봉						2										2
	노원			1												1	
	계		1	3	3	7	7		2		1					10	14
서북	은평	2		1	2	1	3									4	5
	서대문					3	1									3	1
	마포	1		5	1		1		2		1					6	5
	계	3		6	3	4	5		2		1					13	11

		1-10		11-20		21-30		31-40		41-50		51-60		61 이상		계	
		준공	미준공	준공	미준공	준공	미준공	준공	미준공	준공	미준공	준공	미준공	준공	미준공	준공	미준공
동남	서초	1		1	5	7	5	1	3		2					10	15
	강남			1	3	4	7	4	3			1	1		1	10	15
	송파			1	3	6	3	3	2		1		1			10	10
	강동			1	3				1							1	4
	계	1		4	14	17	15	8	9		3	1	2		1	31	44
서남	양천	1		1	2	3	4	3	2		2				1	8	11
	강서	1		4	2											5	2
	구로		1	1	4	3	4	1		1						6	9
	금천			1	1		1									1	2
	영등포	2		3		4			1	1	3					10	4
	동작			1				4		1	1		1			6	2
	관악				4	2	1				1					3	5
	계	4	1	11	13	12	10	8	3	4	6		1		1	39	35
계		8 (7.8)	2 (1.7)	28 (27.5)	37 (31.1)	45 (44.1)	46 (38.7)	16 (15.7)	18 (15.1)	4 (3.9)	11 (9.2)	1 (1.0)	3 (2.5)	0 (0.0)	2 (1.7)	102 (100.0)	119 (100.0)

지역별로 살펴보면 준공건물의 경우 대지면적에서와 마찬가지로 가장 큰 수치를 나타내는 건물은 역시 동남지역에 입지하고 있는 것으로 유일하게 51층 이상의 건물이 입지하고 있다. 또한 21층 이상 건물의 비율도 동남지역이 가장 높으며, 31층 이상의 건물은 도심과 동북, 서북 등 한강 이북지역에서는 나타나지 않고 있다. 동남과 서남, 동북지역은 21-30층의 건물이 가장 많은 비율을 차지하고 있으며, 서북지역은 11-20층의 건물이 가장 많다. 도심지역은 11-20층, 21-30층의 건물 비중이 비슷하다. 한편 미준공건물 역시 동남과 서남권의 건물들이 가장 높으며, 도심과 동북, 서북지역 등 한강 이북지역에서 기존 준공건물보다 높은 31층 이상의 건물들이 새롭게 나타나고 있다. 하지만 이 지역에서는 아직 51층 이상 건물의 허가는 없는 것으로 나타나고 있다. 10층 이하의 건물은 준공건물의 경우 서북과 서남지역에서 8건이 나타나는 반면 미준공에서는 2건밖에 없다.

자료를 단순화시켜 권역별로 층수의 평균값을 구해 보면〈표 Ⅳ-27〉역시 동남과 서남지역이 서울시 전체 평균보다 높은 수치를 나타내고 있으며, 서북지역이 가장 낮은 층수를 보이고 있다. 미준공건물은 준공건물에 비해 층수가 상당히 높아질 것임을 예측할 수 있다. 층수 증가는 현재 높은 층수를 나타내는 동남과 서남지역보다 오히려 도심과 서북지역의 층수 증가가 현저함을 알 수 있다.

〈표 Ⅳ-27〉 권역별 층수 평균

	준공건물(층)	미준공건물(층)
도 심	20.3	24.3
동 북	23.7	24.9
서 북	18.4	27.4
동 남	26.8	27.9
서 남	24.4	28.1
전체 평균	23.9	27.1

이를 허가연도별로 살펴보면 준공건물의 경우〈그림 Ⅳ-16〉 1994년부터 1997년 사이에 21-30층 사이의 건물이 급속하게 증가하고 있다. 같은 시기에 51층 이상의 건물이 처음으로 허가를 받기도 하였다. 10층 이하의 건물은 증가와 감소가 반복적으로 나타나고 있다.

전체 건물의 허가연도를 살펴보면〈그림 Ⅳ-17〉 21층 이상 40층 이하의 건물은 1991년 이후 꾸준하게 높은 비중을 차지하고 있다. 한편 41층 이상 50층 이하의 건물은 93, 94년과 99, 2000년에만 나타나고 있으며, 51층 이상의 건물은 95년과 99년에, 그리고 61층 이상의 건물도 99년에 처음으로 나타나고 있다. 현재 준공건물 중 최고층인 51층 이상과 미준공 건물 중 최고층인 61층 이상의 건물이 앞에서 살펴보았던 세대수 제한 폐지와 주거연면적 90% 확대와 관련된 법령 개정 시기와 맞아 떨어지는 것으로 보인다.

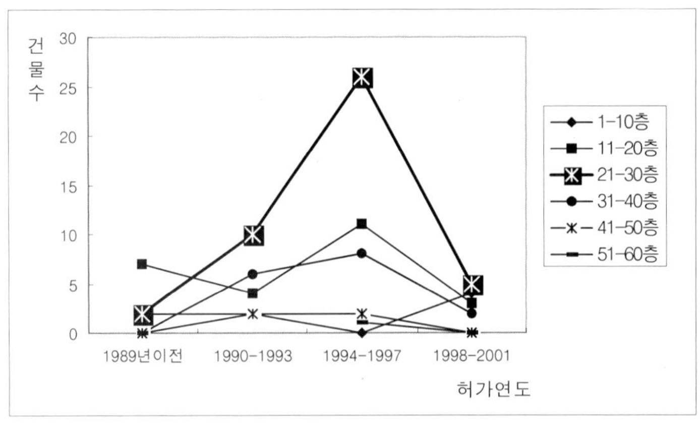

〈그림 Ⅳ-16〉 준공건물 허가연도별 층수

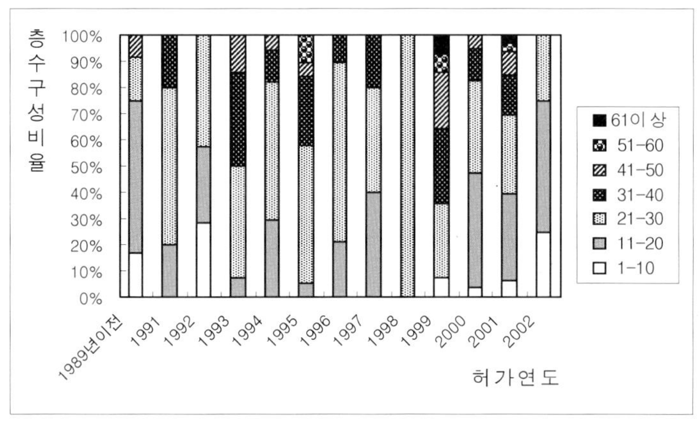

〈그림 Ⅳ-17〉 허가연도별 건물 층수(전체 건물)

이상의 층수 자료 분석 결과를 토대로 규모를 분류하여 보았다〈표 Ⅳ-28〉. 20층과 40층을 기준으로 소·중·대 규모로 분류하였는데, 준공건물에 비해 미준공건물의 경우 대규모 건물이 2배 이상 증가하고 있어 근래에 완성될 건물들 중 41층 이상의 대규모 건물이 많아질 것임을 예측하고 있다. 한편 40층 이하의 건물은 전체 건물에서 차지하는 비중이 줄어들고 있음을 알 수 있다.

〈표 Ⅳ-28〉 층수에 의한 규모 분류

	소규모	중규모		대규모
	20층 이하	21-30층	31-40층	41층 이상
준공건물	35.3%	44.1%	15.7%	4.9%
미준공건물	32.8%	38.7%	15.1%	13.4%
전체 건물	33.9%	41.2%	15.4%	9.5%

140

⑤ 연면적

현재 서울시 주상복합준공건물의 연면적은〈그림 Ⅳ-18〉 10,000m^2 이상 30,000m^2 미만의 건물이 전체의 44.1%로 가장 많은 비중을 차지하고 있다. 이어 30,000m^2 이상 50,000m^2 미만의 건물이 18.6%를 차지하고 있어 이 두 구간의 건물이 전체의 62.7%로 대부분을 차지하고 있다. 미준공건물에서〈그림 Ⅳ-19〉 연면적 70,000m^2 이상의 건물이 상당수 증가할 것으로 보인다. 이는 건물의 층수가 높아진다는 것과 관련성이 있다고 보여진다. 하지만 30,000m^2 미만의 건물도 전체 50% 이상을 차지하고 있다.

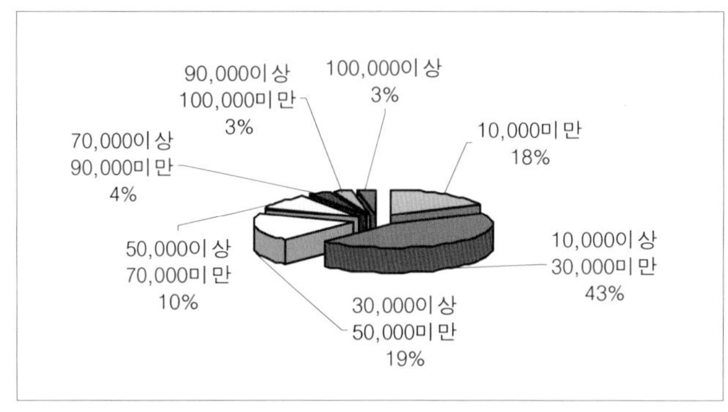

〈그림 Ⅳ-18〉 준공건물 연면적 구성 비율

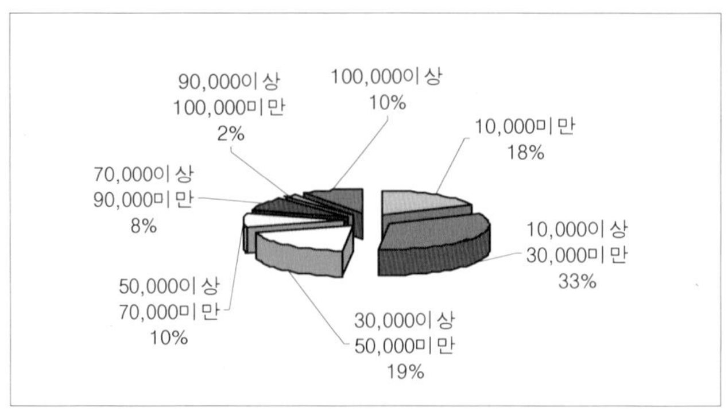

〈그림 Ⅳ-19〉 미준공건물 연면적 구성 비율

미국의 경우와 비교해 보면〈표 Ⅳ-29〉 서울의 건물은 연면적에 있어 100,000m^2 이상인 준공건물 3개, 미준공건물 11개를 제외하면 모두 소규모에 해당한다.

<표 Ⅳ-29> 연면적을 기준으로 본 건물의 규모(미국)

	소규모	중규모	대규모	초대규모
연면적	92,903m^2 이하	92,903~232,258m^2	232,258~464,515m^2	464,515m^2 이상

주: ft^{2}를 m^{2}로 환산.
자료: Witherspoon, 1981, 44; 호유정, 1996, 57.

〈표 Ⅳ-30〉 지역별 연면적

단위: 개, (%)

지역	연면적 (m²)	10,000 미만 준공	10,000 미만 미준공	10,000 이상–30,000 미만 준공	10,000 이상–30,000 미만 미준공	30,000 이상–50,000 미만 준공	30,000 이상–50,000 미만 미준공	50,000 이상–70,000 미만 준공	50,000 이상–70,000 미만 미준공	70,000 이상–90,000 미만 준공	70,000 이상–90,000 미만 미준공	90,000 이상–100,000 미만 준공	90,000 이상–100,000 미만 미준공	100,000 이상–200,000 미만 준공	100,000 이상–200,000 미만 미준공	200,000 이상 미준공	계 준공	계 미준공
도심	종로		2	3			3	1	3		2						4	10
도심	용산			1	1	1	1		1		1						2	4
도심	중			1		1			1					1			3	1
도심	계		2	5	1	2	4	1	5		3			1			9	15
동북	동대문		1	4		1					1						5	2
동북	성동			1													1	
동북	광진			1	2				1	1							2	3
동북	중랑				3		2				1							6
동북	성북						1											1
동북	강북			1													1	
동북	도봉								1		1							2
동북	노원	1															1	
동북	계	1	1	7	5	1	4		2	1	2						10	14
서북	은평	2	1	1	2	1	2										4	5
서북	서대문			2	1	1											3	1
서북	마포	2		2	1	2	1								1		6	3
서북	계	4	1	5	4	4	3								1		13	9

지역	연면적(m²)	10,000 미만		10,000 이상–30,000 미만		30,000 이상–50,000 미만		50,000 이상–70,000 미만		70,000 이상–90,000 미만		90,000 이상–100,000 미만		100,000 이상–200,000 미만		200,000 이상	계	
		준공	미준공	준공	미준공	준공	미준공	준공	미준공	준공	미준공	준공	미준공	준공	미준공	미준공	준공	미준공
동남	서초	1		6	6	3	4		1				2			2	10	15
	강남	1	3	5	5	2	1								2	1	10	10
	송파	1	2	4	5	3	1	1		1						2	10	10
	강동	1	2		2												1	4
	계	4	7	15	18	8	6	1	1	1			2		2	5	31	39
서남	양천	2	2	3	1		2		2	1	1	2			2	1	8	11
	강서	3	1	2			1										5	2
	구로	1	3	4	5	1	1										6	9
	금천	1			2												1	2
	영등포	2		2		2		4	1		1				2		10	4
	동작					1		4		1	2						6	2
	관악		3	2	2							1					3	5
	계	9	9	13	10	4	4	8	3	2	4	3			4	1	39	35
계		18 (17.6)	20 (17.9)	45 (44.1)	38 (33.9)	19 (18.6)	21 (18.8)	10 (9.8)	11 (9.8)	4 (3.9)	9 (8.0)	3 (2.9)	2 (1.8)	3 (2.9)	5 (4.5)	6 (5.4)	102 (100.0)	112 (100.0)

지역별로는〈표 Ⅳ-30〉 준공건물의 경우 가장 넓은 연면적을 나타내는 100,000m² 이상의 건물이 중구와 강남구에 입지하고 있다. 반대로 10,000m² 미만의 가장 작은 규모의 건물은 서북지역과 서남지역에 많으며 도심에는 없는 것으로 나타났다. 도심과 동북지역은 10,000m² 이상-30,000m² 미만 규모의 건물이 대부분이고, 동남지역은 10,000m² 이상-50,000m² 미만 건물의 비중이 가장 높다. 반면 서남지역은 10,000m² 이상-30,000m² 미만의 건물이 가장 많으면서도 모든 급간에서 고른 분포를 보이고 있는 편이다.

미준공건물의 연면적을 지역별로 살펴보면 도심지역의 경우 30,000m² 이상 70,000m² 미만의 건물 비중이 가장 높고,[32] 동북지역은 10,000m² 이상 50,000m² 미만의 구간에 고르게 분포하고 있다. 서북지역은 20,000m² 이상 40,000m² 미만의 규모가 가장 많다. 한편 동남과 서남지역은 100,000m² 이상 대규모 건물이 많으면서도 30,000m² 미만의 건물 또한 높은 비중을 차지하고 있어 양극화 현상을 볼 수 있다. 서울시에서 가장 넓은 연면적 수준을 나타내는 200,000m² 이상의 건물은 서초·강남·송파구 등 동남지역에 5개, 서남지역의 양천구에 1개씩이 예정되어 있어 연면적 최고의 건물 또한 한강 이남에 입지하게 될 것임을 알 수 있다.

이상의 자료를 토대로 권역별로 연면적의 평균값을 살펴보면〈표 Ⅳ-31〉 준공건물보다 미준공건물의 연면적이 훨씬 넓어짐을 알 수 있는데, 거의 60% 정도의 증가율을 나타내고 있다. 준공건물의 경우 도심지역 연면적 평균값이 가장 높은데 이는 연면적은 층수와 가장 관련성이 크지만 대지면적과도 밀접한 관련이 있기 때문에 결국 대지면적이 가장 넓었던 도심지역의 건물이 비슷한 층수에서는 연면적이 가장 클 수밖에 없는 것으로 해석된다. 다음으로 서남지역과 동남지역으로 이 지역 건물의 연면적 평균값은 전체 평균값을 상회하고 있다.

---

32) 좀 더 세분화된 자료에서 살펴보면 도심지역의 경우 40,000m² 이상 60,000m² 이하의 건물이 가장 많다.

<표 Ⅳ-31> 권역별 연면적 평균

	준공건물(m^2)	미준공건물(m^2)
도 심	39,138.4	49,133.7
동 북	27,442.5	41,509.4
서 북	19,776.7	42,481.4
동 남	34,070.1	59,753.7
서 남	35,239.5	50,132.2
전체 평균	32,493.0	51,656.2

　반면 미준공건물에서는 동남지역의 평균값이 가장 높으며, 특히 서북 지역의 연면적 증가가 눈에 띈다. 이는 앞서의 층수 분석에서도 마찬가지 결과를 가져 왔다. 반면 동북지역이 가장 낮은 수준을 보이고 있다. 미준공건물은 동남지역을 제외하면 전체 평균값을 상회하는 지역이 없는 것으로 나타나고 있으며 동북과 서북을 제외한 도심과 한강 이남지역은 거의 비슷한 수준을 보이고 있다.

　허가연도별로 보면 현재 준공건물의 경우<그림 Ⅳ-20> 1990년 이후 허가건물들 중에 처음으로 연면적 50,000m^2 이상의 건물이 등장하기 시작하였다. 이후 1997년까지 대규모 연면적의 건물 허가 건수가 증가하다가 최근에 와서 다시 연면적 5,000m^2 미만의 소규모 건물들이 가장 많은 비율을 차지하고 있다. 역시 IMF로 인한 건설 경기 위축이 건물의 규모를 축소시킨 것으로 보인다. 전체 건물을 보면<그림 Ⅳ-21> 1989년 이전에 100,000m^2 이상의 건물이 허가를 받은 경우가 있기는 하지만 현재 준공되지 않은 상태이며, 1995년과 1999년 이후에 100,000m^2 이상 규모의 건물이 꾸준히 나타나고 있다.

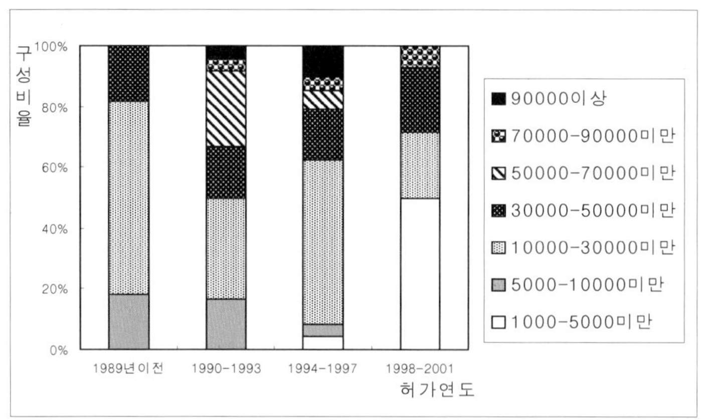

<그림 Ⅳ-20> 준공건물 허가연도별 연면적

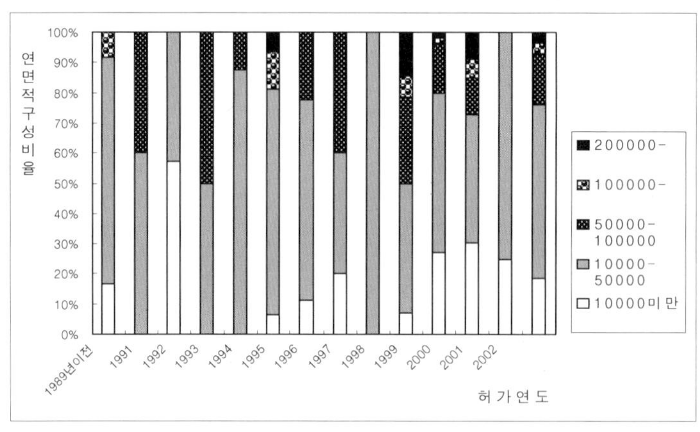

<그림 Ⅳ-21> 전체 건물 허가연도별 연면적

이상의 분석을 통해 서울시 주상복합건물의 연면적만을 대상으로 규모별로 구분해 보았는데〈표 Ⅳ-32〉, 10,000m²와 30,000m², 70,000m²를 기준으로 삼을 수 있었다. 연면적으로는 중규모에 해당하는 건물이 대부분을 차지하며 대규모의 연면적 건물은 앞으로 상당수 증가할 것으로 보인다. 한편 10,000m² 미만의 건물은 현재 수준과 비슷한 정도를 차지할 것으로

보인다. 결국 전체 건물에서는 10,000m^2 이상 - 30,000m^2 미만의 건물이 약 40%로 가장 많을 것이며, 30,000m^2 이상 - 70,000m^2 미만의 건물도 약 30%를 차지하게 되어 약 70%의 건물 연면적이 이 정도 규모를 나타낼 것으로 보인다.

〈표 Ⅳ-32〉 연면적에 의한 규모 분류

	소규모	중규모		대규모
	10,000m^2 미만	10,000m^2 이상 -30000m^2 미만	30,000m^2 이상 -70,000m^2 미만	70,000m^2 이상
준공건물	17.6%	44.1%	28.4%	9.8%
미준공건물	17.9%	33.9%	28.6%	19.6%
전체 건물	17.8%	38.8%	28.5%	15.0%

⑥ 용적률

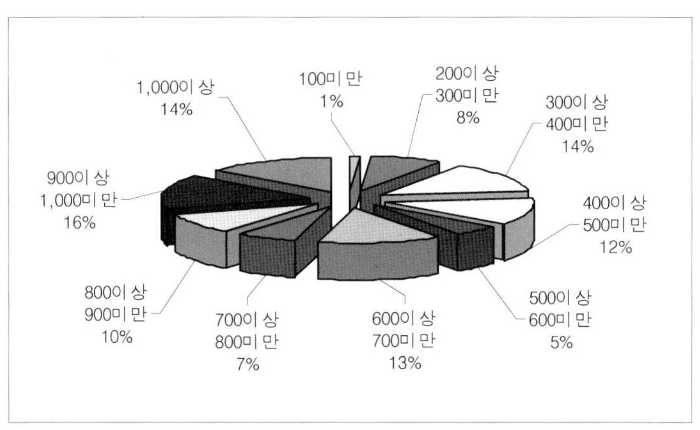

〈그림 Ⅳ-22〉 준공건물 용적률 구성 비율

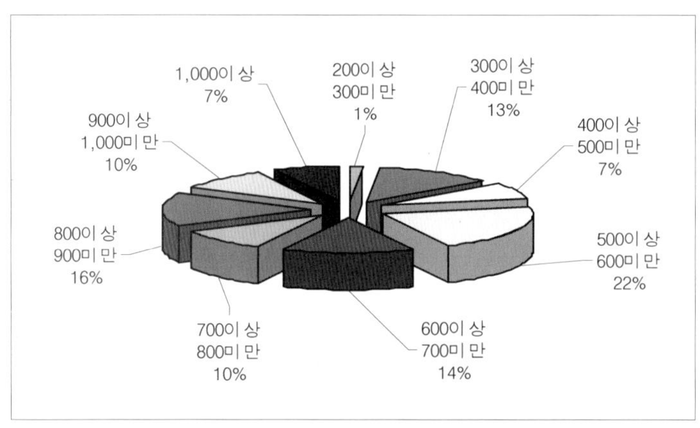

〈그림 Ⅳ-23〉 미준공건물 용적률 구성 비율

준공건물의 용적률은〈그림 Ⅳ-22〉 앞서의 층수와 연면적의 분석에서 미루어 짐작할 수 있듯이 900% 이상-1,000% 미만이 16%로 가장 많고 이를 800% 이상으로 확장시키면 39.6%에 해당한다. 다음으로 비중이 높은 것은 300% 이상-400% 미만으로 전체의 14%, 200% 이상-400% 미만은 22%를 차지하고, 600% 이상-700% 미만은 13%를 차지하고 있다. 용적률을 통해 살펴 본 서울시 주상복합건물은 800% 이상의 대규모 (39.6%)와 400% 이상-800% 미만의 중규모 건물(37.4%)이 거의 비슷한 비율로 구성되어 있으며 400% 미만의 건물은 23%를 차지하고 있음을 알 수 있다.

미준공건물은〈그림 Ⅳ-23〉 500% 이상-600% 미만의 건물이 가장 많으며 다음으로 800% 이상-900% 미만, 600% 이상-700% 미만, 300% 이상-400% 미만의 건물 비중이 거의 비슷할 것으로 보인다. 한편 900% 이상의 건물도 17% 이상을 차지하고 있다. 준공건물에 비해 500% 이상-600% 미만의 건물과 800% 이상-900% 미만 건물의 비중이 많이 증가할 것으로 보인다.

<표 Ⅳ-33> 전체 건물 지역별 용적률

단위: 개, (%)

지역	용적률(%)	300 미만		300 이상-500 미만		500 이상-600 미만		600 이상-700 미만		700 이상-800 미만		800 이상-900 미만		900 이상-1,000 미만		1,000 이상		계	
		준공	미준공	준공	미준공	준공	미준공	준공	미준공	준공	미준공	준공	미준공	준공	미준공	준공	미준공	준공	미준공
도심	종로			1	1		1		1									1	3
	용산				1	1			1	1	1							2	3
	중					1		1	1			1						3	1
	계			1	2	2	1	1	3	1	1	1						6	7
동북	동대문	1		1	1								1	2		1		5	2
	성동			1														1	
	광진			1			1			1								2	1
	중랑				2		2		2										6
	강북									1								1	
	노원	1																1	
	계	2		3	3		3		2	2			1	2		1		10	9
서북	은평			3	1		3					1	1					4	5
	서대문					1						1						2	
	마포	1						1							1			2	1
	계	1		3	1	1	3	1				2	1		1			8	6

지역	용적률(%)	300 미만		300 이상–500 미만		500 이상–600 미만		600 이상–700 미만		700 이상–800 미만		800 이상–900 미만		900 이상–1,000 미만		1,000 이상		계	
		준공	미준공	준공	미준공	준공	미준공	준공	미준공	준공	미준공	준공	미준공	준공	미준공	준공	미준공	준공	미준공
동남	서초	1		3		1	4	1	2	1	2				3	3	2	10	13
	강남	1						1			1	2		2	1	3	1	9	3
	송파		1	1	1		2	3	1	2		1		1	1	2		10	6
	강동			1	1						1		1		1			1	4
	계	2	1	5	2	1	6	5	3	3	4	3	1	3	6	8	3	30	26
서남	양천	1		1	4							1	5	4		1		8	9
	강서			4	1		1	1										5	2
	구로	1			1			1	2		1	1	3	2		1		6	7
	금천			1			1				1							1	2
	영등포	1		6		1		1										9	
	동작											2		2		2	2	6	2
	관악							2										2	
	계	3		12	6	1	2	5	2		2	4	8	8		4	2	37	22
계		8 (8.8)	1 (1.4)	24 (26.4)	14 (12.9)	5 (5.5)	15 (21.4)	12 (13.2)	10 (14.3)	6 (6.6)	7 (10.0)	9 (9.9)	11 (15.7)	14 (15.4)	7 (10.0)	13 (14.3)	5 (7.1)	91 (100.0)	70 (100.0)

지역별로는〈표 Ⅳ-33〉 준공건물의 경우 도심은 300% 이상-800% 미만의 건물이 비슷하게 분포하고 있고, 동북지역은 500% 미만의 건물이 많고, 서북지역 건물은 300% 이상-500% 미만의 규모가 많다. 반면 동남과 서남지역은 전 규모에서 비교적 고르게 분포하고 있는 것을 알 수 있는데 특히, 동남지역은 1,000% 이상의 건물이 가장 많은 것으로 나타났다. 용적률 1,000% 이상의 건물은 동대문·양천·구로구에 1개씩, 송파·동작구에 2개씩, 서초·강남구에 3개씩 입지하고 있다.

미준공건물의 경우 300% 미만의 소규모는 송파구에 1개밖에 없고, 1,000% 이상의 대규모 건물은 역시 동남과 서남지역에만 예정되어 있다. 도심과 서북지역은 준공건물의 규모와 거의 비슷한 정도를 보이고 있고, 동북지역은 500% 이상-700% 미만의 건물이 증가할 것으로 보인다. 한편 동남지역은 900% 이상이 서남지역은 800% 이상의 건물이 증가할 것으로 보인다.

이상의 자료를 허가연도별로 살펴보면〈그림 Ⅳ-24〉 1991년 이후 연면적 800% 이상의 건물 허가가 많아졌고 93년 이후에는 1,000% 이상의 높은 용적률도 많아지고 있다. 그러나 서울시 도시계획 조례의 용도용적제를 적용한 2000년 이후 1,000% 이상의 건물 비중이 줄어들고 있어 법 적용의 영향이 나타날 것으로 예측된다. 한편 500% 미만의 건물도 그 비중이 줄어들지 않고 있어 용적률의 양극화 현상이 나타나고 있는 것으로 보인다.

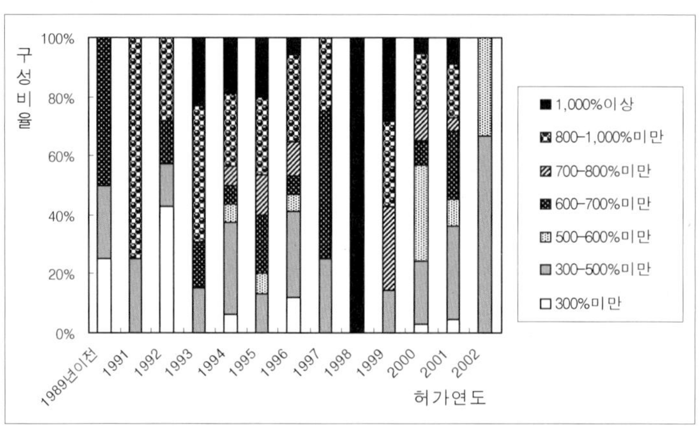

〈그림 Ⅳ-24〉 허가연도별 용적률 구성 비율(전체 건물)

전체 건물을 대상으로 허가연도별로 평균값을 구해 보았다〈그림 Ⅳ -25〉. 그 결과 90년대 이후 현재까지 1992년과 IMF를 경험했던 96, 97년 을 제외한 모든 시기에서 지속적인 증가추세를 보이다가 1998년 주거연 면적 90%로의 규제 완화로 인해 평균 용적률이 1,000%를 상회하고 있 음을 알 수 있었다. 이후 주상복합열기 저하와 2000년 용도용적제로 인 해 현재까지 규모의 감소 추세가 나타나고 있는 것으로 보인다.

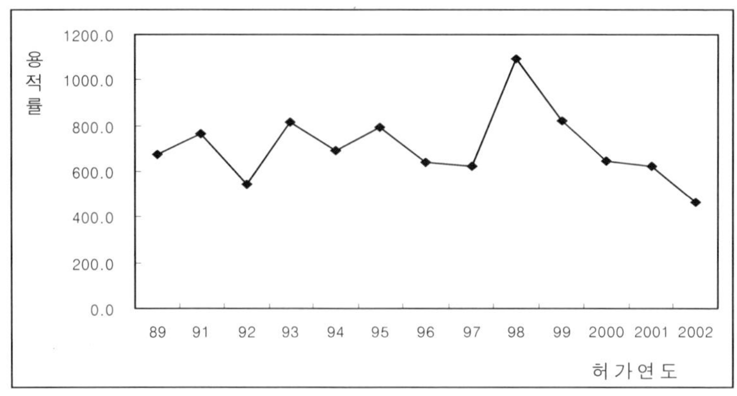

〈그림 Ⅳ-25〉 허가연도별 용적률 평균 규모 변화(전체 건물)

2) 건물형태

복합용도개발의 형태는 도시계획적 차원에서 지구 내 혹은 지역 내 복합을 시도하는 대규모의 형태가 있는 반면, 단일건물이나 건물군, 근린분구 규모의 기능복합을 이루는 협의의 규모가 있다. 그런데 현재 서울시 주상복합건물은 광의의 개념에서 복합을 시도한 경우는 없고 모두 협의의 개념에 해당하는 건물들로 한정된다.

협의의 범위에서 건물의 형태와 수용기능에 따른 분류는 단일건물 내의 용도복합[33], 다발형 complex,[34] 도시블럭형[35] 등으로 나눌 수 있는데, 현재 서울시 주상복합건물에서는 거의 대부분이 단일건물 형태이며 몇몇 건물들이 다발형 complex로 분류될 수 있다.

단일건물일 경우 건물 내부 구성은 지하에 주차장이 설치되어 있으며 주차장 바로 위의 지하 2~3개 층부터 지상 1~3층 정도까지 상가시설이 입점하고 있고, 그 위로 업무시설이 복합되어 있거나 아니면 바로 건물의 꼭대기층까지 아파트로 구성되어 있는 경우가 거의 대부분이다. 실질적으로 현재 주상복합건물에 가장 많이 복합되어 있는 상업기능이 건물 내 어디에 입점하고 있는지를 파악하기 위해 준공건물을 대상으로 현지답사를 통해 상가가 입점해 있는 층을 조사하였다〈표 Ⅳ-34〉. 현재 서울시 주상복합건물 내의 상가기능은 지하보다 지상에서 더욱 많이 이루어지고 있다. 조사된 82개 건물 중 82.9%에 해당하는 68개 건물은 1층에 상가를 가지고 있다. 다음으로 지하 1층에 상가가 있는 건물은 70.7%를 차지하고 있으며, 2층에는 54.9%의 건물이 상가를 가지고 있다. 4층까지

---

33) 단일고층건물형식으로 저층부에는 상업기능, 중층부에는 업무, 고층부에는 주거를 배열하는 유형.
34) 단일용도의 tower들을 저층의 기반부로 묶는 방식(기단부는 상가 및 공용공간이고, 상층부는 주거＋업무＋호텔 등의 기능이 몇 개의 타워로 배치되는 방식.
35) 소규모의 복합건물들을 지구단위로 묶어 복합화하려는 접근.

상점이 입지해 있는 경우가 전체의 22%를 차지하고 있다. 지하는 1층까지만 상가가 많았고 지하 2층은 15.9%만이 상가기능을 하고 있었다.

<표 Ⅳ-34> 상가가 입점한 층별 건물수

단위: 개소, %

층	B3	B2	B1	1	2	3	4	5	6	7	8	9	10	11	12
건물수	1	13	58	68	45	26	18	9	6	4	2	1	1	1	1
비율[*]	1.2	15.9	70.7	82.9	54.9	31.7	22.0	11.0	7.3	4.9	2.4	1.2	1.2	1.2	1.2

주: *점포가 위치한 층을 조사한 82개 건물에 대한 비율.
자료: 현지조사.

한편 다발형 complex의 경우 도곡동의 대림 아크로타운, 우성캐릭터, 사직동의 세종로 대우빌딩, 세종빌딩, 신대방동의 나산스위트 등이 해당된다. 도곡동의 대림 아크로타운은 3동의 건물이 지하에서 연결되어 있으며, 그중 1개 동은 업무시설이 주로 운영되고 있다. 사직동의 세종로 대우빌딩은 2개 동으로 구성되어 있는데 1개 동은 전층을 업무시설로 사용하고 있으며 나머지 한 개의 빌딩에 주거기능이 공급되어 있고, 지하 1층의 상가시설을 통해 두 개의 빌딩을 연결시키고 있다. 세종빌딩 또한 2개의 타워를 하나의 기단으로 연결하는 형태로 1개의 동은 모두 상업기능만 제공하고 있다.

3) 건물의 복합기능

현재 서울시 주상복합건물의 수용기능은 대부분 주거, 상업, 업무기능이었으며, 주로 주거와 상업의 복합건물이 대부분이었고 업무기능의 복합 정도는 상당히 미약했다. 한편 동남권에 입지한 2개의 건물이 외국인을 상대로 호텔기능[36]을 수행하고 있다.

따라서 2개의 건물을 제외한 나머지 건물의 기능을 토대로 주상복합건물수용기능의 종류와 주기능을 알아보기 위하여 기능별 구성 비율을 분석하였다. 연면적 비교가 자료상 불가능하여 기능별로 사용하고 있는 층수를 현장 답사를 통하여 파악하고 이들을 분석자료로 이용하였다.[37]

또한 도시 내부에서 이루어지는 여러 가지 기능들은 도시 내부공간구조와 관련성이 크기 때문에 건물들의 위치를 서울시 중심지체계도와 중첩시켜 공간구조의 계층성과 관련한 복합기능의 구성을 분석하였다.

① 지역별 수용기능 비율

기본적으로 현재 주상복합건물은 주거기능의 비율이 거의 70% 정도에 달하고 있다. 결국 나머지 30%를 상업이나 업무 혹은 기타의 기능에 할애하고 있다는 것인데, 그만큼 주거기능의 비중이 높다는 것을 알 수 있다.

서울시 주상복합건물의 입지지역이 대부분 상업지역이라는 것을 고려할 때 상업지역 내 주거기능의 비중이 상당할 것이라는 것을 짐작할 수 있다. 특히 앞으로 건설예정 중인 건물의 수가 훨씬 많다는 앞의 분석 결과에 따르면 상업지역 내 주거기능 공급은 앞으로도 증가할 것으로 보인다.

---

36) 실재 주상복합, 오피스텔 분양시장에 외국인 임대를 겨냥한 업체들의 마케팅 전략이 많이 나오고 있다. 주로 업무밀집지역인 광화문과 삼성동 일대에 건설되는 건물을 중심으로 '외국인 마케팅'이 확산되고 있는데, 외국인임대의 경우 2-3년 치의 월세를 한꺼번에 선불로 받아 연 15%선의 고수익률을 올릴 수 있기 때문으로 풀이된다. 이는 시중금리에 비해 2배 이상 높고 내국인을 상대로 한 임대수익률보다 높은 수준이다. 이를 위해 내부구조를 외국인 취향에 맞추는 것은 물론 건물 자체를 외국인전용으로 꾸미고 외국인 임대알선을 분양조건으로 제시하는 곳까지 등장하고 있다(한국경제신문, 2001. 06. 05).

37) 예를 들어 10층짜리 건물이 2개 층은 상가로, 6개 층은 주거용 아파트로, 2개 층은 업무용 사무실로 사용하고 있다면 이 건물의 기능별 구성비는 상가 20%, 주거 60%, 업무 20%로 계산하였다. 현재 준공건물 102건 중 82개 건물에 대한 현장 답사 결과 자료이다.

지역별 수용기능을 좀 더 자세히 살펴보면〈표 Ⅳ-35〉 동북·서북·동남 지역의 기능별 평균값이 비슷하게 나타나고 있는데, 대체로 주거기능은 약 65%, 상업기능은 약 20%, 업무기능은 약 15% 수준을 보여주고 있다. 서남지역과 도심지역의 수용기능 비율이 다른 지역에 비해 차별성을 나타내고 있다. 서남권의 주상복합건물은 주거기능 비율이 75.5%로 탁월하게 높은 것으로 나타났다. 동작구를 제외한 나머지 6개 지역의 건물이 모두 75% 수준을 넘어서고 있으며 양천구는 86%를 나타내고 있어 가장 많은 주거기능 제공지역으로 나타났다. 반면 상가와 업무기능은 서울시 전체 지역 중에서 가장 낮은 비중을 차지하고 있다. 도심지역 건물은 주거기능 비율이 50%가 채 안 되고 오히려 상가와 업무기능의 비율이 다른 지역에 비해 가장 높은 것으로 나타났다. 종로구의 경우 업무기능이 60%를 넘고 있으며, 중구는 상가기능이 약 40%에 달하고 있어 기존 도심부의 지역적 성격이 주상복합건물에도 많은 영향을 미치고 있는 것으로 보인다.

〈표 Ⅳ-35〉 지역별 수용기능 구성 비율

		상가	아파트	업무
도심	종로	10.6	27.3	62.2
	중구	37.9	40.8	21.4
	용산	26.3	**73.7**	0
	평균	**24.9**	47.3	**27.9**
동북	동대문	28.8	57.6	13.6
	광진	9.6	69	21.5
	강북	23.8	**76.2**	0
	평균	20.7	67.6	11.7
서북	은평	32.5	63.5	4.0
	서대문	10.7	64.3	25
	마포	14.9	68.2	16.9
	평균	19.4	65.3	15.3
동남	서초	20.9	**71.3**	7.8
	강남	12.4	67.2	20.4
	송파	9.3	54.7	36.0
	강동	45.5	54.5	0
	평균	22.0	61.9	16.1
서남	양천	12.4	**86**	1.6
	강서	21.6	**75.9**	2.5
	구로	15.9	**75.2**	8.9
	영등포	15.5	**76.1**	8.4
	동작	6.0	66.9	27.1
	관악	20.3	**73.1**	6.7
	평균	15.3	75.5	9.2
전체 평균		14.9	67.8	17.3

권역별로 자세히 살펴보면 도심지역에서는 용산구 건물에서 주거기능이 가장 높고, 중구가 상가기능, 종로구가 업무기능이 가장 높게 나타났다. 동북권에서는 동대문과 강북구 건물들의 상가기능 비율이 평균값 이상을 나타내고 있고, 서북권에서는 은평구, 동남권에서는 강동구, 서남권

에서는 강서구와 관악구가 평균값보다 훨씬 높은 정도의 상업기능을 보유하고 있다. 업무기능은 도심부의 종로구, 동북권의 광진구, 서북권의 서대문구, 동남권의 강남, 송파구, 서남권의 동작구가 전체 평균값 이상을 나타내고 있다.

결과적으로 도심부 건물이 주거 이외의 기능에 대한 복합비율이 가장 높고, 서남지역의 건물이 주거기능에 대한 비중이 가장 높은 것으로 나타났으며, 나머지 지역은 거의 비슷한 정도의 기능복합 비율을 나타내고 있음을 알 수 있다〈그림 Ⅳ-26〉.

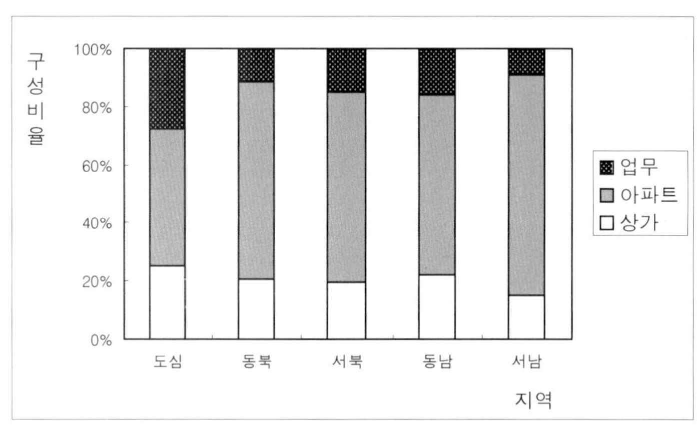

〈그림 Ⅳ-26〉 권역별 수용기능 구성(평균값)

② 도시공간구조에 따른 기능의 수용 정도

실재 서울시 중심지체계도에 건물의 위치를 중첩시켜 지역별 건물들을 구분한 후 층별 보유기능 개수를 분석하였다.

a. 주거기능

주거용 아파트가 건물에서 차지하고 있는 층수는 도심부가 가장 적다〈표 Ⅳ-36〉. 한편 아파트로 평균 60% 이상의 층수를 할애하고 있는 건물은 전체의 약 72%에 이른다. 주거기능이 가장 많이 할애되어 있는 곳은 도곡동, 목동 등을 포함하는 지역·지구중심에 해당하는 곳들이었다.

도심지역의 건물들은 대부분 50% 이하의 주거기능을 보유하고 있으며, 부도심지역은 전체 건물의 약 절반 정도가 60~80% 정도의 주거기능을 보유하고 있다. 지역중심 지역에 입지한 건물들은 71~95% 정도가 가장 많고, 지구중심의 건물들은 61~90% 정도가 가장 많다. 기타 외곽지역의 건물들은 51~90% 정도의 건물이 대부분을 차지하고 있다.

중심지체계상 위계가 낮아질수록 주거기능의 비율이 높아지다가 외곽지역으로 가면 다시 약간 낮아지는 경향이 보인다〈그림 Ⅳ-27〉.

미준공건물은 층수자료가 부족하여 연면적으로 분석하였다〈그림 Ⅳ-28〉. 조만간 완공될 건물들 중에는 주거기능이 80% 이상 90% 미만인 건물이 42.9%로 가장 많다. 60% 이상인 건물은 83%에 이른다. 기존의 준공건물보다 주거기능이 훨씬 많아진다는 것을 의미하고 있다. 이는 복합건물에서 다른 기능은 계속 밀려나게 되고 주거기능이 점점 증가하게 될 것을 의미하는데 결국 상업지역이 제 역할을 하지 못할 가능성이 점점 커지고 있음을 예측할 수 있다.

〈표 Ⅳ-36〉 주거기능 비율

	30% 이하	31-50%	51-60%	61-70%	71-80%	81-90%	91-95%	계
도 심	2(50.0)	2(50.0)						4
부 심		4(15.4)	3(11.5)	6(23.1)	6(23.1)	4(15.4)	3(11.5)	26
지역중심		1(10.0)	1(10.0)		3(30.0)	2(20.0)	3(30.0)	10
지구중심		2(8.3)	2(8.3)	7(29.2)	7(29.2)	5(20.8)	1(4.2)	24
외 곽	1(5.6)	2(11.1)	3(16.7)	4(22.2)	4(22.2)	3(16.7)	1(5.6)	18
계	3(3.7)	11(13.4)	9(11.0)	17(20.7)	20(24.4)	14(17.1)	8(9.8)	82(100.0)

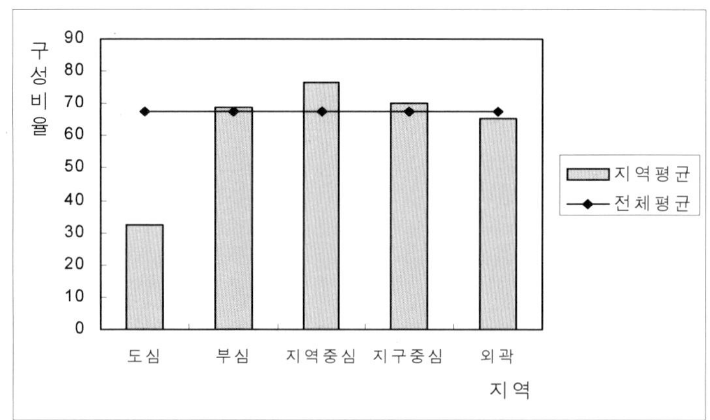

〈그림 Ⅳ-27〉 지역별 주거기능 비율의 평균값

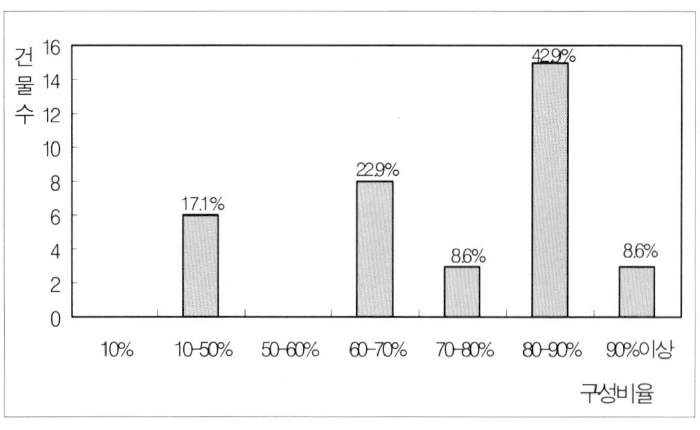

〈그림 Ⅳ-28〉 미준공건물 주거부문 연면적 건물수 및 비율

b. 상업기능

서울시 주상복합건물이 수행하는 상업기능 비율은 대부분 20% 이하이다〈표 Ⅳ-37〉. 전체 건물의 65.9%가 20% 이하의 상업기능을 보유하고 있는 것으로 나타났다. 30% 이하로 확대하면 전체 건물의 83%에 해당한다. 이는 10층짜리 건물의 경우 3개 층 이하에만 상가시설이 운영되고

있다는 것을 뜻한다.

도심의 경우 건물의 60% 정도를 상가로 사용하고 있는 건물이 있지만 나머지 대부분의 지역에서는 그렇지 못하다. 그나마 지구중심과 외곽지역에서 30% 정도의 상가기능을 나타내는 건물들이 20% 정도 나타난다.

상업기능이 전혀 없는 건물도 부도심과 지구중심 지역에 나타나고 있다.

〈표 IV-37〉 상업기능 비율

	0	10% 이하	11-20%	21-30%	31-40%	41-50%	51-60%	계
도 심		2(50.0)	1(25.0)				1(25.0)	4
부 심	1(3.8)	10(38.5)	8(30.8)	4(15.4)	1(3.8)	2(7.7)		26
지역중심		4(40.0)	4(40.0)	1(10.0)	1(10.0)			10
지구중심	2(8.3)	11(45.8)	3(12.5)	5(20.8)	2(8.3)	1(4.2)		24
외 곽		3(16.7)	8(44.4)	4(22.2)	3(16.7)			18
계	3(3.7)	30(36.6)	24(29.3)	14(17.1)	7(8.5)	3(3.7)	1(1.2)	82(100.0)

중심지체계와 관련하여 볼 때 주거기능의 경우와 반대의 경향을 보이고 있다. 즉 도심에서 상가기능이 가장 많고, 위계가 낮아질수록 상가기능의 비중은 줄어들다가 외곽지역에서 다시 높아지는 경향을 나타낸다〈그림 IV-29〉.

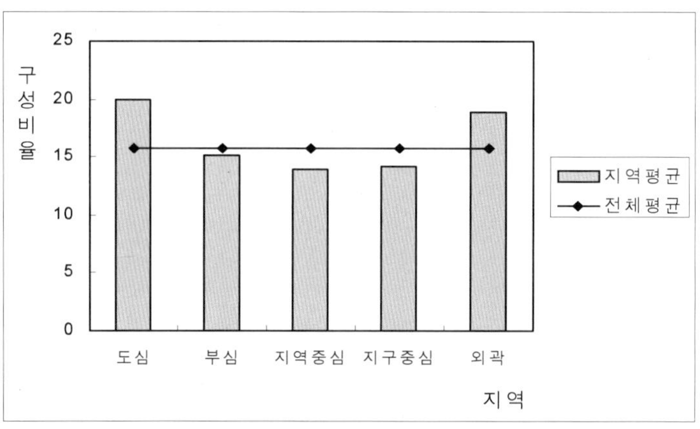

〈그림 Ⅳ-29〉 지역별 상가기능 비율의 평균값

c. 업무기능

주상복합건물 중 업무기능이 전혀 없는 곳이 전체 건물의 46.3%를 차지하고 있다〈표 Ⅳ-38, 그림 Ⅳ-30〉. 결국 대부분의 주상복합건물이 주거와 상업기능만을 수행하고 있다는 것이다. 업무기능이 복합되어 있는 건물 중 약 34%의 건물은 11-20% 정도만을 보유하고 있다. 업무기능을 가장 많이 수행하고 있는 곳은 역시 도심지역 건물들로 나타났다.

〈표 Ⅳ-38〉 업무기능 비율

	0	10% 이하	11-20%	21-30%	31-40%	41-50%	78.8%	89.5%	계
도 심			1(25.0)			2(50.0)	1(25.0)		4
부 심	12(46.2)	1(3.8)	5(19.2)	3(11.5)	2(7.7)	3(11.5)			26
지역중심	5(50.0)	2(20.0)	2(20.0)		1(10.0)				10
지구중심	11(45.8)		5(20.8)	2(8.3)	4(16.7)	2(8.3)			24
외 곽	10(55.6)		2(11.1)	3(16.7)	1(5.6)	1(5.6)		1(5.6)	18
계	38(46.3)	3(3.7)	15(18.3)	8(9.8)	8(9.8)	8(9.8)	1(1.2)	1(1.2)	82(100.0)

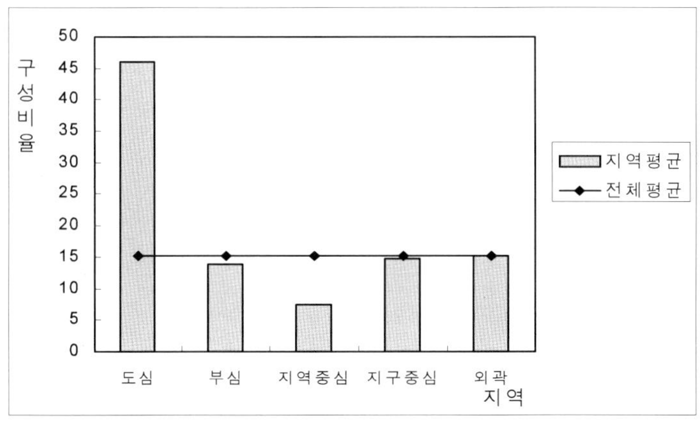

〈그림 Ⅳ-30〉 지역별 업무기능 비율의 평균값

　결과적으로 도심지역의 주상복합건물은 그 수용기능의 측면에서 상가와 업무기능이 탁월한 곳이며, 지역중심·지구중심 지역에서는 주거기능이 가장 탁월하게 나타났다. 부심과 외곽지역은 중간 정도의 형태를 띄고 있음을 알 수 있다.

③ 도심 아파트 고급화 기능

　이른 새벽, 엘리베이터를 타고 지하 1층에 있는 스포츠센터에서 수영을 하고, 남편 출근 후 스포츠센터에서 골프연습을 끝내고, 지상 2층에 있는 커피숍에서 친구들과 대화. 남편으로부터 돈을 급히 보내라는 전화를 받고 지상 1층에 있는 은행으로 내려간다. 어제 맡겨놓은 세탁물은 빨래방(2층)에서 찾아 38층에 있는 집으로 돌아온다. 오후 2시, 6층 정원을 산책하며 오늘밤 모임 메뉴를 궁리한다. 오늘 저녁은 29층에 마련된 공원에서 바비큐파티로 결정했다. 저녁 8시 빌딩 속에 있는 공원에서 파티가 시작됐다. 자녀들은 지상 5층에 있는 독서실에 다녀오겠다고 한다. 밤 10시 파티가 끝났다. 손님들은 고층에서 보는 야경이 아름다웠다고들 한마디씩 한다. 손님들은 엘리베이터로 곧장 연결되는 지하주차장으로 내려간다. 주차장입구의 센서가 손님 자동차를 인식하고 있기 때문에 요금계산 등의 불편 없이 주차장을 빠져 나간다. 밤 12시 유리창 벽면에 붙은 침대에서 바라보는 달이 유달리 커 보인다(한국경제신문 1999. 6. 1.).

아파트 분양시장에 고소득 수요층을 대상으로 한 'VIP마케팅' 바람이 불고 있다(한국경제신문 부동산 2000. 11. 2). 이것은 서울 강남지역에서 고급 주상복합아파트를 분양하는 일부 업체들이 모델하우스를 일부 수요자에게만 공개해 사전 예약자를 확보하는 마케팅 전략에 대한 언론의 관심 표명이다. 분양가 규제대상에서 제외되는 주상복합아파트는 이러한 제도적 이점을 이용해 몇몇 지역에서 미래형 주거개념을 도입한 첨단시설의 아파트로 자리 잡아 가고 있는 실정이다. 건물 자체가 30-40층의 초고층인데다 평면구성과 인테리어, 단지 내 조경, 건물 내 편의시설 등이 호텔급으로 꾸며져 있다. 이러한 부대 기능들은 기존 아파트와의 차별화 전략 속에 입주자들이 "원스톱라이프"를 실현할 수 있도록 하는 데 목적이 있다.

이러한 경향은 90년대 말에 공급되는 주상복합아파트들에서 특징적으로 나타난 현상으로 간단한 사무를 볼 수 있는 비즈니스센터, 각종 스포츠시설, 쇼핑센터, 전문 식당가, 연회장, 어린이 놀이방, 노인들을 위한 여가공간, 테마공원, 초고속통신망, 첨단 관리시설 등을 기본 편의시설로 갖추고 있다. 즉 "잠만 자는 아파트"를 거부하고 호텔급의 서비스시설이 한 건물 안에 모두 갖춰지는 것을 추구하고 있다.

특히 괄목할만한 변화는 아파트 내부에서 이뤄지고 있는데, 방안에서 리모트컨트롤로 엘리베이터를 작동할 수 있는 시설, 상대방의 얼굴을 보며 통화하는 화상통신설비 등이 갖추어진 건물도 있다. 여의도의 한 건물은 구매자의 주문에 따라 시공되는 주문형 주택으로 분양가는 "백지수표"나 마찬가지인 경우도 있다. 또한 공기정화시스템, 공조시스템, 무인방범시스템 등 첨단시설이 갖춰지며, 식사는 물론 업무, 세탁까지 호텔과 비슷한 서비스가 제공되는 경우도 있다(한국경제신문 부동산, 1999. 5. 24).

한편 건물 내 부대시설을 위해 우선 용적률을 높이고 건폐율을 낮춰 여유공간을 최대한 늘려놓고, 이렇게 해서 생긴 공간에 각종 테마공원 등을 마련, 거주환경을 쾌적하게 만드는 데 활용하고 있다. 결국 주상복합은 초고층으로 지어질 수밖에 없다.

또한 지상 30층 이상의 초고층건물들은 조망권 확보와 건물 외관이 한층 좋아지는 결과를 낳았다. 여의도 63빌딩 옆의 주상복합건물은 전가구가 한강이 보이도록 설계되며 63빌딩 내 편의시설을 이용할 수 있도록 지하 연결통로가 마련되기도 하였다.

4. 서울시 주상복합건물 입지의 공간적 특성

1) 소 결

지금까지 서울시 주상복합건물의 입지 특성을 파악하기 위해 분포패턴과 위치적 특성, 건축적 특성의 3가지 관점에서 여러 각도로 분석을 시도하였다.

첫째, 분포패턴을 알아보기 위해 건물의 입지현황을 지역과 시기별로 나누어 건물수와 세대수를 살펴보았다. 여기에는 현재 준공상태의 건물과 미준공이지만 건축허가가 끝난 건물들도 포함시켰다.

현재 1개 이상의 주상복합건물이 입지하고 있는 곳은 서울시 25개 구중 22개 구에 해당한다. 권역별로는 동남과 서남권에 압도적으로 많은 주상복합건물이 입지해 있다. 특히 서초·강남·송파·영등포·양천의 5개 구에만 전체 건물의 47%가 입지해 있다. 건물수의 이러한 지역별 경향은 미준공건물에서도 마찬가지이다. 그러나 도심부 재개발지역에 미준공건물이 증가할 것으로 보여 복합용도개발의 기본 의도와 관련시켜 볼 때 고무적인 사실이라 할 수 있다.

앞으로 전체 건물이 모두 완공될 경우 30,000세대가 넘는 가구가 주상복합건물의 아파트에 거주하게 될 것으로 보인다. 특히 동남지역은 서울시 전체에서 차지하는 건물수의 비중보다 세대수의 비중이 더욱 높고,

도심과 서북지역은 훨씬 낮게 나타나고 있다. 결국 동남지역의 주상복합 건물은 한 건물당 세대수가 많은 건물들이며, 도심과 서북지역은 건물당 세대수가 다른 지역에 비해 적다는 의미가 된다〈그림 Ⅳ-31〉.

행정동수준에서 1개 이상의 건물이 입지하고 있는 동은 현재 57개 동이며, 미준공건물은 67개동에서 1개 이상의 건물이 입지하게 될 것으로 보인다. 준공과 미준공건물 모두를 고려한 전체 건물은 100개의 서울시 행정동에 1개 이상씩의 건물이 입지하게 된다. 그중 3개 이상의 건물이 하나의 동에 집적되어 있는 지역은 현재 10개 동이며 미준공건물이 완공된 후에는 27개 동으로 증가하게 된다. 이들 집적지역은 도심, 동북, 서북지역에서는 각각 1개 구에서만 나타나고, 동남지역은 4개 구, 서남지역은 5개 구에 해당한다. 결국 동남지역과 서남지역에서는 주상복합건물의 집적지역을 많이 볼 수 있게 된다는 의미로 해석할 수 있겠다.

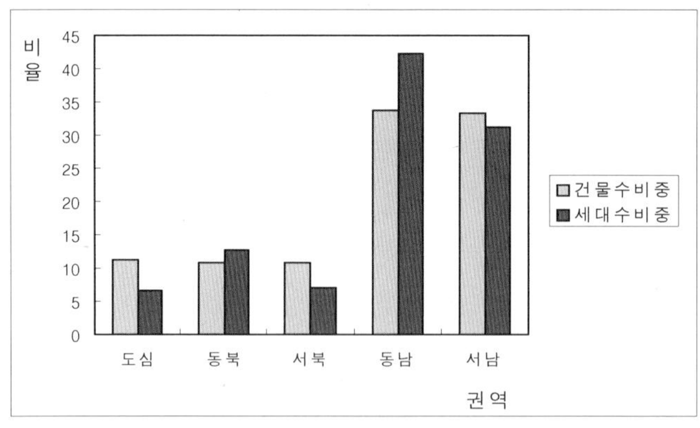

〈그림 Ⅳ-31〉 권역별 건물수·세대수 비율

1990년대 이후 허가연도별로 준공건물을 대상으로 서울시 주상복합건물의 공간적 확대 과정을 살펴보았다. 1994년과 1997년을 기점으로 주상복합건물 허가건수의 많은 변화가 있었다. 특히 94년의 법령 개정으로 인해 연속 3년간 최고의 허가건수를 나타내고 있으나 이후 IMF의 여파로 건설 경기가 위축되면서 주상복합건물의 허가건수도 현저히 감소하였다. 그러나 1999년을 기점으로 다시 회복세를 보이고 있다. 1989년 이전 서울시의 5개 구에서만 나타나던 주상복합건물이 1993년 13개 구, 1997년 20개 구로, 현재는 22개 구에 1개 이상의 건물이 입지하고 있음을 알 수 있다. 기존의 도심재개발지역에서 점점 한강 이남지역으로 확산되는 경향성을 보이고 있다. 전체 건물을 대상으로 하면 1999년을 기점으로 새롭게 증가하기 시작한 허가건수가 2000년에 이르면 기존에 비해 엄청난 수의 건물이 허가를 받고 있다. 이는 경기 회복과 더불어 1998년의 주거연면적 90% 확대에 관한 법령 개정이 새로운 주상복합건물 시장 형성을 가능하게 했기 때문으로 보인다.

둘째, 주상복합건물이 입지하고 있는 주변의 위치적 특성을 파악하기 위해 토지이용, 입지환경, 주상복합아파트 가격, 도시공간구조와의 관련성 등의 관점에서 분석하였다.

용도지역별 입지를 살펴보면 대부분 상업지역에 입지하고 있는 건물들로 서울시 도시계획구역에서 약 3.88%를 차지하는 상업지역에 대규모의 주거기능이 공급되고 있는 상황이며 앞으로 이러한 추세는 더욱 증가할 것으로 보인다. 결국 상업기능을 제공해야 할 토지를 주거기능으로 이용하고 있다는 것은 문제의 소지가 될 가능성을 제공하는 것일 수도 있다. 상업지역의 토지이용을 건물의 대지면적을 통해 살펴보았는데 현재 이용하고 있는 비율 자체가 크지는 않지만 주변지역과의 연계 속에서 살펴보았을 때는 문제가 달라질 수 있다. 결국 상업지역의 토지를 주거기능으로 이용하고 있다는 것에 대한 올바른 분석을 위해 주변지역과의 관련성을 통해 살펴보아야 할 것이다.

도로와 지하철역과의 관계를 기본으로 살펴본 입지환경 분석의 결과 역세권과 간선도로변에 위치한 건물이 거의 절반을 차지하고 있다. 이러한 경향은 미준공건물에서 더욱 증가할 추세를 보이고 있는데 따라서 주상복합건물의 도로와 대중교통에 대한 접근성은 상당히 좋을 것으로 보인다. 한편 주상복합건물들끼리 단지를 형성하고 있는 곳도 앞으로 증가 추세를 보이게 될 것 같다. 특히 역세권과 관련한 입지에 있어 지하철역으로부터 반경 300m 이내에 입지하고 있는 건물은 전체의 36.5%에 해당하며, 31개 건물은 환승역에 입지하고 있음을 알 수 있었다.

주상복합아파트 가격은 초기 분양 당시 기존 아파트 가격에 비해 상당히 높아 언론의 관심사가 되었지만 현재 매매가격에서는 아파트 가격보다 낮은 곳이 대부분이다. 하지만 초기의 대형주상복합아파트 가격이 전체 아파트 가격 상승을 유도한 부분이 없지 않고 조만간 준공될 건물들의 가격 또한 만만치 않아 앞으로 대형 고급 아파트의 가격 형성에 상당히 많은 영향을 미칠 것으로 보인다. 비슷한 평형의 주상복합아파트라도 지역별로 가격차는 매우 심한 편인데 강남, 서초, 송파, 양천, 여의도지역이 가장 높으며, 마포, 서대문지역은 중간 정도를 나타내고 있고, 종로, 강동, 구로, 관악, 동작 지역의 가격은 가장 낮은 수준을 보이고 있다. 대형 밀집지역일수록 가격은 높게 형성되고 있음을 알 수 있다.

도시공간구조의 계층성과 연결시켜 보면 부도심과 지구중심에 있는 건물이 가장 많다. 그 다음이 기타 지역에 입지한 건물들이며 도심지역 건물이 가장 적다.

셋째, 건축적 특성을 파악하기 위해 건물의 규모와 형태, 수용기능의 3가지 관점에서 분석하였다.

건물의 규모는 평면적 관점과 수직적 관점에서 6가지의 건축적 요소를 통해 분석하였다. 대지면적과 건축면적을 통해 본 평면적 규모는 도심이 가장 크고, 층수와 연면적 등을 통해 분석한 수직적 관점의 규모는 한강 이남의 동남과 서남지역이 가장 큰 것으로 나타났다. 모든 규모에서 서북지역의 건물이 가장 작은 것으로 나타났다. 한편 모든 규모가 현재 준공건물에 비해 미준공건물에서 더욱 커질 것임을 예측할 수 있었다.

구체적으로 대지면적, 건축면적, 건폐율의 분석 결과 미국과 비교해 보았을 때 대부분의 건물이 소규모에 해당한다. 대지면적을 기준으로 대·

중·소로 나누면 현재 건물들은 규모별로 비슷한 정도로 분포하고 있다. 그러나 미준공건물이 모두 완성되었을 경우에는 500평 이상－1,000평 미만의 중규모에 해당하는 건물들이 40% 이상을 차지하게 되고, 1,000평 이상의 대규모 건물이 그 다음 순위를 차지한다. 지역별로는 도심〉서남〉동남〉동북〉서북지역의 순서를 나타내며, 미준공건물은 도심〉동남〉동북〉서남〉서북의 순이다. 결국 대지면적은 도심의 재개발지역 내 주상복합건물이 가장 넓은 면적을 차지하고 있으며 이어서 한강 이남지역들이 넓고, 서북지역의 건물이 가장 좁은 대지면적을 나타내고 있다. 건축면적은 도심〉동북〉서남〉동남〉서북의 순인데, 도심의 건물은 대지면적이 넓기 때문에 당연히 건축면적도 넓을 것으로 생각된다. 그러나 동북지역의 경우 대지면적에 비해 건축면적이 넓은데 이는 공용공간으로 사용할만한 대지가 부족할 것을 예상할 수 있다. 건폐율은 대부분 50% 이상 60% 미만으로 지역적 차이도 별로 없다. 이는 상업지역 내 건물에 대한 건축법 규제와 관련 있는 것으로 보인다.

건물의 층수, 연면적, 용적률을 기준으로 분석한 결과, 층수는 21층 이상이 64.7%로 가장 많고 그중에서도 21-30층 사이의 건물이 44% 이상을 차지하고 있다. 11-30층의 건물은 전체의 71.6%를 차지하고 있어 대부분 고층건물임을 알 수 있다. 특히 41층 이상의 건물도 현재 5개 입지하고 있으며 미준공건물은 61층 이상의 건물도 등장할 예정이다. 지역별로는 동남과 서남지역의 층수가 가장 높다. 이는 세대수와도 관련이 있는데, 건물수에 비해 이 두 지역의 세대수 비중이 높은 것을 보아도 알 수 있다. 허가연도별로는 94년에서 97년 사이에 21-30층 사이의 건물이 가장 많이 나타났다. 전체 건물의 평균 층수는 현재 준공건물보다 미준공건물이 4층 정도 높아질 것으로 예상되며, 41층 이상의 대규모 건물이 증가추세를 보이고 있다. 연면적도 대지면적과 마찬가지로 미국과 비교했을 때 대부분의 건물이 소규모에 해당한다. 그러나 미준공건물의 연면적이 아주 많이 증가할 것으로 예상된다.

건물의 형태는 거의 모든 건물이 단동형이다. 하나의 건물에 수직적으로 기능을 중첩시키고 있는데, 지하에 주차장을 설치하고 주차장 바로 위층부터 2-3개 층 정도에 상가가 입점하고 있으며 그 위로 업무기능이 복합되거나 그렇지 않으면 바로 주거기능이 배치되어 있다. 예외적으로 몇 개의 건물은 기능별 타워를 건설한 후 기단부에서 상가 등으로 연결하는 다발형 complex의 형태를 띄고 있다.

건물 내 수용기능은 2개의 건물을 제외하고 모든 건물이 주거, 상업, 업무기능으로 구성되어 있었다. 나머지 2개의 건물은 외국인을 상대로 하는 호텔기능을 수행하고 있다. 도심의 건물은 상업과 업무기능이 탁월하였으며, 지역·지구중심 지역에서는 주거기능이 가장 탁월하였고 부심과 기타 지역은 중간적 형태를 띄고 있다. 한편 부대시설의 고급화를 통해 건물 내에서 원스톱 라이프를 실현하도록 하는 고급 아파트 추구 경향도 일부 지역에서 나타나고 있다.

이상의 분석을 통해 본 현재 서울시 주상복합건물의 입지 특성을 정리하면 다음과 같다. 공간적으로는 한강 이남지역에 특히 많이 공급되었으며, 그중 몇몇의 집적지역을 형성한 21층 이상의 고층 빌딩들이 역세권이나 주요 간선도로변에 접하여 입지하고 있고, 주로 주거와 상업기능의 복합이 많은 것으로 나타났다. 그런데 이러한 공급은 주택건설촉진법의 변화에 직접적인 관련성을 보이고 있었다. 80년대 이후, 공동주택이지만 사업계획 승인 제외 대상으로 지정한 상업지역 내 주거와 기타 기능의 복합건물에 대해, 90년대 이후에 이루어진 지속적인 규제 완화는 건설업체들로 하여금 건물의 대형화를 부추기게 되었고, 그 결과 상업지역 내 거대한 주거지역 형성을 가능하게 한 것으로 보인다. 건물의 층수를 높여 연면적이 확장되었고, 증가한 부분에 주거기능을 공급함으로써 세대 수를 늘리게 되었고, 특히 주거기능을 고급화함으로써 이러한 시장이 형성될 수 있는 고소득 주거지역 주변을 찾아 도심이 아닌 부도심과 지역·지구중심에서 집적지역을 형성하게 된 것으로 보인다.

2) 사례지역 선정

주상복합건물의 집적으로 인한 상업지역의 주거지화 현상과 그 특성을 살펴보는 것이 본 연구의 목적인만큼 사례지역 선정의 기준은 다음과 같다.

첫째, 주상복합건축물의 수가 많은 지역을 선정하기 위해 앞에서 분석하였던 행정동별 주상복합건물 집적지역〈표 Ⅳ-3〉을 기본적 대상으로 삼았다.

둘째, 서울시 주상복합 집적지역으로 도시공간구조 측면의 위계상 뚜렷한 입지조건을 가지는 지역을 대상으로 하기 위해 개별 건물의 입지를 서울시 중심지체계도와 중첩시켜 도심, 부심, 지역·지구중심의 3계층[38]으로 나누고, 각각의 계층에서 대표적인 지역을 선정하고자 하였다〈표 Ⅳ-17〉.

셋째, 도심을 제외한 나머지 지역은 1990년대 중반 이후에 개발된 지역들로 기존 연구의 조사 대상지역들과 시간적 차이를 두고자 하였다.[39]

그 결과 도심은 종로구 사직동, 부심은 서초구 서초동, 송파구 잠실동, 지역·지구중심은 양천구 목동과 강남구 도곡동을 선정하였다〈지도 Ⅳ-5〉. 이 지역은 최소 4개 이상의 주상복합건물이 외관상 하나의 블록 내에 집적해 있거나 건물 간의 이동이 도보로 가능한 곳이다. 또한 사직동을 제외하면 모두 1995년 이후에 개발된 건물들이다.

---

38) 지역중심과 지구중심의 지역은 실제 상황에서 계층별로 구분하는 것이 쉽지 않아 하나의 분석단위로 묶어 3계층으로 구분하였다.

39) 도심지역의 건물은 대부분 80년대의 도심재개발사업에 의해 이루어진 것이지만, 사례지역으로 선정한 사직동의 3개의 건물 중 2개는 80년대, 나머지 1개의 건물은 94년에 완공된 것이다. 엄밀하게 따지면 시간적 영향(effect)을 고려해서 분리해야 하지만 다른 지역에서 80년대 건설된 건물들을 비교하는 것이 불가능하여 일단 본 연구에서는 고려하지 않기로 하고 차후 연구과제로 삼기로 한다.

〈지도 IV-5〉 사례지역 위치

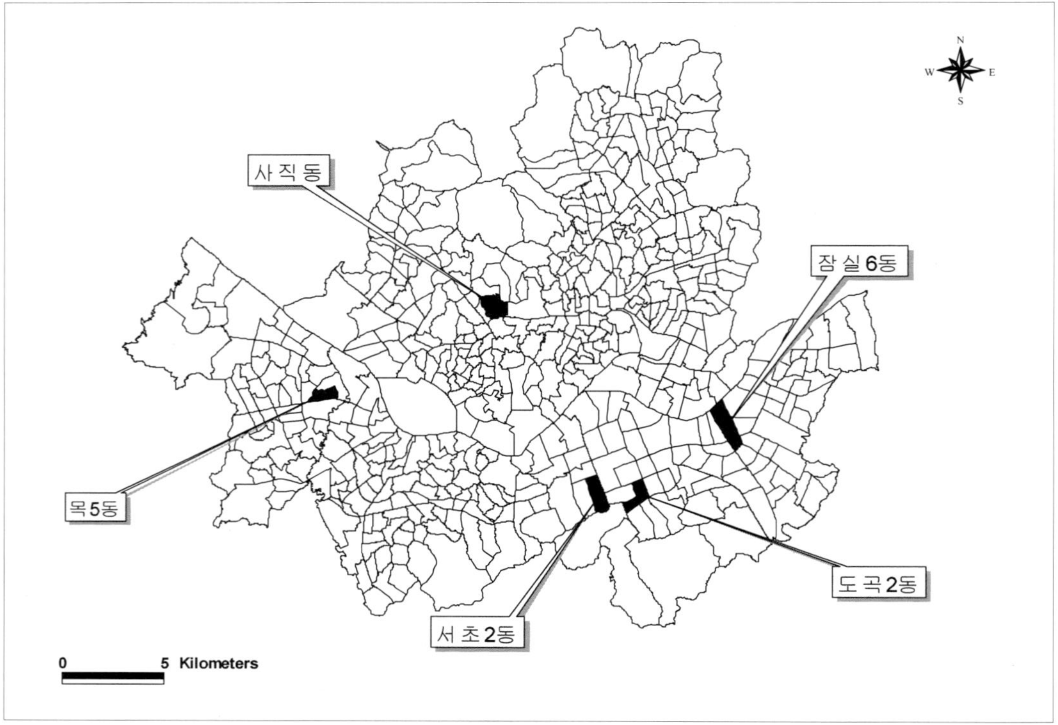

Ⅴ. 주상복합건물의 지역별 주거 특성

　이 장에서는 대규모의 주상복합건축물 집적이 이루어지고 있는 지역을 대상으로 주거지화 현상과 지역별 특성을 분석하고자 한다.

　Ⅳ장에서 살펴본 것처럼 현재 서울시의 주상복합건물은 도시계획상 상업지역에서 집적지역을 이루면서 새로운 주거지역을 형성하고 있다고 볼 수 있다. 한편 주상복합건물은 복합용도개발 개념에서 등장한 건축형식의 하나이기도 하다. 따라서 '주거지역 형성'과 '복합용도개발에 의한 건축물'이라는 두 가지 관점을 통해 특성을 파악하고 이것이 도시공간구조의 위계와 관련된 지역별로 차별적인지를 분석하고자 한다.

　'주거지역 형성'이라는 관점에서 먼저 이러한 지역을 형성하게 된 주민들의 사회·경제적 특성이 어떠하며, 기존 주거지역의 특성과 차별적인지를 파악하고, 이주과정 및 주거입지 요인과 주거에 대한 만족도 등을 통해 주상복합건물 지역 간의 특성이 차별적인지를 고찰하고자 하였다. 나아가 주상복합건물이 앞으로 새로운 주택유형으로 자리 잡을 수 있을지에 대한 가능성도 검토해 보고자 하였다. 한편 복합용도개발에서 얻고자 하는 도시계획적 측면의 유용성은 주민과 상가 점포주들의 통근양식과 주민들의 구매 생활을 통해 직·주 근접과 교통량 감소 등의 입지 효과가 얼마나 나타나고 있는지를 살펴보고자 하였다.

1. 사례지역 개관

1) 도심지역

도심재개발사업구역 중 도렴구역에 해당하는 곳으로 도심재개발을 통해 주상복합건물이 건립된 지역이다. 세종문화회관 뒤에 위치하고 있으면서 지하철 5호선 광화문역의 역세권에 해당하는 지역이며, 주변에 많은 업무시설들이 입지해 있는 곳이다. 또한 경복궁, 경희궁 등 서울의 과거를 느낄 수 있는 시설들이 많고 인왕산과 북한산을 바라보는 녹지 경관 또한 풍부한 지역이다.

현재 대농빌딩(신문로빌딩), 미도파빌딩, 세종빌딩, 세종로 대우빌딩 등 4개의 주상복합건물이 건립되어 있으며, 주변의 준주거지역인 내수구역의 4개 지구에서 쌍용건설의 '경희궁의 아침' 등이 건설 중에 있다. 이상의 4개 건물 중 설문조사 대상 건물은 미도파·세종·세종로 대우빌딩 등 3개이다〈표 Ⅴ-1, 지도 Ⅴ-1〉.

<표 Ⅴ-1> 사직동 사례건물 기본 현황

	준공 년도	층수 (지하/지상)	세대 수	기능별 층			비 고
				상가	오피 스텔	아파트	
미도파빌딩	1981	2/10	48	B1-1	2-6	7-10	
세종빌딩	1983	3/10	72	1-10 B1		2-10	·2개 동이 연결 ·1개 동은 전층이 상가
세종로 대우빌딩	1994	2/15	60	B1-1	1-9	10-15	·2개 동이 연결 ·1개 동은 전층이 사무실

자료: 현지답사.

2) 부도심지역

① 서초동

지하철 2호선 강남역을 중심으로 강남대로의 서쪽으로 선형(線形)의 주상복합건물 집적지역을 형성하고 있는 곳이다. 테헤란로의 마지막 지점에 해당하는 곳으로 주변에 업무와 상업기능이 활발하며 유동인구가 엄청난 지역이다. 주상복합건물 지역 뒤쪽으로는 대규모 아파트단지가 입지해 있다.

서초동아타워, 현대타워, 서초삼성쉐르빌Ⅱ, 밀라텔 쉐르빌, 나산스위트 등의 건물이 있고, 현재 건설 중인 건물도 다수이다. 사례조사 건물은 서초 동아타워, 현대타워, 서초삼성쉐르빌Ⅱ 등 3개이다〈표 Ⅴ-2, 지도 Ⅴ-2〉.

② 잠실동

잠실역 사거리의 북동쪽에 위치해 있는 블록으로 남쪽으로는 석촌호수가 인접해 있고 북쪽으로는 한강이 내려다보이는 훌륭한 전망을 가지고 있는 곳이다. 폭 50m의 올림픽도로와 2호선과 8호선이 지나가는 잠실역 사가 바로 옆에 위치하고 있다. 잠실역 사거리의 서북쪽 블록에는 잠실 주공 고층단지가 입지해 있으며, 대각선 맞은편으로는 롯데월드가 입지해 있다. 사례지역의 블록은 금융을 중심으로 하는 업무 중심의 성격을 지니고 있으며, 그 밖의 주요 시설로는 어린이 교통공원, 재향군인회 향군회관, 한국어린이 육영회, 교통회관 등이 인접해 있다.

준공상태의 주상복합건물로는 한빛프라자, 한라시그마타워, 현대타워 등이 있고, 현재 엘그린 타워 등 50층 이상의 초고층 주상복합건물이 신축 중이다. 오피스텔 위주의 복합용도 건축물도 주변지역에 다수 있다〈표 Ⅴ-2, 지도 Ⅴ-3〉.

이 지역은 90년대 중반 주상복합건물의 주거 비율을 50% 미만으로 낮추도록 규정이 바뀌면서 등장한 새로운 형태의 주상복합건물로 눈길을 끌었던 곳이다. 당시 분양가가 평당 6백만 원 이상 고가였는데도 5대 1의 경쟁률을 기록했다. 한라시그마타워는 건물 내에 수영장·골프연습장 등 당시 아파트로는 볼 수 없었던 부대시설을 넣어 인기를 끌기도 하였던 곳이다(한국경제신문, 2001. 10. 18).

한편 이 지역에서 석촌호수길(송파동)과 올림픽공원을 배경으로 한 위례성길에 이르는 도로변을 따라 10여개의 주상복합건물들이 줄지어 서 있어 선형(線形)의 거대한 주상복합건물 집적지역이 형성되어 있다. 아파트 규모는 21평형에서 90평형까지 다양한 평형들로 구성되어 있다. 기존의 주상복합아파트의 단점인 낮은 전용율과 주상복합기능의 혼합으로 인한 슬럼화를 방지하기 위해 주거기능에 초점을 맞춰 지은 건물이며 정원을 갖춘 단독주택처럼 올림픽공원, 석촌호수 등 대규모 녹지 및 위락시설을 쉽게 이용할 수 있는 장점이 있다(한국경제신문, 1996. 7. 10, 1996. 7. 11).

〈표 Ⅴ-2〉 부도심지역 사례건물 기본 현황

사례지역	사례조사건물	준공년도	층수(지하/지상)	세대수	기능별 층			비 고
					상가	오피스텔	아파트	
서초동	서초동아타워	1996	6/19	64	1	2-6	7-19	·58-77평형
	현대타워	1997	7/30	38	B1-5	6-10	12-30	·82평형 ·11층은 기타 시설
	서초삼성쉐르빌Ⅱ	2002.3	7/21	56	B2-2	4호	3-21	·305세대 호텔식 임대사업 ·18, 27, 37평형
잠실동	한빛프라자	1996	6/22	60	B1	1-11	12-22	·상가 점포 6개
	한라시그마타워	1996	7/30	79	B2-B1	1-12	13-30	·스포츠클럽 외에는 모두 사무실
	현대타워	1996	7/30	55	B1	1-9	10-30	·상가는 모두 식당

자료: 현지답사.

3) 지역 · 지구중심 지역

현재 주상복합건물 지구 중에서 가장 대규모의 단지 형태를 나타내고 있는 곳이다.

① 목 동

양천구의 중심상업지역에 해당하는 선형(線形)의 지역에 파리공원을 가운데 두고 거대한 주상복합건물 집적이 이루어지고 있는 곳이다. 파리공원 북쪽의 블록은 전체가 주상복합건물로 이루어져 있는데, 목동가든스위트, 벽산미라지타워, 부영그린타운 1·2·3차 등 5개가 건립되어 있다. 파리공원 남쪽 블록에는 목동트윈빌이 있으며, 그 아래쪽으로 현재 현대건설에서 백화점을 포함한 거대한 주상복합건물을 건설 중에 있다 〈표 V-3, 지도 V-4〉. 線形의 지역 주변은 대부분 아파트단지들로 둘러싸여 있어 거대한 주거지역을 이루고 있는 곳이다.

〈표 V-3〉 지역 · 지구중심 지역 사례건물 기본 현황

사례지역	사례조사건물	준공년도	층수(지하/지상)	세대수	기능별 층			비 고
					상가	오피스텔	아파트	
목 동	목동트윈빌	2000	5/31	420	B1-2		5-31	·3층: 공용공간 (관리실, 독서실, 주민회의실) ·4층: 스포츠센타
	부영그린타운 II차	2000	1/26	240	B1-4		5-26	·4개 타워형 ·3-4층: 스포츠센타
도곡동	대림 아크로타운	1999	6/46	480	B1-1		3-46	·3개 동이 지하에서 연결된 형태. ·1개 동은 업무 빌딩 ·50-70평대 ·공용공간의 고급화(커뮤니티홀, 비즈니스센터, 사무지원실, 독서실, 클럽하우스, 어린이 놀이방 등)

자료: 현지답사.

② 도곡동

서울의 강남에서 상업지역으로 남겨둔 유일한 땅이라고 할 수 있는 곳이며, 최근 새로운 경향의 초고층건물들이 건설 중에 있거나 계획되고 있는 곳이다.

이 지역은 도시계획에 의해 상업지역으로 결정된 곳이지만, 도시계획의 목적에 맞게 이용되어지지 못하고 개별적인 민간업체에 맡겨지다 보니 기형적인 신주거단지로 개발되고 있다. 교통 여건으로는 남부순환도로와 언주로가 교차하는 지역으로 지하철 도곡역과 매봉역이 인접해 있으며 40m 폭의 언주로와 남부순환로가 각각 타운의 서북의 외곽도로를 형성하며 남쪽으로는 양재천이 인접해 있다.

주상복합건물로는 대림아크로빌, 현대비전 21, 우성캐릭터빌, 우성리빙텔 등이 준공되어 있으며, 현재 삼성타워팰리스 주상복합빌딩이 거의 완공상태에 있고, 라성건설의 아카데미스위트를 포함한 다수의 주거 중심 주상복합건축물이 계획 상태에 있다. 같은 블록 내에 업무시설인 군인공제회관이 입지해 있다〈표 Ⅴ-3, 지도 Ⅴ-5〉.

이 지역 건물들은 97년 주상복합건물의 주거 비율이 70%로 높아지면서 본격적인 도심 주택으로 자리를 잡기 시작한 때 등장한 것들로, 30층 이상의 초고층에 철골구조로 지어져 아파트 외관부터 변화가 나타나기 시작하였다(한국경제신문, 1999. 10. 24).

서울 강남지역 최고의 주거지역으로 꼽히는 대치동 아파트 지구와 남부순환로 북쪽에 위치한 숙명여고 좌우에 재건축을 통한 일반 고급 아파트단지도 들어서게 되어 도곡동 일대는 고급 아파트와 고급 주상복합건물로 인해 초호화 주거의 성격을 더욱 강화시켜 나갈 것으로 보인다.

〈지도 Ⅴ-1〉 도심지역 - 종로구 사직동

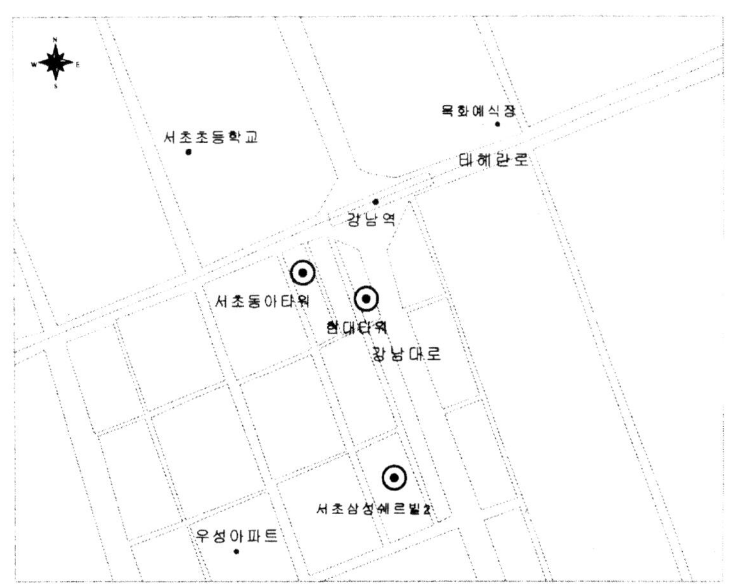

〈지도 Ⅴ-2〉 부도심지역 - 서초구 서초 제2동

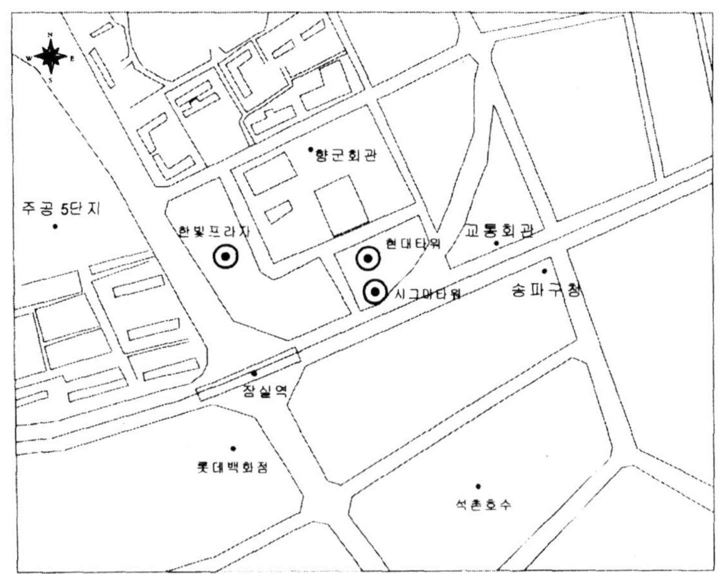

〈지도 Ⅴ-3〉 부도심지역 - 송파구 잠실 제6동

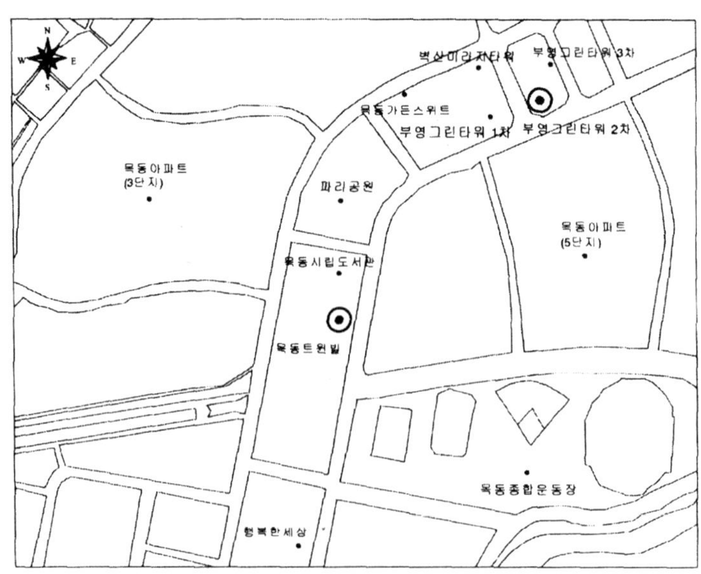

〈지도 Ⅴ-4〉 지역 - 지구중심 지역 - 양천구 목 제5동

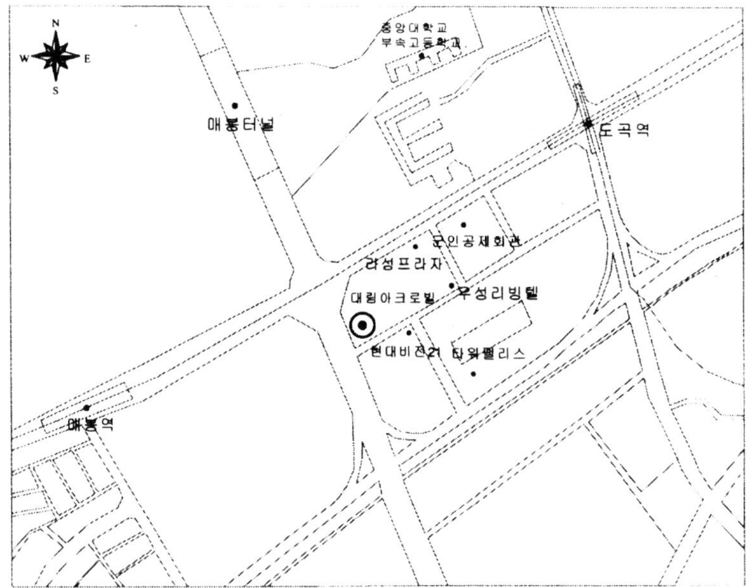

〈지도 Ⅴ-5〉 지역 - 지구중심 지역 - 강남구 도곡 제2동

2. 주민의 특성

거주지역의 분화란 조사 관찰할 수 있는 지역단위 수준에서 그 곳에 거주하는 주민의 제반 특성이 동질적이라 할 때, 이 동질적 지역이 연속적인 분포나 국지화하여 도시 내에서 타지역과 구별될 수 있는 소지역(sub-area)으로 인식되는 경우와, 이와 같은 과정이 진행되는 것을 포함하여 정의할 수 있다(이기석, 1980, 130).

현재 주상복합건물의 집적지역들이 상업지역에 형성되어 가는 새로운 주거지역이라는 관점을 검증해 보기 위해 주민의 사회·경제적 특성이 기존의 지역 통계와 비교하여 차별적인지를 분석해 보고자 하였다. 이를 위해 소득·직업·학력의 3가지 요소를 이용하였고 인구학적 특성을 살펴보기 위해 생애주기를 분석하였다.

182

1) 소 득

가구의 소득은 실제 금액으로 표현되는 월평균 소득도 있지만, 주택과 관련하여 소유형태와 규모 또한 소득수준을 간접적으로 측정할 수 있는 요소라고 생각한다. 따라서 이상의 3가지를 통해 주상복합건물 거주자들의 소득수준을 파악하고자 한다.

① 월평균 소득

〈표 Ⅴ-4〉 가구의 월소득

단위: 인, (%)

	100만 원 미만	100만 원 -200만 원 미만	200만 원 이상 -300만 원 미만	300만 원 이상 -400만 원 미만	400만 원 이상 -500만 원 미만	500만 원 이상	계
사직동	2(7.7)	2(7.7)		7(26.9)	5(19.2)	10(38.5)	26(100.0)
서초동	1(3.6)	1(3.6)		2(7.1)	11(39.3)	13(46.4)	28(100.0)
잠실동		1(2.9)		4(11.8)	5(14.7)	24(70.6)	34(100.0)
목 동		6(17.1)	3(8.6)	7(20.0)	8(22.9)	11(31.4)	35(100.0)
도곡동		1(2.9)		3(8.8)	2(5.9)	28(82.4)	34(100.0)
계	3(1.9)	11(7.0)	3(1.9)	23(14.6)	31(19.7)	86(54.8)	157(100.0)

자료: 설문조사.

전체 응답자 중 가장 많은 비중을 차지하는 것이 월소득 500만 원 이상으로 54.8%를 차지하고 있다. 전 지역에서 500만 원 이상의 월소득 비중이 가장 높은데 특히 잠실동과 도곡동은 응답 가구의 70% 이상을 차지하고 있다. 반면 사직동과 서초동, 목동은 전체 평균치를 조금 밑돌고 있다〈표 Ⅴ-4〉.

기본적으로 고소득 집단이긴 하지만 지역별로 차별성을 나타내는 부분도 있는데, 다른 지역에 비해 높은 비율을 나타내고 있는 소득을 살펴보면 도심은 300만 원 이상－400만 원 미만, 부도심 중 서초동은 400만 원 이상－500만 원 미만의 집단이 상대적으로 높게 나타나고 있다.

이상의 결과를 토대로 중심지 계층별로 본 지역의 소득은 서초동과 잠실동 등 부도심지역이 가장 높고 목동과 도곡동 등 지역·지구중심 지역이 그 다음을 차지하며, 도심지역 주민의 소득수준이 가장 낮은 결과를 보여주고 있다.

② 주택 소유형태

전체 응답 가구의 자가 비율은 87.8%로〈표 Ⅴ-5〉, 서울시의 통계자료〈표 Ⅴ-6〉에서 자가 비율이 66.3%인 점에 비하면 상당히 높은 비율을 나타내고 있다. 이는 소득수준〈표 Ⅴ-4〉과 관계 있는 것으로 고소득층이 많이 거주하고 있는 것으로 나타난 앞의 결과와 일맥상통하는 것으로 보인다.

〈표 Ⅴ-5〉 주택 소유형태

단위: 인, (%)

	자 가	전 세	월 세	기 타	계
사직동	23(82.1)	2(7.1)	2(7.1)	1(3.6)	28(100.0)
서초동	29(96.7)	1(3.3)			30(100.0)
잠실동	34(94.4)	2(5.6)			36(100.0)
목 동	31(83.8)	6(16.2)			37(100.0)
도곡동	34(82.9)	6(14.6)	1(2.4)		41(100.0)
계	151(87.8)	17(9.9)	3(1.7)	1(0.6)	172(100.0)

자료: 설문조사.

〈표 Ⅴ-6〉 사례지역 통계자료상의 주택 소유형태

단위: (%)

	자료연도	자 가	전 세	월 세	기 타
종로구	2000	65.5	23.2	7.4	3.7
서초구	2000	64.1	**29.1**	5.4	1.5
송파구	1995	65.1	**32.2**	2	0.7
양천구	1995	**75.3**	22.3	1.6	0.8
강남구	1995	61.6	27.9	9.5	0.9
평 균		66.3	26.9	5.2	1.5

자료: 각 구청 통계연보.

지역별로는 부도심지역의 자가 비율이 전체 지역 평균을 상회하고 있으며, 지역·지구중심 지역에서는 전세 비율이 평균보다 조금 높게 나타나고 있다. 도심부인 사직동은 월세와 기타 소유형태의 가구 비율이 다른 지역에 비해 높게 나타나고 있어 건물 내 주민들의 주택 소유형태가 다양함을 알 수 있다.

주택 소유형태를 통해 본 지역별 소득수준은 월소득으로 본 결과와 마찬가지로 부심지역이 가장 높고 도심부가 월세 등 기타의 형태가 많아 가장 낮은 것으로 보인다.

③ 주택의 규모

사례지역의 주상복합건물은 전체적으로 60평 이상의 주택규모가 51.2%로 가장 많고, 50평 이상은 75.6%를 차지하고 있다〈표 Ⅴ-7〉. 주택의 규모가 작아질수록 비율이 낮아지는 것을 볼 수 있는데, 그만큼 주상복합건물의 주거부문 규모가 상당히 크다는 것을 알 수 있다. 지역별로는 부도심지역이 60평 이상의 규모가 가장 많고, 지역·지구중심에 해당하는 목동과 도곡동은 5·60평대의 규모가 가장 비중이 크다. 반면 도심지역은 30평대의 비중이 가장 크다. 결국 주택의 규모는 부도심〉 지역·

지구중심〉도심의 순을 보이고 있다.

〈표 Ⅴ-7〉 주택의 규모

단위: 인. (%)

	24평 이하	25-29평	30-39평	40-49평	50-59평	60평 이상	계
사직동		1(3.6)	11(39.3)	7(25.0)	6(21.4)	3(10.7)	28(100.0)
서초동	1(3.3)			2(6.7)	2(6.7)	25(83.3)	30(100.0)
잠실동				1(2.9)	1(2.9)	33(94.3)	35(100.0)
목 동				12(33.3)	17(47.2)	7(19.4)	36(100.0)
도곡동	4(10.3)		1(2.6)	1(2.6)	15(38.5)	18(46.2)	39(100.0)
계	5(3.0)	1(0.6)	12(7.1)	23(13.7)	41(24.4)	86(51.2)	168(100.0)

자료: 설문조사.

〈표 Ⅴ-8〉 사례지역 통계자료상의 주택규모

단위: %

	19평 미만	19-29평	29-39평	39-49평	49-69평	69평 이상
종로구	34.1	30.2	13.1	6.7	7.8	8.2
서초구	21.5	40.2	14.1	9.7	7.3	7.2
송파구	43.7	29.2	9.3	7.2	4	6.7
양천구	41.3	30.9	14.9	5.5	4.3	3.1
강남구	38.2	31.5	8.5	9	7	5.8
평 균	35.8	32.4	12.0	7.6	6.1	6.2

자료: 인구주택총조사, 2000(서울시 인터넷 홈페이지 통계 DB 제공자료로 재구성).

　주택규모의 통계자료를 살펴보면〈표 Ⅴ-8〉규모가 커질수록 차지하는 비중이 감소하는 것을 볼 수 있는데, 주상복합건물 내의 아파트와는 반대 현상을 보이고 있다. 또한 60평 이상의 대형 주택은 종로구가 가장 비중이 높지만 주상복합아파트는 도심의 규모가 가장 작은 것으로 나타나고 있어 이 또한 반대이다.

2) 직 업

　세대주의 직업〈표 Ⅴ-9〉은 개인자영업자가 45.7%로 가장 많았고, 전문직 종사자가 그 다음으로 21.4%를 차지하고 있다. 도심은 개인자영업자가 가장 많지만 전문직, 사무직, 판매·서비스직 종사자가 다른 지역에 비해 구성 비율이 높았고, 부심지역인 서초동과 잠실동은 개인자영업자의 비율과 전문직 비율이 동일한 수준에서 가장 많으며, 사무직 비율이 다른 지역에 비해 높게 나타났다. 지역·지구중심에 해당하는 목동과 도곡동은 개인자영업자의 비율이 거의 60%에 해당하고 있다. 즉 도심지역은 전문직, 사무직 등의 화이트칼라 업종과 개인자영업자의 비중이 비슷하게 많으며, 부도심지역은 화이트칼라 업종이 가장 많고, 지역·지구중심 지역은 개인자영업 종사자가 절반 이상을 차지하고 있다.

〈표 Ⅴ-9〉 세대주 직업 분포

단위: 인, (%)

	전문직	행정관리직	사무직	판매·서비스직	개인자영업	주부	학생	기타	계
사직동	6(23.1)	2(7.7)	3(11.5)	2(7.7)	10(38.5)	1(3.8)		2(7.7)	26(100.0)
서초동	9(30.0)	5(16.7)	6(20.0)		9(30.0)			1(3.3)	30(100.0)
잠실동	13(36.1)	3(8.3)	2(5.6)		13(36.1)	1(2.8)		4(11.1)	36(100.0)
목 동	3(7.5)	12(30.0)	1(2.5)		23(57.5)			1(2.5)	40(100.0)
도곡동	6(14.6)	4(9.8)	3(7.3)	1(2.4)	24(58.5)		1(2.4)	2(4.9)	41(100.0)
계	37(21.4)	26(15.0)	15(8.7)	3(1.7)	79(45.7)	2(1.2)	1(0.6)	10(5.8)	173(100.0)

자료: 설문조사.

〈표 Ⅴ-10〉 배우자 직업 분포

단위: 인, (%)

	전문직	행정관리직	사무직	개인자영업	주부	기타	계
사직동	5(25.0)	1(5.0)	1(5.0)	7(35.0)	6(30.0)		20(100.0)
서초동	2(28.6)			1(14.3)	4(57.1)		7(100.0)
잠실동	1(7.7)			2(15.4)	10(76.9)		13(100.0)
목 동		1(2.6)	2(5.3)	2(5.3)	32(84.2)	1(2.6)	38(100.0)
도곡동	2(5.6)		1(2.8)	1(2.8)	32(88.9)		36(100.0)
계	10(8.8)	2(1.8)	4(3.5)	13(11.4)	84(73.7)	1(0.9)	114(100.0)

자료: 설문조사.

한편 배우자의 직업〈표 Ⅴ-10〉은 응답자의 73.7%가 주부였다. 그 다음
이 개인자영업 순으로 나타나 주부를 제외하면 세대주의 직업과 같은 경
향을 보이고 있다. 직업별로는 전문직의 경우 도심과 부심지역이 높은
비율을 나타내고 있으며, 개인자영업은 도심지역이 가장 높았다. 지역·
지구중심 지역의 응답자 중에는 주부의 비율이 80% 이상을 차지하고 있
다. 세대주의 직업과 관련하여 볼 때 거의 비슷한 경향을 보이는데, 특징
적인 부분은 세대주가 개인자영업자인 경우 배우자는 주부인 경우가
80% 이상을 차지하고 있었다.[40] 이를 통해 고소득 개인자영업자의 경우
맞벌이 부부의 비율이 낮음을 짐작할 수 있다.

---

40) 세대주의 직업별 배우자의 직업을 교차분석한 결과이다.

		배우자						
		전문직	행정관리직	사무직	개인자영업	주부	기타	계
세 대 주	전문직	5(25.0)			2(10.0)	13(65.0)		20(100.0)
	행정관리직	2(10.5)	1(5.3)	1(5.3)	1(5.3)	14(73.7)		19(100.0)
	사무직	2(28.6)		2(28.6)		3(42.9)		7(100.0)
	판매서비스직					2(100.0)		2(100.0)
	개인자영업	1(1.7)	1(1.7)	1(1.7)	9(15.0)	48(80.0)		60(100.0)
	주부					1(100.0)		1(100.0)
	기타				1(20.0)	3(60.0)	1(20.0)	5(100.0)

3) 학 력

세대주의 학력 분포를 살펴보면〈표 V-11〉도곡동을 제외한 전 지역 응답 가구의 95% 이상이 대졸 이상의 학력을 소지하고 있다. 배우자는 도심을 제외한 전 지역에서 80% 이상이 대졸 이상의 학력을 나타내고 있다. 이는 일반적 학력 분포와 비교해 볼 때 대졸 이상이 3-40% 수준인데 비해 상당히 고학력자 위주의 주민 구성임을 알 수 있다〈표 V-12〉.

〈표 V-11〉 학력 분포

단위: 인, (%)

	대졸 이상		고 졸		계	
	세대주	배우자	세대주	배우자	세대주	배우자
사직동	23(95.8)	13(72.2)	1(4.2)	5(27.8)	24(100.0)	18(100.0)
서초동	28(96.6)	6(85.7)	1(3.4)	1(14.3)	29(100.0)	7(100.0)
잠실동	36(100.0)	14(100.0)			36(100.0)	14(100.0)
목 동	27(96.4)	20(87.0)	1(3.6)	3(13.0)	28(100.0)	23(100.0)
도곡동	13(81.3)	10(83.3)	3(18.8)	2(16.7)	16(100.0)	12(100.0)
계	127(95.5)	63(85.1)	6(4.5)	11(14.9)	133(100.0)	74(100.0)

자료: 설문조사.

〈표 V-12〉 사례지역 통계자료상의 학력 분포

단위: %

	졸 업				
	초등졸	중등졸	고등졸	대졸 이상	기 타
종로구	8.2	9.7	**28.3**	24.8	3.9
서초구	2.9	3.3	19.4	**43.0**	2.1
송파구	4.3	5.5	27.4	**31.0**	2.8
양천구	5.6	7.5	**29.2**	25.3	3.2
강남구	3.0	3.3	20.6	**41.6**	2.2

자료: 인구주택총조사, 2000(서울시 인터넷 홈페이지 통계 DB제공자료로 재구성).

4) 생애주기

① 가구원수

설문에 응답한 가구의 가족수〈표 Ⅴ-13〉는 지역별로 큰 차이 없이 대부분 4인 가족인 경우가 가장 많았다. 전체 응답 가구의 절반 정도가 4인 가구였고, 다음이 3인 가구로 두 집단이 전체의 70% 이상을 차지한다.

반면 도심지역은 1인 혹은 2인 가구가 다른 지역에 비해 훨씬 많은 비중을 차지하고 있어 평균 가족수가 가장 적게 나타나고 있다. 5명 이상의 가족수를 나타내는 경우는 도심을 제외한 기타 지역에서 더욱 높다.

〈표 Ⅴ-13〉 응답자의 가구원수

단위: 인, (%)

	1명	2명	3명	4명	5명	6명	계
사직동	4(14.8)	4(14.8)	8(29.6)	10(37.0)	1(3.7)		27(100.0)
서초동	1(3.7)	3(11.1)	4(14.8)	13(48.1)	6(22.2)		27(100.0)
잠실동		2(12.5)	3(18.8)	10(62.5)		1(6.3)	16(100.0)
목 동		1(2.4)	9(22.0)	22(53.7)	8(19.5)	1(2.4)	41(100.0)
도곡동		6(16.2)	9(24.3)	18(48.6)	4(10.8)		37(100.0)
계	5(3.4)	16(10.8)	33(22.3)	73(49.3)	19(12.8)	2(1.4)	148(100.0)

자료: 설문조사.

〈표 Ⅴ-14〉 사례지역 통계자료상의 세대당 인구

	자료연도	인 구	세 대	세대당 인구(인)
사직동	2000	8869	3542	2.5
서초2동	2000	20832	6733	3.1
잠실6동	2001	16058	4886	3.3
목5동		22726	6687	3.4
도곡2동	1999	18443	6546	2.8

자료: 각 구청 홈페이지에서 제공하는 통계연보.

사례지역의 해당 행정동의 자료와 비교해 보면〈표 Ⅴ-14〉 사직동이 다른 지역에 비해 세대당 인구수가 적은 것으로 나타나고 있다. 이는 도심지역 가구의 특징을 주상복합건물 또한 반영하고 있는 것으로 보인다. 대부분 지역의 세대당 인구수는 3인으로 나타나고 있어 주상복합건물 거주가구원수가 조금 높은 것으로 나타났다.

② 가구의 생애주기

가구의 라이프 사이클을 파악하기 위해 가족들의 연령 분포를 살펴보았다. 먼저 세대주의 연령〈표 Ⅴ-15〉은 평균적으로 50대가 가장 많고 다음이 40대로 나타났다.

〈표 Ⅴ-15〉 세대주와 배우자의 연령 분포

단위: 인, (%)

	세대주						배우자					
	20대	30대	40대	50대	60대 이상	계	20대	30대	40대	50대	60대 이상	계
사직동	1 (3.6)	2 (7.1)	9 (32.1)	7 (25.0)	9 (32.1)	28 (100.0)		4 (19.0)	7 (33.3)	7 (33.3)	3 (14.3)	21 (100.0)
서초동		3 (10.0)	4 (13.3)	19 (63.3)	4 (13.3)	30 (100.0)		1 (12.5)	1 (12.5)	6 (75.0)		8 (100.0)
잠실동		2 (5.6)	10 (27.8)	16 (44.4)	8 (22.2)	36 (100.0)	1 (5.6)	1 (5.6)	8 (44.4)	6 (33.3)	2 (11.1)	18 (100.0)
목 동		1 (2.4)	19 (46.3)	17 (41.5)	4 (9.8)	41 (100.0)		5 (12.2)	22 (53.7)	12 (29.3)	2 (4.9)	41 (100.0)
도곡동	2 (4.8)	8 (19.0)	6 (14.3)	15 (35.7)	11 (26.2)	42 (100.0)	1 (2.6)	6 (15.8)	15 (39.5)	8 (21.1)	8 (21.1)	38 (100.0)
계	3 (1.7)	16 (9.0)	48 (27.1)	74 (41.8)	36 (20.3)	177 (100.0)	2 (1.6)	17 (13.5)	53 (42.1)	39 (31.0)	15 (11.9)	126 (100.0)

자료: 설문조사.

지역별로 보면 도심지역은 60대 이상과 40대 연령층의 세대주가 가장 많으면서 4-60대의 세대주 구성이 비슷하게 나타나고 있다. 서초동과 잠실동 등 부도심지역은 50대 세대주가 가장 많다. 목동은 4·50대, 도곡동은 5·60대가 가장 많다.

다른 지역과의 상대적 비교에서 도심과 도곡동은 60대 이상의 세대주가 상대적으로 많고, 도곡동은 30대 세대주가 다른 지역에 비해 많이 나타나고 있다. 특히 도곡동은 30대와 60대 이상의 세대주 비율이 비슷한데 인터뷰 결과 이 지역에는 부모와 결혼한 자녀가 같은 건물 내에 거주하고 있는 경우가 많기 때문인 것으로 보인다.

배우자의 연령 분포 또한 세대주와 마찬가지로 40대와 50대가 가장 많고 도심과 도곡동에서는 60대 이상의 배우자 비율이 다른 지역에 비해 높다. 이처럼 세대주 연령 분포에서 나타난 지역 간 차별적 경향이 배우자 연령 분포에서도 나타나고 있음을 알 수 있다.

자녀의 연령은〈표 V-16〉 전반적으로 20대가 가장 많다. 첫 번째 자녀의 경우 사직동, 서초동, 잠실동, 도곡동은 20대가 가장 많았고, 목동은 10대가 가장 많았다. 두 번째 자녀의 경우도 20대가 가장 많았고, 세 번째 자녀는 10대와 20대의 분포가 동일한 것으로 나타났다.

연령대별로 살펴보면 미취학아동과 초등학교 1-2학년에 해당하는 8-9세 아동의 경우 사직동과 목동, 도곡동의 비중이 상대적으로 높게 나타났으며, 이들 지역 중에서도 외곽지역으로 갈수록 더 높은 수치를 나타내고 있다. 30대의 자녀는 부도심지역에서 비중이 높게 나타나고 있다.

<표 V-16> 자녀 연령 분포

단위: 인, (%)

		미취학아동	8-9세	10대	20대	30대	40대	계
사직동	자녀1	**3(15.0)**	1(5.0)	3(15.0)	**12(60.0)**	1(5.0)		20(100.0)
	자녀2	2(16.7)	1(8.3)	4(33.3)	5(41.7)			12(100.0)
	자녀3			1(100.0)				1(100.0)
서초동	자녀1			1(16.7)	3(50.0)	2(33.3)		6(100.0)
	자녀2			1(20.0)	3(60.0)	1(20.0)		5(100.0)
	자녀3				1(100.0)			1(100.0)
잠실동	자녀1			5(38.5)	6(46.2)	2(15.4)		13(100.0)
	자녀2	1(9.1)	1(9.1)	4(36.4)	4(36.4)	1(9.1)		11(100.0)
	자녀3				2(100.0)			2(100.0)
목 동	자녀1	1(2.6)		**19(48.7)**	17(43.6)	2(5.1)		39(100.0)
	자녀2			18(58.1)	13(41.9)			31(100.0)
	자녀3	1(12.5)	1(12.5)	3(37.5)	3(37.5)			8(100.0)
도곡동	자녀1	**4(13.3)**	1(3.3)	5(16.7)	**16(53.3)**	3(10.0)	1(3.3)	30(100.0)
	자녀2	1(4.5)	2(9.1)	7(31.8)	10(45.5)	2(9.1)		22(100.0)
	자녀3	1(25.0)		2(50.0)		1(25.0)		4(100.0)
계	자녀1	8(7.4)	2(1.9)	**33(30.6)**	**54(50.0)**	10(9.3)	1(0.9)	108(100.0)
	자녀2	4(4.9)	4(4.9)	**34(42.0)**	**35(43.2)**	4(4.9)		81(100.0)
	자녀3	2(12.5)	1(6.3)	6(37.5)	6(37.5)	1(6.3)		16(100.0)

자료: 설문조사.

세대주 연령과 관련하여 보면 부심지역은 세대주가 50대이며 첫 번째 자녀가 2·30대인 경우가 많고, 목동은 4·50대의 세대주에 1·20대의 자녀 구성비가 가장 많이 나타나고 있다. 도곡동은 부모 가구와 결혼한 자녀 가구가 혼합되어 나타나고 있어 첫 번째 자녀의 연령대도 미취학아동과 20대로 양분되는 경향을 나타내고 있다.

이상의 분석을 생애주기와 관련시켜 보면 부도심〉목동의 순으로 나타나며, 도심과 도곡동은 특징적인 현상을 나타내고 있다. 도심은 40-60대 이상의 세대주가 비슷한 비율로 고르게 분포하며, 첫 번째 자녀가 20대인 경우가 가장 많으면서도 미취학아동인 가구수 또한 다른 지역에 비해 가장 많은 구성비를 나타낸다. 한편 도곡동은 연령대의 양극화를 나타내고 있어 부모가구와 자녀가구의 집합 주거지 특성을 나타내고 있다.

통계자료상의 지역별 연령 분포〈표 V-17〉를 살펴보면 도심으로부터 부도심, 지역·지구중심 등 하위 계층의 중심지로 갈수록 연령대의 분포가 넓어지고 있음을 알 수 있다. 또한 종로구는 60세 이상의 비중이 다른 지역에 비해 높고, 10대의 구성 비율은 양천구와 강남구가 가장 높게 나타나고 있다. 이를 통해 볼 때 주상복합건물에 살고 있는 사람들의 연령대는 기본적으로 지역적 특성과 비슷하게 나타나고 있음을 알 수 있다.

〈표 V-17〉 사례지역 통계자료상의 연령 분포

단위: %

	자료연도	0-9세	10-19세	20-29세	30-39세	40-49세	50-59세	60세 이상
종로구	2000	10.6	13.2	19.3	17.9	15.2	11.3	12.4
서초구	2000	10.3	14.5	22	16.5	16.7	11.9	8.1
송파구	2001	12.3	14.9	19.2	18.3	17.9	9.8	7.6
강남구	1999	10.1	16.2	21.9	15.8	17.4	11.3	7.3
양천구	2000	13	16.6	17.4	17.9	18.4	9.3	7.4

자료: 각 구청 홈페이지에서 제공하는 통계연보.

이상의 분석에서 소득과 직업, 학력의 3가지 요소를 통해 살펴 본 서울시 주상복합건물 집적지역 주민의 사회·경제적 특성은 기본적으로 상위계층의 주거집단으로 분화된 주거지역을 형성할 가능성이 있다고 보여진다. 주민 대부분의 월소득이 500만 원 이상이며, 자가 소유가 거의 90%에 이르고, 40평 이상의 규모가 89%를 넘는다. 이들의 학력은 배우자를 포함하여 대졸 이상의 고학력 집단이 80~90%를 차지하며, 개인자영업과 전문직, 사무직 등의 화이트칼라 업종에 종사하는 사람들이 많은 것으로 나타났다. 이상의 결과는 현재 서울시 주상복합건물 집적지역이 주상복합아파트라는 새로운 형태의 주택을 통해 형성되고 있는 분화된 주거지역이라는 관점을 어느 정도 뒷받침해 주는 결과라 생각한다.

한편 이러한 동질적 주민의 제반 특성들이 지역별로는 약간의 차별성을 가지고 있는데, 특히 부도심지역 건물 주민들의 소득계층이 가장 높고 지역·지구중심 지역이 두 번째로 나타나고 있으며, 도심지역이 가장 낮은 것으로 보인다. 한편 가구의 생애주기 분석에서는 기본적으로 지역 통계자료와 비슷한 결과를 나타내면서 지역 간 차별적 특성을 나타내고 있었다.

이러한 차별성은 주변지역의 지역적 특성을 반영하고 있는 것으로 볼 수 있는데, 특히 주거선택에서부터 거주 과정을 통해 뚜렷하게 드러날 것이므로 3절에서는 주상복합 집적지역들 간의 차별적 속성에 대해 구체적으로 분석해 보고자 한다.

3. 주거입지 요인 및 만족도

주민의 소득, 직업, 학력의 3가지 사회·경제적 속성이 비슷한 분화된 주거지역적 성격이 강한 곳이지만 동일한 유형의 주상복합건물이라 해도 입지하고 있는 주변지역의 특성상 기본적으로 차별적인 속성들을 나타낼 것으로 본다. 특히 이러한 차별성은 도시공간구조 측면의 위계와 관련하여 뚜렷할 것으로 보이는데, 주거선택의 결정 요인이 지역마다 다를 것이며, 생활 속에서 형성되는 주거 만족도도 다를 것이다. 이를 파악하기 위해 이주과정, 주거입지요인, 주거 만족도, 발전가능성, 상업기능의 역할 등을 통해 주상복합건물 주거지역 특성의 지역 간 차별성을 분석하였다.

1) 이주과정

① 이전 거주지

a. 이전 거주지 위치

모든 지역의 주상복합건물 주민들은 약 70% 이상이 같은 권역 내에서 이주한 것으로 나타났다〈표 Ⅴ-18〉.

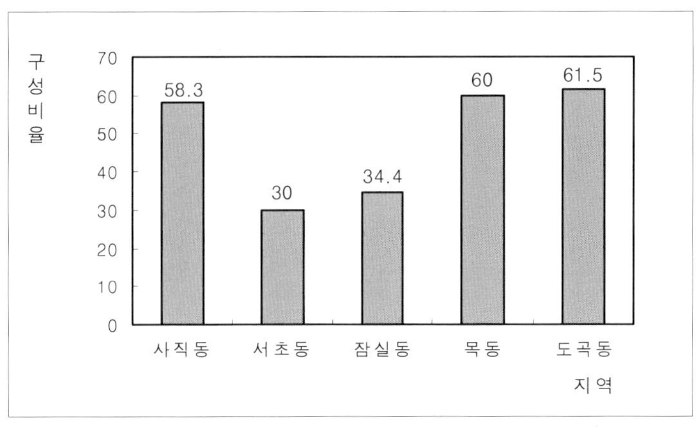

〈그림 Ⅴ-1〉 동일 "구" 내 이주자 구성 비율

특히 동일구 내에서 이주한 사람들은 약 49%를 차지하고 있어 기존에 살던 지역 주변으로의 높은 이주 경향을 보여주고 있다. 특히 도심지역과 지역·지구중심 지역인 목동, 도곡동은 동일 "구" 내에서 이주한 비율이 거의 60%에 해당하고 있어 인접지역 주변으로의 이주 성향이 강하게 나타나고 있다. 이에 비해 서초동과 잠실동 등 부도심지역 주민들의 동일 "구" 내 이주 비율은 30% 수준으로 가장 낮게 나타나고 있다〈그림 Ⅴ-1〉. 도심부 주민들 중에는 외국 거주 경험이 있는 사람들도 있었다.

〈표 Ⅴ-18〉 이전 거주지 위치

단위: 인, (%)

이전거주지 \ 조사지역		사직동	서초동	잠실동	목동	도곡동	계
도심	종로	14(58.3)					14
	용산						
	중				1(2.5)		1
	계	14(58.3)			1(2.5)		15(9.1)
동북	동대문						
	성동						
	광진	1(4.2)		1(3.1)			2
	중랑						
	성북	2(8.3)				1(2.6)	3
	강북						
	도봉						
	노원					1(2.6)	1
	계	3(12.5)		1(3.1)		2(5.1)	6(3.6)
서북	은평		1(3.3)				1
	서대문					1(2.6)	1
	마포						
	계		1(3.3)			1(2.6)	2(1.2)
동남	서초	2(8.3)	9(30.0)	5(15.6)		2(5.1)	18
	강남	1(4.2)	13(43.3)	12(37.5)	3(7.5)	24(61.5)	53
	송파		1(3.3)	11(34.4)	1(2.5)	3(7.7)	16
	강동					1(2.6)	1
	계	3(12.5)	23(76.7)	28(87.5)	4(10.0)	30(76.9)	88(53.3)
서남	양천				24(60.0)		24
	강서						
	구로				2(5.0)	1(2.6)	3
	금천						
	영등포	1(4.2)	1(3.3)		1(2.5)		3
	동작						
	관악		1(3.3)		3(7.5)		4
	계	1(4.2)	2(6.7)		30(75.0)	1(2.6)	34(20.6)
경기도	계	1(4.2)	4(13.3)	3(9.4)	5(12.5)	4(10.3)	17(10.3)
기타	계					1(2.6)	1(0.6)
외국	계	2(8.3)					2(1.2)
계		24(100.0)	30(100.0)	32(100.0)	40(100.0)	39(100.0)	165(100.0)

자료: 설문조사.

b. 이전 주택의 형태, 소유형태 및 규모

이전 거주의 주택 형태〈표 Ⅴ-19〉는 아파트가 75.9%로 단연 선두다. 그러나 도심지역은 예외적으로 단독주택 거주자였던 사람들이 43.5%로 가장 많고, 주상복합아파트에서 이주해 온 경우도 21.7%로 전체 지역 중 가장 높은 비중을 차지하고 있다. 결국 도심지역의 주상복합건물 주민들은 기존에도 도심부에서 살았으며 주상복합아파트에서 살았던 경험이 있는 사람들이 다시 주상복합아파트로 이주한 경우가 다른 지역에 비해 많은 것으로 보인다.

〈표 Ⅴ-19〉 이전 거주 주택 형태

단위: 인, (%)

	아파트	연립주택	다세대	단독주택	주상복합아파트	기타	계
사직동	6(26.1)			10(43.5)	5(21.7)	2(8.7)	23(100.0)
서초동	26(86.7)		1(3.3)		2(6.7)	1(3.3)	30(100.0)
잠실동	34(94.4)			2(5.6)			36(100.0)
목 동	35(85.4)	1(2.4)	1(2.4)	3(7.3)	1(2.4)		41(100.0)
도곡동	28(70.0)	2(5.0)	1(2.5)	8(20.0)		1(2.5)	40(100.0)
계	129(75.9)	3(1.8)	3(1.8)	23(13.5)	8(4.7)	4(2.4)	170(100.0)

자료: 설문조사.

이전 주택의 소유형태〈표 Ⅴ-20〉 역시 자가의 비율이 88%로 가장 높다. 특히 부도심지역 주민의 자가 경험 비율이 가장 높으며, 지역·지구 중심 지역이 그 다음으로 나타나고 있고 도심지역이 가장 낮다. 또한 도심지역 주민들 중에 전세로 살았던 사람들의 비율도 상대적으로 높게 나타나고 있다.

198

〈표 Ⅴ-20〉 이전 주택 소유형태

단위: 인, (%)

	자가	전세	월세	기타	계
사직동	17(73.9)	**5(21.7)**	1(4.3)		23(100.0)
서초동	27(93.1)	2(6.9)			29(100.0)
잠실동	36(100.0)				36(100.0)
목 동	34(85.0)	6(15.0)			40(100.0)
도곡동	33(84.6)	5(12.8)		1(2.6)	39(100.0)
계	147(88.0)	18(10.8)	1(0.6)	1(0.6)	167(100.0)

자료: 설문조사.

이전 주택의 규모와 관련하여 전체 응답자의 69.4%가 40평 이상에 거주했던 것으로 나타났으며, 특히 60평 이상에 거주했던 가구도 23%가 넘는다〈표 Ⅴ-21〉. 지역별로는 도심부의 경우 24평 이하의 소규모 주택과 60평 이상의 대규모 주택 거주 경험자가 다른 지역에 비해 상대적으로 많으며, 부도심 주상복합건물 주민들은 주로 40평대 이상에서, 목동 지역은 3-40평대가 가장 많고, 도곡동은 50평대 이상의 주택에서 이주해 온 가구가 가장 많다.

〈표 Ⅴ-21〉 이전 주택의 규모

단위: 인, (%)

	24평 이하	25-29평	30-39평	40-49평	50-59평	60평 이상	계
사직동	4(19.0)		5(23.8)	5(23.8)		7(33.3)	21(100.0)
서초동			5(18.5)	7(25.9)	8(29.6)	7(25.9)	27(100.0)
잠실동			7(20.6)	12(35.3)	6(17.6)	9(26.5)	34(100.0)
목 동	2(5.4)		18(48.6)	8(21.6)	7(18.9)	2(5.4)	37(100.0)
도곡동	1(2.6)	1(2.6)	5(13.2)	9(23.7)	10(26.3)	12(31.6)	38(100.0)
계	7(4.5)	1(0.6)	40(25.5)	41(26.1)	31(19.7)	37(23.6)	157(100.0)

자료: 설문조사.

이상의 분석을 통해 이전 거주지와 관련된 내용을 정리하면 먼저 인근 지역에서의 이주가 가장 많으며 자가 소유의 주택에서 이주해 온 비율이 가장 높게 나타나고 있다. 그러나 도심지역은 전세 경험자가 상대적으로 많다. 이전 주택의 규모는 도심지역 규모가 가장 작고, 나머지 지역은 대부분 40평대 이상이다. 이전 거주지를 통해 본 가구의 특징도 고소득층이 다수임을 알 수 있다. 다만 도심지역 가구의 소득수준이 약간 낮음을 알 수 있다.

② 주상복합건물에 대한 인지

응답자의 95%가 이주과정 시 주상복합건물에 대해 인지하고 있었던 것으로 나타났다. 그러나 도심부의 사직동과 부도심지역 중 서초동 거주자들 중에는 주상복합건물에 대한 인지 없이 주택을 선택한 경우도 7% 이상으로 나타났다〈표 Ⅴ-22〉.

〈표 Ⅴ-22〉 주상복합건물 인지

단위: 인, (%)

	예	아니오	계
사직동	26(92.9)	2(7.1)	28(100.0)
서초동	27(90.0)	3(10.0)	30(100.0)
잠실동	36(100.0)		36(100.0)
목 동	40(97.6)	1(2.4)	41(100.0)
도곡동	42(100.0)		42(100.0)
계	171(96.6)	6(3.4)	177(100.0)

자료: 설문조사.

2) 주거입지 결정 요인

주상복합건물에 대한 인지를 하고 있었던 사람들 중 다른 유형의 주택이 아닌 주상복합건물 내 아파트를 선택한 이유를 질문하였다〈표 Ⅴ-23〉. 이 질문은 서로 다른 주택유형 간의 선택에 관한 질문이지만 현재의 주거에 대한 응답이기 때문에 각 지역의 특성들을 유추해볼 수 있는 부분이라 생각한다. 따라서 주거입지 결정 요인으로써의 지역 간 차별성을 파악하고자 하는 중요한 분석 요소라 본다.

<표 V-23> 주상복합건물 내 주거선택 이유

단위: 인, (%)

	재개발	교통환경		주거환경			주상복합 건물	내부 구조	관리		경제적 이유			기타	계
	재개발 권리자	직장 근접	교통 편리	주변 환경 (입지)	교육 여건	넓은 주택	건물 내 상업	집구조	맞벌이 편리	관리 편리	집값 싸서	재산 가치	내집 마련		
사직동	1(1.8)	14(25.0)	18(32.1)	6(10.7)	1(1.8)		3(5.4)	2(3.6)	4(7.1)	4(7.1)	1(1.8)	1(1.8)		1(1.8)	56 (100.0)
서초동		6(8.5)	18(25.4)	11(15.5)	2(2.8)	6(8.5)	6(8.5)	7(9.9)	3(4.2)		1(1.4)	8(11.3)	2(2.8)	1(1.4)	71 (100.0)
잠실동		12(12.5)	25(26.0)	18(18.8)		11(11.5)	10(10.4)	10(10.4)	1(1.0)	2(2.1)		7(7.3)			96 (100.0)
목동		6(5.7)	4(3.8)	29(27.6)	12(11.4)	11(10.5)	21(20.0)	9(8.6)			2(1.9)	8(7.6)	1(1.0)	2(1.9)	105 (100.0)
도곡동		8(9.8)	4(4.9)	14(17.1)		3(3.7)	21(25.6)	15(18.3)	3(3.7)	2(2.4)	5(6.1)	6(7.3)		1(1.2)	82 (100.0)
계	1(0.2)	46(11.2)	69(16.8)	78(19.0)	15(3.7)	31(7.6)	61(14.9)	43(10.5)	11(2.7)	8(2.0)	9(2.2)	30(7.3)	3(0.7)	5(1.2)	410 (100.0)

주: 음영으로 처리한 부분은 해당 지역에서 응답 비중이 높은 요소(10% 이상).
　　진한 글씨는 전 지역 평균보다 높은 비중을 나타내는 요소.
자료: 설문조사(복수응답).

가장 많은 응답은 주거환경 요소 중 주변의 근린환경이나 편익시설 등이 좋아서 선택했다는 것으로 전체의 19%에 해당하는데, 사례조사를 실시한 모든 지역에서 10% 이상의 높은 응답률을 보이고 있다. 그중 사직동의 응답률이 가장 낮은 것으로 보아 도심부 주거를 선택한 사람들의 경우 주거환경에 대한 기대가 다른 지역에 비해 그다지 크지 않은 것을 알 수 있다. 두 번째로 높은 응답은 교통의 편리함 때문에 현재의 주상복합건물 아파트를 선택한 경우로 16.8%를 차지하고 있는데, 목동과 도곡동을 제외한 도심과 부도심지역에서는 25% 이상의 가장 많은 응답을 얻고 있다. 특히 도심지역 거주자들의 경우 교통의 편리함 외에 직장과의 근접성 또한 높은 선택 이유가 되고 있어 교통환경이 중요한 주거선택 요소로 드러나고 있는데(전체의 57.1% 차지), 이는 주거환경의 질적 저하와 교통환경의 이점을 서로 상쇄시킨 결과로 보여진다. 교통환경 요소는 부도심지역 거주자들도 중요한 주거선택 요소로 응답하고 있는데, 직장근접의 이유는 적고 교통의 편리성 요인이 특히 강하게 작용하고 있어 도심지역과 차별성을 나타내고 있다.

이러한 결과는 2002년 9월 통계청에서 발표한 '한국의 인구 및 주택' 보도자료와 많은 차이점을 보여주고 있다. 자료에 따르면 개인적인 이동 사유는 지난 30년 동안에 많은 변화를 보이는데 구직, 직장, 사업 등 취업관련 이유는 줄어들고 주택이나 가족관련 이유가 과거에 비해 증가하고 있다는 것이다(통계청, 2002. 9, 50). 즉 직장과의 근접성이나 통근 시간 단축 등은 덜 중요한 주거선택 요소로 나타나고 있는 데 비해 주상복합아파트 주민들은 교통환경 요소가 상당히 중요한 주거입지 결정 요인으로 나타난 것이다.

세 번째로 높은 응답률을 보인 것은 동일건물 내에 복합되어 있는 상업기능의 편리성인데 다시 말해 주상복합건물이기 때문에 주거로 선택한 경우를 말하는 것이다. 이것을 주거선택 요소로 응답한 사람들은 지역·지구중심인 목동과 도곡동의 주민 중에 가장 많았다. 이는 다른 지역에 비해 복합기능으로서의 상업기능에 대한 기대가 크다는 것을 알 수 있다. 그런데 실제 건물 내 기능 중 특정 몇몇 기능(스포츠, 금융 등)들만 주로 이용하고 있는 점은 복합건물로써의 유용성 측면에서 제고해 보아야 할 점으로 보인다(〈표 Ⅴ-46〉 참조).

주택의 내부구조에 대한 선호도는 도심을 제외한 전 지역에서 비교적 높게 나타나고 있는데 그중에서 특히 도곡동이 가장 높다. 한편 내부관리의 편리성에 대해서는 도심부 지역 주민들의 선호도가 가장 높게 나타나고 있어 교통환경을 가장 중요시하는 도심부 주민들의 성향과 함께 시간비용을 중요하게 생각하는 가구들이 도심지역에 거주하는 비율이 높은 것으로 설명할 수 있겠다.

경제적 이유로 주상복합아파트를 선택한 사람들 중 부도심과 지역·지구중심의 주민들은 재산가치 때문에 주거로 선택한 경우가 도심지역에 비해 높은 비중을 차지하고 있다.

이상의 결과를 토대로 도심지역은 교통비용과 주거 관리에 대한 시간비용을 중요하게 생각하는 가구들이 주로 선택한 주거 형태라면 지역·지구중심 지역은 주거환경과 건물의 내부구조 및 주상복합건물의 편리성과 경제적 이유 때문에 선택한 가구가 가장 많고, 부도심지역은 교통환경과 주거환경, 경제적 이유 등이 고르게 분포하고 있어 이 두 지역의 중간적 형태를 띄는 곳으로 풀이된다.

3) 주거 만족도

① 주거 요소별 만족도

주상복합건물 내 주거 요소에 대한 만족도를 조사하였다〈표 Ⅴ-24〉. 각 문항별로 5점 척도로 질문하였고 이들을 다시 점수화하여 평균 점수를 분석에 이용하였다. 주상복합아파트에 거주하는 주민들은 대중교통의 편리함에 가장 높은 점수를 주고 있다. 이어 주변의 공공시설이나 편익시설, 경비, 직장근접 등이 4점 이상의 만족도를 나타내면서 2, 3, 4위를 차지하고 있다.

〈표 Ⅴ-24〉 주거 만족도 점수

단위: 점

	교통환경		주거환경						상가기능				건물 및 아파트 내부구조							관리		재산가치
	대중교통	직장근접	교육환경	공공시설	주변청결	주변환경	관리비	이웃친분	상가규모	업종다양성	상품수준	가격수준	건물출구	엘리베이터	주차장	오픈스페이스	내부구조	전용면적	채광통풍	경비방범	보수수리	투자가치
사직동	4.8	4.2	3.3	4.4	2.9	1.7	2.6	3.1	2.5	2.6	2.4	2.6	3.6	3.9	3.2	2.2	3.0	2.2	2.6	3.8	2.7	2.5
서초동	4.8	4.0	4.0	3.9	3.7	2.5	2.1	3.0	2.4	2.2	2.7	2.5	3.8	4.0	2.9	2.0	3.5	3.1	3.0	4.3	3.8	3.3
잠실동	4.8	4.2	3.4	4.3	4.1	2.9	2.8	3.3	2.9	2.8	3.0	2.9	3.7	3.8	4.2	3.0	3.8	3.2	3.2	4.3	3.9	2.9
목 동	3.9	3.8	4.0	4.2	3.8	3.1	3.0	3.1	3.0	2.8	3.1	2.9	3.2	3.4	3.2	3.7	3.6	3.6	2.9	3.9	3.8	3.3
도곡동	4.3	4.2	3.7	4.3	4.5	3.7	2.8	3.9	3.5	3.2	3.5	3.3	4.0	4.3	4.3	2.9	4.0	2.7	3.6	4.5	4.5	3.3
평 균	4.5	4.1	3.7	4.2	3.8	2.8	2.7	3.3	2.9	2.7	2.9	2.8	3.7	3.9	3.6	2.8	3.6	3.0	3.1	4.2	3.7	3.1

주: 음영으로 처리한 부분은 전체 지역 평균보다 높은 수준의 만족도를 나타내는 요소.
　　진한 글씨는 만족도 4 이상을 나타내는 요소.
자료: 설문조사.

지역별로 살펴보면 사직동 주민의 경우 주거환경 요소 중 대중교통과 직장근접, 공공시설에 4점 이상의 만족도를 나타내며 전체 평균 이상의 만족도를 나타내고 있지만 이외의 다른 요소들은 4점 이상의 요소도 없으며 전체 지역의 평균 만족도보다 높은 요소 또한 전혀 없다. 서초동은 대중교통과 직장근접, 교육환경, 엘리베이터, 경비·방범에 4점 이상의 만족도를, 그 이외에도 건물출구와 전용면적, 보수수리, 투자가치에 전체 지역 평균 이상의 점수를 얻고 있다. 한편 잠실동과 목동, 도곡동 주민의 주거 만족도는 10개 이상의 요소에서 전체 지역 평균 점수 이상을 나타내고 있어 다른 지역의 주상복합아파트에 비해 주거 만족 수준이 높다는 것을 알 수 있다는데, 잠실동은 교통환경 요소, 공공시설과 주변청결, 주차장, 경비·방범 요소에서 4점 이상의 만족도를 나타내고 있으며, 그 이외에도 주거환경 요소, 상가기능 관련 요소, 내부구조 요소, 관리 요소 등에서 전체 평균 점수 이상의 만족도를 얻고 있다. 목동은 교통환경 요소에서는 전 지역 중 가장 낮은 점수를 보이고 있는 반면 주거환경과 상가기능에서는 평균 이상의 만족도를 보이는 요소가 많다. 도곡동 주민은 가장 많은 요소에서 4점 이상과 평균 이상의 만족도를 나타내고 있는데, 특히 주거환경과 건물 및 아파트 내부구조, 관리 요소에서 높은 점수를 나타낸다.

반면 복합용도건물의 특징인 상가기능에 대해서는 전 지역 만족도 수준이 3점 미만을 기록하고 있다. 이는 상가기능에 대한 만족도가 "보통" 수준에도 미치지 못한다는 것을 의미한다. 물론 잠실과 목동, 도곡동의 경우 다른 지역에 비해 조금 높은 만족도 점수를 보여주고 있기는 하지만 이들 지역조차 아주 낮은 수준이다.

이상의 결과를 정리하면 도심은 교통환경에 가장 높은 점수를 주고 있지만 이외에 다른 요소들은 전 지역 중 가장 낮은 점수를 나타내고 있다. 부도심지역 역시 도심과 마찬가지로 교통환경에서 가장 높은 점수를 얻고 있지만 나머지 요소들에서는 도심과 지역·지구중심 지역의 중간

정도 위치를 나타내고 있다. 지역·지구중심 지역은 주거환경과 상가기
능, 내부구조 및 건물 관리 부문에서 도심과 부도심지역에 비해 높은 점
수를 나타내고 있는데 그중 목동은 교육환경과 공공시설, 도곡동은 아파
트 관리와 주변청결 및 공공시설에서 가장 만족하고 있는 것으로 보인
다. 그리고 복합건물로서의 상가기능에 대해서는 지역·지구중심 지역에
서 가장 높은 만족도 수준이 나타나고 있지만 전체적으로는 다른 요소들
에 비해 가장 낮은 점수를 나타내고 있어 상업기능의 복합에 대한 세심
한 배려가 지금까지와는 다른 방향에서 이루어져야 할 필요성을 제시해
주고 있다〈그림 Ⅴ-2〉.

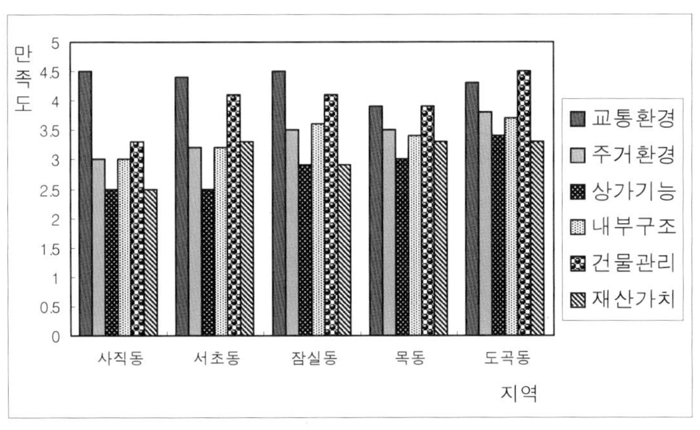

〈그림 Ⅴ-2〉 지역별 주거 만족도

② 근린관계 형성

근린관계는 주거 만족도와 주거지역 이해에 있어 중요한 요소이다. 근
린관계가 좋을수록 주거에 대한 총체적 만족도가 높을 것이므로 앞에서
살펴 본 주거 요소별 만족도와 더불어 주상복합건물 내 아파트에서 서로
알고 지내는 가구수가 얼마인지를 질문하였다〈표 Ⅴ-25〉.

〈표 Ⅴ-25〉 주상복합건물 내 인지가구수

단위: 인, (%)

	0	1-5가구	6-10가구	11-15가구	16-20가구	30가구 이상	계
사직동	2(9.1)	15(68.2)	5(22.7)				22(100.0)
서초동	2(7.4)	23(85.2)	2(7.4)				27(100.0)
잠실동		22(68.8)	8(25.0)			2(6.3)	32(100.0)
목 동	2(5.4)	22(59.5)	5(13.5)	3(8.1)	4(10.8)	1(2.7)	37(100.0)
도곡동	1(2.9)	11(32.4)	11(32.4)	2(5.9)	3(8.8)	6(17.6)	34(100.0)
계	7(4.6)	93(61.2)	31(20.4)	5(3.3)	7(4.6)	9(5.9)	152(100.0)

자료: 설문조사.

그 결과 5가구 이내의 가구만 알고 지내는 집이 60%를 넘는다. 지역별로 살펴보면 이웃을 전혀 모르고 지내는 가구는 도심지역에서 상대적으로 높은 비율을 나타내고 있다. 반면 11가구 이상을 알고 지내는 지역은 목동과 도곡동 주민들이었다. 부도심지역 주민들은 이들 지역의 중간 형태를 띠고 있다.

건물 및 집적의 규모와 관련시켜 볼 때 목동과 도곡동은 사례지역 중 가장 단지 규모가 크고 건물의 규모 또한 큰 곳으로 단지와 건물 규모가 클수록 주거 만족도가 높고 근린관계도 좋은 것으로 풀이된다. 결국 새로운 형태의 주택을 통해 형성된 주거지역의 규모와 근린관계 형성은 밀접한 관련이 있음을 짐작할 수 있다.

③ 이전 거주지와의 비교

이전 거주지와 비교하여 좋은 점〈표 Ⅴ-26〉은 건물 내 편의시설이 있어 좋다는 응답이 가장 많았고, 다음으로 교통의 편리함을 들었다. 도심지역 주민들이 이전 거주지에 비해 좋은 점으로 교통환경과 관리 부분이 가장 많다. 부도심지역은 교통과 건물 내 편의시설의 입지, 지역・지구중심은 건물 내 편의시설 입지가 가장 높은 응답률을 보여주고 있다. 이것은 주상복합아파트를 주거로 선택한 이유〈표 Ⅴ-23〉와 거의 일치하는 결과를 보여주고 있는 것으로 나타나 주거선택 시 고려 요소였던 부분들에 대해 대체로 만족하고 있는 것으로 보이며 지역 간 차별적 특성을 고려할 때 도심부의 주상복합건물은 교통환경이 가장 좋고, 지역·지구중심지역은 건물의 내부구조와 관련된 부분이 가장 좋으며, 부도심지역은 이 두 지역의 특성들이 조금씩 혼합되어 있음을 보여준다.

<표 V-26> 이전 거주지와 비교 시 좋은 점

단위: 인, (%)

	주거환경					직주 근접	입지 이점	건물과 내부구조				관리	경제적 가치	기타		계
	교통	깨끗	조용	공조 시스템	주민 수준	직장 근접	도심부	넓다	편의 시설	전망	건물 훌륭	관리 편리	재산 가치	모두 좋다	없다	계
사직동	10 (30.3)	1 (3.0)	1 (3.0)			4 (12.1)	5 (15.2)	1 (3.0)	1 (3.0)			10 (30.3)				33 (100.0)
서초동	14 (36.8)	1 (2.6)	1 (2.6)			2 (5.3)			12 (31.6)			6 (15.8)		1 (2.6)	1 (2.6)	38 (100.0)
잠실동	18 (34.6)	3 (5.8)	2 (3.8)			1 (1.9)		3 (5.8)	13 (25.0)	8 (15.4)	1 (1.9)	3 (5.8)				52 (100.0)
목 동	6 (12.2)	1 (2.0)	2 (4.1)	3 (6.1)	1 (2.0)			4 (8.2)	27 (55.1)	2 (4.1)		1 (2.0)	1 (2.0)		1 (2.0)	49 (100.0)
도곡동	5 (8.8)	5 (8.8)		2 (3.5)	1 (1.8)	2 (3.5)			37 (64.9)	2 (3.5)		2 (3.5)			1 (1.8)	57 (100.0)
계	53 (23.1)	11 (4.8)	6 (2.6)	5 (2.2)	2 (0.9)	9 (3.9)	5 (2.2)	8 (3.5)	90 (39.3)	12 (5.2)	1 (0.4)	22 (9.6)	1 (0.4)	1 (0.4)	3 (1.3)	229 (100.0)

자료: 설문조사(복수응답).

<표 V-27> 이전 거주지와 비교 시 나쁜 점

단위: 인, (%)

	주거환경							근린관계		교통환경	건물 및 내부구조						관리		재산가치	기타	
	주변환경	소음공해	교육환경	편의시설부족	상가부족	복잡	주차문제	세대수적다	고연령중심	교통불편	전용면적·내부구조	환기	스포츠공간부족	지루삭막폐쇄성	건물노후	오픈스페이스부족	관리비	관리문제	투자가치적다	없다	계
사직동	5 (14.7)	11 (32.4)	2 (5.9)				2 (5.9)	1 (2.9)			3 (8.8)	2 (5.9)	1 (2.9)	1 (2.9)	1 (2.9)	2 (5.9)	2 (5.9)	1 (2.9)			34 (100.0)
서초동	3 (8.6)	12 (34.3)		1 (2.9)	1 (2.9)		3 (8.6)	2 (5.7)			1 (2.9)			4 (11.4)		2 (5.7)	4 (11.4)		1 (2.9)	1 (2.9)	35 (100.0)
잠실동	2 (6.5)	5 (16.1)	4 (12.9)			6 (19.4)		2 (6.5)			1 (3.2)			2 (6.5)		3 (9.7)	2 (6.5)		2 (6.5)	2 (6.5)	31 (100.0)
목 동	2 (4.9)	4 (9.8)			1 (2.4)					2 (4.9)	2 (4.9)	8 (19.5)		5 (12.2)		3 (7.3)	1 (2.4)			13 (31.7)	41 (100.0)
도곡동		12 (24.5)					2 (4.1)		1 (2.0)	1 (2.0)	4 (8.2)	4 (8.2)		5 (10.2)		9 (18.4)	6 (12.2)		1 (2.0)	4 (8.2)	49 (100.0)
계	12 (6.3)	44 (23.2)	6 (3.2)	1 (0.5)	2 (1.1)	6 (3.2)	7 (3.7)	5 (2.6)	1 (0.5)	3 (1.6)	11 (5.8)	14 (7.4)	1 (0.5)	17 (8.9)	1 (0.5)	19 (10.0)	15 (7.9)	1 (0.5)	4 (2.1)	20 (10.5)	190 (100.0)

자료: 설문조사(복수응답).

반대로 이전 거주지와 비교했을 때 나쁜 점〈표 Ⅴ-27〉은 소음·공해가 가장 많았다. 용도지역상 상업지역이며 간선도로변에 입지한 건물들이 대부분이므로 가장 문제가 될 수 있다고 본다. 두 번째로 응답률이 높은 것은 '나쁜 점이 없다'이며, 세 번째는 오픈스페이스 부족이다.

지역별로 살펴보면 사직동은 주변환경과 소음공해에 대한 불만이 가장 많았고, 부도심과 지역·지구중심의 주민들은 소음공해 및 건물의 폐쇄성과 삭막함에 대한 불만족도가 높게 나타나고 있다. 여기서 도심부 주민들은 건물 및 내부구조에 대한 불만족이 다른 지역에 비해 상대적으로 낮은데, 이는 도심부 주민들은 주거선택 시 이미 교통비용과 관리의 편리성에 중점을 두고 있어 아파트 내부구조와 건물 내 오픈스페이스 등에 대한 고려는 아예 하지 않고 있기 때문인 것으로 생각할 수 있겠다. 한편 목동에서는 31.7%에 해당하는 응답자들이 이전 거주지와 비교했을 때 나쁜 점이 없다고 대답하여 다른 지역에 비해 가장 높은 비율을 나타내고 있다.

④ 총체적 만족도

주거환경과 관련된 개별 요인들의 만족도, 근린관계, 이전 거주지와의 비교 등을 통해 주상복합아파트에 대한 총체적 만족도를 질문하였는데 〈표 Ⅴ-28〉, '조금 만족' 이상의 수준이 50%를 넘어서고 있다. 즉 절반 이상의 주민이 주상복합건물 내 주거환경에 대해 전반적으로 만족하고 있는 것으로 보인다. '조금 불만' 이하의 응답이 상대적으로 높은 곳은 도심지역이었다. 잠실과 목동, 도곡동은 요소별 만족도 조사에서 대부분의 요소가 평균 이상의 점수를 받고 있는 것과 마찬가지로 총체적 만족도에서도 '조금 만족' 이상의 비율이 상대적으로 높게 나타나고 있다. 특히 목동과 도곡동 등 지역·지구중심 지역 주민들은 도심과 부도심지역에 비해 '아주 만족'의 응답률이 상당히 높은 것을 알 수 있다.

결과적으로 지역·지구중심 지역의 주상복합 집적지역의 주거 만족도가 가장 좋으며, 도심지역은 반대로 만족 수준이 가장 낮으며 부도심지역은 이 두 지역의 중간 정도를 나타내는 것으로 정리할 수 있다.

〈표 Ⅴ-28〉 생활환경에 대한 총체적 만족도

단위: 인, (%)

	아주만족	조금만족	보 통	조금불만	아주불만	계
사직동		5(20.8)	13(54.2)	6(25.0)		24(100.0)
서초동	1(3.6)	12(42.9)	15(53.6)			28(100.0)
잠실동		25(71.4)	9(25.7)	1(2.9)		35(100.0)
목 동	4(10.8)	11(29.7)	16(43.2)	5(13.5)	1(2.7)	37(100.0)
도곡동	10(24.4)	25(61.0)	5(12.2)	1(2.4)		41(100.0)
계	15(9.1)	78(47.3)	58(35.2)	13(7.9)	1(0.6)	165(100.0)

자료: 설문조사.

4) 발전가능성

현재 새로이 형성되고 있는 분화된 주거지역이라는 관점에서 앞으로 이와 같은 주상복합건물 집적지역의 주거지화가 얼마만큼 발전가능성이 있는지를 알아보기 위해 몇 가지 질문을 제시하였다.

① 향후 주상복합건물로의 이주 의사

a. 이주 의향

앞으로 이사를 할 경우 다시 주상복합아파트로 갈 의사가 있는지를 물었다〈표 Ⅴ-29〉. 예와 아니오의 대답이 거의 절반씩이다.

지역별로는 도심지역 주민들의 경우 이주 의향이 전혀 없는 경우가 상당히 많고 반면 잠실과 목동, 도곡동 주민들은 "예"의 응답률이 약 74%

수준이다. 도곡동은 가장 높아 82.1%를 나타낸다.

집적지역의 규모와 관련시켜 볼 때 주상복합건물 집적 정도가 큰 지역일수록 주상복합건물로의 이주 의사가 높으며, 이 지역들은 앞에서 분석한 주거 만족도, 근린관계 형성 역시 높은 점수를 나타내고 있는 지역들이다.

<표 Ⅴ-29> 주상복합건물로의 이주 의향

단위: 인. (%)

	예	아니오	계
사직동	5(17.9)	23(82.1)	28(100.0)
서초동	14(48.3)	15(51.7)	29(100.0)
잠실동	25(69.4)	11(30.6)	36(100.0)
목 동	28(70.0)	12(30.0)	40(100.0)
도곡동	32(82.1)	7(17.9)	39(100.0)
계	104(60.5)	68(39.5)	172(100.0)

자료: 설문조사.

b. 주상복합건물 이주 의향 없는 이유와 원하는 주택유형

주상복합건물로의 이주 의사가 없는 사람들의 이유를 질문하였다<표 Ⅴ-30>.

소음과 공해, 관리비 과다, 전용면적과 관련한 건물의 내부구조, 상업용도와의 혼합, 낮은 투자가치 등의 응답 비율이 가장 높았다. 상업지역을 이용한 주거이기 때문에 역세권이나 간선도로변에 있는 건물이 많아 소음과 공해는 당연한 결과일 것이다. 전용면적에 비해 집의 가격이 비싸고 관리비가 많이 드는 점 또는 주상복합아파트의 대표적 약점 중 하나이다. 또한 상업용도와의 혼합을 이유로 든 것까지 이상의 4가지 이유는 상업지역에 건설된 주택으로써 주상복합건물이 가지는 대표적 약점이라 할 수 있는데 이러한 이유로 다른 유형의 주택을 원하는 주민들이

50%를 넘는다.

　이상의 결과는 앞으로 새로운 주택유형으로써의 주상복합건물의 발전을 위해 공급자들이 가장 기본적으로 고려해야 할 사항들이 제시된 것이라 생각한다.

〈표 Ⅴ-30〉 주상복합건물로의 이주를 원하지 않는 이유

단위: 인, (%)

| | 주거환경 | | | | | | | 건물구조 | | | | 용도혼합 | 경제가치 | |
	소음공해	교육여건	주변환경	공공시설부족	주차불편	관리비과다	주민협조	전용면적·내부구조	복잡고층	환기	오픈스페이스부족	상업용도와 혼합	투자가치	계
사직동	8 (19.0)	2 (4.8)	5 (11.9)	2 (4.8)	1 (2.4)	6 (14.3)	1 (2.4)	9 (21.4)				5 (11.9)	3 (7.1)	42 (100.0)
서초동	4 (12.9)		5 (16.1)	1 (3.2)	2 (6.5)	7 (22.6)		1 (3.2)				8 (25.8)	3 (9.7)	31 (100.0)
잠실동	5 (27.8)		2 (11.1)			5 (27.8)		2 (11.1)					4 (22.2)	18 (100.0)
목　동	3 (14.3)		1 (4.8)		1 (4.8)	4 (19.0)		3 (14.3)	1 (4.8)	1 (4.8)	1 (4.8)	2 (9.5)	4 (19.0)	21 (100.0)
도곡동	3 (20.0)					1 (6.7)		3 (20.0)		1 (6.7)	2 (13.3)	2 (13.3)	3 (20.0)	15 (100.0)
계	23 (18.1)	2 (1.6)	13 (10.2)	3 (2.4)	4 (3.1)	23 (18.1)	1 (0.8)	18 (14.2)	1 (0.8)	2 (1.6)	3 (2.4)	17 (13.4)	17 (13.4)	127 (100.0)

자료: 설문조사(복수응답).

　주상복합건물로의 이주 의사가 없는 사람들 중 65.2%는 아파트로 이주하기 바라고 있으며, 단독주택을 원하는 가구도 31.8%를 차지하고 있다. 도심과 서초동지역 주민들은 아파트를 원하는 가구가 70% 이상이며, 잠실 주민들은 아파트와 단독주택에 대한 선호도가 45.5%로 비슷하게 나타나고 있고, 목동과 도곡동은 아파트로의 이주 의향을 나타낸 응답자가 57% 정도로 비슷하다〈표 Ⅴ-31〉.

<표 Ⅴ-31> 향후 이주하고 싶은 주택 형태

단위: 인, (%)

	아파트	연립주택	단독주택	계
사직동	15(71.4)		6(28.6)	21(100.0)
서초동	12(80.0)		3(20.0)	15(100.0)
잠실동	5(45.5)	1(9.1)	5(45.5)	11(100.0)
목　동	7(58.3)		5(41.7)	12(100.0)
도곡동	4(57.1)	1(14.3)	2(28.6)	7(100.0)
계	43(65.2)	2(3.0)	21(31.8)	66(100.0)

자료: 설문조사.

② 주상복합건물 개발에 대한 의견

주상복합건물의 공급 증가에 대한 의견을 질문하였다〈표 Ⅴ-32〉. '찬성' 이상이 75%로 응답자의 2/3 이상이 긍정적 반응을 보이고 있다.

그러나 지역별로는 차별성을 나타내고 있는데, 도심부는 반대 의견이 약 30%에 해당하며, 부도심지역인 서초동과 잠실동은 보통이거나 약간 찬성 정도의 의견이 절대적이다.

절대적인 찬성 비율이 높은 곳은 목동과 도곡동으로 나타났다. 이 지역은 주거 만족도에서도 가장 높은 점수를 나타낸 곳이다. 한편 도심은 주거 만족도가 가장 낮은 곳으로 역시 개발에 대해서도 반대 의견이 많이 나타나고 있다.

그런데 도심부 주상복합건물 주민들이 주상복합건물 개발에 대해 가장 많은 반대 의사를 표명하고 있어 도심부 주거 공급을 통한 새로운 도시성 회복이 목적인 복합용도개발의 계획 개념을 제대로 실천하기 위해서는 도심부 주상복합건물에 대해 새로운 개념 정립과 개발계획이 필요한 시점이라 생각한다.

<표 V-32> 주상복합건물 개발에 대한 의견

단위: 인, (%)

	절대반대	반대	보통	찬성	절대찬성	기타	계
사직동		8(29.6)	2(7.4)	14(51.9)	3(11.1)		27(100.0)
서초동			12(40.0)	16(53.3)	2(6.7)		30(100.0)
잠실동		1(2.8)	4(11.1)	24(66.7)	7(19.4)		36(100.0)
목　동	1(2.4)	3(7.3)	5(12.2)	17(41.5)	15(36.6)		41(100.0)
도곡동		2(4.8)	6(14.3)	16(38.1)	15(35.7)	3(7.1)	42(100.0)
계	1(0.6)	14(8.0)	29(16.5)	87(49.4)	42(23.9)	3(1.7)	176(100.0)

자료: 설문조사.

5) 상업기능의 역할[41]

복합기능으로써의 상가는 기본적으로 건물 내 주민들에 대한 근린생활 기능을 제공해 주는 것이 계획 개념에서의 목표이다. 실재 서울시 주상복합건물에서 제공하는 주거 외의 기능들이 이러한 개념에 어느 정도 부합하고 있는지를 알아보기 위해 상권 형성과정에서 나타나는 점포 입지 요인을 분석하고, 실재 내점 고객들의 비율을 대상으로 상권 형성의 공간적 범위를 분석하고자 한다.

① 상권 형성과정

a. 점포 입지 요인

주상복합건물 내 점포 입지 이유를 질문하였다<표 V-33>.

건물 내 주민에 대한 기대는 예상 외로 적게 나타났는데(24.1%), 그중 도심과 부심, 도곡동 상가에서는 복합건물에 대한 기대로 입점한 경우가 상대적으로 높은 수치를 나타내고 있다.

---

41) 설문 응답 점포의 일반적 사항은 부록을 참조할 것.

〈표 Ⅴ-33〉 입점 요인

단위: 인, (%)

	권리자	주민 있어 유리할 것 같아	집과 근접	위치상 적합	개인적 이유	임대료 싸서	관리 편리	기타	계
도 심	1(5.3)	5(26.3)		10(52.6)	1(5.3)	1(5.3)		1(5.3)	19(100.0)
부심역세권		5(22.7)		16(72.7)				1(4.5)	22(100.0)
목 동		3(14.3)	3(14.3)	10(47.6)	1(4.8)	1(4.8)		3(14.3)	21(100.0)
도곡동		8(32.0)	1(4.0)	11(44.0)	1(4.0)		1(4.0)	3(12.0)	25(100.0)
계	1(1.1)	21(24.1)	4(4.6)	47(54.0)	3(3.4)	2(2.3)	1(1.1)	8(9.2)	87(100.0)

자료: 설문조사.

오히려 건물과는 상관없이 주변의 여건을 고려할 때 위치상 적합해서라는 대답이 54.0%로 가장 많았다. 특히 부심역세권 건물의 상가는 70% 이상이 위치의 적합성을 입점 요인으로 대답하였다.

주거지와 가까워서 개업했다는 점포주들은 주로 목동과 구로동에 많았다. 이는 직·주 근접을 분석하게 될 차후의 분석 결과를 통해서도 알 수 있는데(〈표 Ⅴ-42〉 참조) 상가 점포주의 경우 지역·지구중심 지역으로 갈수록 직장과 집과의 거리가 가까운 것으로 나타났다.

b. 만족도(일반 상가와의 비교)

일반 상가와의 비교를 위해 '분양가나 임대료, 월평균 순수익, 영업 시 애로사항과 유리한 점' 등에 대한 질문을 하였다. 분양가나 임대료는 비슷하거나 비싼 것으로 나타났다〈표 Ⅴ-34〉. 특히 부심역세권의 임대료가 일반 상가에 비해 상당히 높은 것으로 보인다.

점포의 월평균 순수익〈표 Ⅴ-35〉은 도심과 부심역세권이 다른 지역에 비해 상대적으로 적은 편이라는 대답이 많았고, 목동과 도곡동은 비슷하다는 응답이 대부분이었다. 순수익 측면에서 일반 상가에 비해 특별히 적다는 생각을 하고 있는 사람들은 26.2% 수준을 나타내고 있다.

결국 도심과 부도심지역 주상복합건물 내 상가 점포주들은 일반 상가에 비해 높은 임대료를 지불하면서 순수익은 적은 것으로 생각하고 있어 만족도가 낮을 것으로 보이며, 반면 목동과 도곡동의 점포주들은 이들 지역에 비해 상가 경영에 대한 만족도가 조금 높을 것으로 짐작할 수 있다.

〈표 Ⅴ-34〉 점포의 분양가나 임대료 수준

단위: 인, (%)

	비싼 편이다	비슷하다	싼 편이다	계
도 심	1(5.3)	15(78.9)	3(15.8)	19(100.0)
부심역세권	17(77.3)	5(22.7)		22(100.0)
목 동	8(34.8)	15(65.2)		23(100.0)
도곡동	15(60.0)	9(36.0)	1(4.0)	25(100.0)
계	41(46.1)	44(49.4)	4(4.5)	89(100.0)

자료: 설문조사.

〈표 Ⅴ-35〉 점포의 월평균 순수익

단위: 인, (%)

	많은 편이다	비슷하다	적은 편이다	계
도 심		11(64.7)	6(35.3)	17(100.0)
부심역세권	3(13.6)	11(50.0)	8(36.4)	22(100.0)
목 동	1(5.0)	16(80.0)	3(15.0)	20(100.0)
도곡동	3(12.0)	17(68.0)	5(20.0)	25(100.0)
계	7(8.3)	55(65.5)	22(26.2)	84(100.0)

자료: 설문조사.

주상복합건물에서 상가운영 시 가장 힘든 점〈표 Ⅴ-36〉은 주거부문과의 마찰이었다. 상가 대표자들과의 인터뷰를 통해 이 문제는 심각한 상황임을 알 수 있었는데, 주민 대표들과 상가 대표들 간에는 상당히 좋지

220

않은 감정들이 쌓여 있었다. 주민들은 건물 외벽에 거는 점포의 간판 크기, 음식점의 냄새, 상가운영 시간 등 주거환경을 해칠만한 요소들에 대해 미리 기준을 정해 놓고 그것을 지키도록 요구하고 있었다. 이에 대해 점포 주인들은 불만의 목소리가 높았다. 또한 건물 내부의 일부 몇 개 층만을 사용하는 점포들이기 때문에 일반 고객들에게 인지도가 낮다는 점이 불만사항 중 하나였다. 건물의 외관상 대부분 주거나 사무실용으로 보이는 곳들이 많아 지하에 있는 음식점 등은 손님 유치가 한정적이라는 것이다. 그러나 일반 상가와 비교해서 크게 애로점이라고 할 만한 사항이 없다고 생각하는 점포주도 40.3%나 된다.

반면 주상복합건물이기 때문에 유리한 점〈표 V-37〉에 대해 전체 26.5%의 응답자가 고정고객을 이유로 들고 있는데 특히 부심역세권의 경우 주변 업무시설들에서 오는 고정고객이 많아 좋다고 대답한 경우가 36.8%를 나타내고 있다. 또한 건물 관리를 일괄적으로 하기 때문에 신경 쓰지 않아도 되는 부분들이 좋다는 응답도 20.6%로 높은 편이다. 한편 도심부는 주변지역에 상가가 집적되어 있어 유리하다는 응답이 17.6%로 많은 반면 유리한 점이 하나도 없다고 응답한 점포주가 52.9%로 가장 많다.

〈표 V-36〉 주상복합건물에서 영업 시 애로사항

단위: 인, (%)

	경쟁력 저하	주거와의 마찰	주차장	공해	임대료 과다	복잡	관리비	없다	계
도 심	3(16.7)	4(22.2)	1(5.6)	1(5.6)				9(50.0)	18(100.0)
부심역세권	3(16.7)	8(44.4)			2(11.1)			5(27.8)	18(100.0)
목 동	3(20.0)	6(40.0)				1(6.7)	2(13.3)	3(20.0)	15(100.0)
도곡동	6(28.6)	1(4.8)			1(4.8)		1(4.8)	12(57.1)	21(100.0)
계	15(20.8)	19(26.4)	1(1.4)	1(1.4)	3(4.2)	1(1.4)	3(4.2)	29(40.3)	72(100.0)

자료: 설문조사.

<표 Ⅴ-37〉 주상복합건물에서 영업 시 유리한 점

단위: 인, (%)

	관리용이	상가집적유리	고정고객	없다	계
도 심	3(17.6)	3(17.6)	2(11.8)	9(52.9)	17(100.0)
부심역세권	4(21.1)	1(5.3)	7(36.8)	7(36.8)	19(100.0)
목 동	3(30.0)		2(20.0)	5(50.0)	10(100.0)
도곡동	4(18.2)	3(13.6)	7(31.8)	8(36.4)	22(100.0)
계	14(20.6)	7(10.3)	18(26.5)	29(42.6)	68(100.0)

자료: 설문조사.

② 상권의 공간적 범위

점포 고객 전체를 100으로 잡았을 경우 동일건물 내 고객과 단지 내 고객(도보권 고객), 단지 외 고객이 어느 정도의 비율로 내점하는지 조사하였다〈표 Ⅴ-38〉. 주상복합건물 내 주민의 내점 비율이 높을수록 복합용도개발의 계획 개념이 잘 실현되고 있다고 볼 수 있을 것이다.

도심 건물은 고객의 70% 이상이 건물 내 주민인 경우가 30.8%로 가장 많았고, 부심지역은 고객의 30-50%를 차지하는 점포가 31.8%로 가장 많다. 목동과 도곡동은 고객의 10-30%가 건물 내 주민인 점포가 26.7%, 40.0%로 지역 내에서 가장 많았다.

특히 도심지역 건물은 고객의 70% 이상이 건물 내 주민이라고 대답한 점포가 전체 응답 점포의 30% 정도를 차지하고 있는데 이 비율은 다른 지역에 비해 최고 수준을 나타내고 있다. 반면 도곡동은 건물 내 주민이 고객의 70% 이상을 차지하는 점포는 단 한 곳도 없었다. 부심역세권 점포와 목동은 22~26%의 점포가 동일건물 내 고객이 70% 이상이라고 응답하였다.

동일건물 내 주민이 고객의 30% 미만을 차지하는 점포는 도심은 38.5%,

부심은 40.9%, 목동은 40%, 도곡동은 70%를 나타내고 있다. 특히 건물 내 주민이 고객의 10%가 채 안 되는 점포도 도심 23.1%, 부심 18.2%, 목동 13.3%, 도곡동 30.0%로 나타나 특히 도곡동 주상복합건물 주민들이 건물 내 상가 이용률에 있어 가장 저조함을 알 수 있다. 한편 도보권 고객은 도심을 제외한 지역 모두가 비슷한 값을 나타내고 있으며, 단지 외 고객은 도심과 도곡동지역이 가장 많은 것으로 분석된다.

〈표 Ⅴ-38〉 고객 구성 비율

단위: 개소, (%)

	10% 이하			10-30%			30-50%			50-70%			71-100%			계		
	동일 건물	단지 내	단지 외	동일 건물	단지 내	단지 외	동일 건물	단지 내	단지 외	동일 건물	단지 내	단지 외	동일 건물	단지 내	단지 외	동일 건물	단지 내	단지 외
도 심	3 (23.1)	5 (45.5)	4 (23.5)	2 (15.4)	5 (45.5)	1 (5.9)	2 (15.4)	1 (9.1)	3 (17.6)	2 (15.4)		2 (11.8)	4 (30.8)		7 (41.2)	13 (100.0)	11 (100.0)	17 (100.0)
부심 역세권	4 (18.2)	4 (20.0)	4 (30.8)	5 (22.7)	4 (20.0)	6 (46.2)	7 (31.8)	5 (25.0)	1 (7.7)	1 (4.5)	6 (30.0)	1 (7.7)	5 (22.7)	1 (5.0)	1 (7.7)	22 (100.0)	20 (100.0)	13 (100.0)
목 동	2 (13.3)	2 (12.5)	3 (30.0)	4 (26.7)	4 (25.0)	4 (40.0)	3 (20.0)	4 (25.0)	1 (10.0)	2 (13.3)	4 (25.0)		4 (26.7)	2 (12.5)	2 (20.0)	15 (100.0)	16 (100.0)	10 (100.0)
도곡동	6 (30.0)	4 (18.2)	1 (4.8)	8 (40.0)	6 (27.3)	5 (23.8)	4 (20.0)	7 (31.8)	6 (28.6)	2 (10.0)	4 (18.2)	3 (14.3)		1 (4.5)	6 (28.6)	20 (100.0)	22 (100.0)	21 (100.0)
계	15 (21.4)	15 (21.7)	12 (19.7)	19 (27.1)	19 (27.5)	16 (26.2)	16 (22.9)	17 (24.6)	11 (18.0)	7 (10.0)	14 (20.3)	6 (9.8)	13 (18.6)	4 (5.8)	16 (26.2)	70 (100.0)	69 (100.0)	61 (100.0)

자료: 설문조사.

지역별로 상가 고객 구성 비율의 평균값으로 비교하면〈그림 V-3, 4, 5〉, 도심지역은 건물 내 주민과 단지 외 고객이 주를 이루며, 부심역세권은 건물 내 주민과 단지 내 도보권 고객이 주를 이루고 있고, 지역·지구중심은 세 가지 고객 비율이 비슷하지만 건물 내 주민이 가장 적은 것으로 나타나고 있다.

주민의 건물 내 복합기능 이용 분석〈표 V-46〉과 관련시켜 보면, 지역·지구중심 지역 건물의 주민들이 건물 내에서 이용하는 상가기능의 종류가 가장 많았으며, 도심지역이 가장 적은 것으로 나타났다. 그런데 점포별 고객 중 건물 내 주민의 비율은 지역·지구중심 지역에서 가장 낮게 나타나고 있다. 이를 통해 볼 때 목동과 도곡동의 경우 이용할 수 있는 기능의 종류는 많지만 건물 내 주민이 점포당 차지하는 고객의 구성 비율은 오히려 적은 것을 알 수 있으며, 도심지역은 이용하는 기능의 개수는 적지만 점포당 고객의 비율은 많다는 것을 알 수 있다.

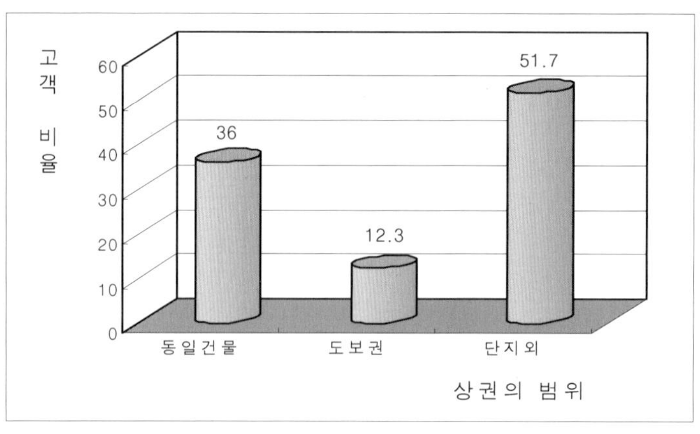

〈그림 V-3〉 도심지역 상가 고객 점유 비율

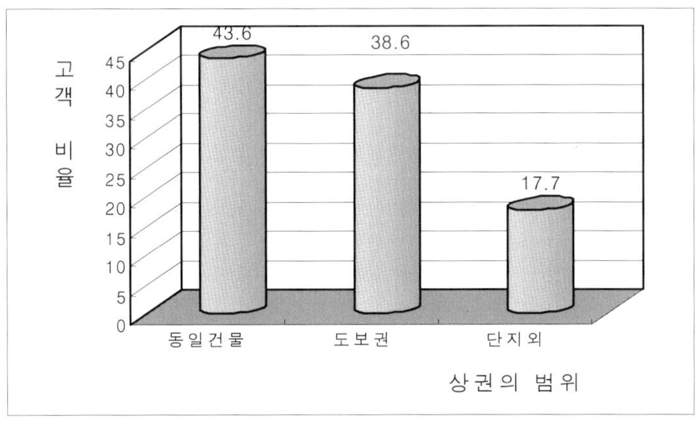

〈그림 Ⅴ-4〉 부도심지역 상가 고객 점유 비율

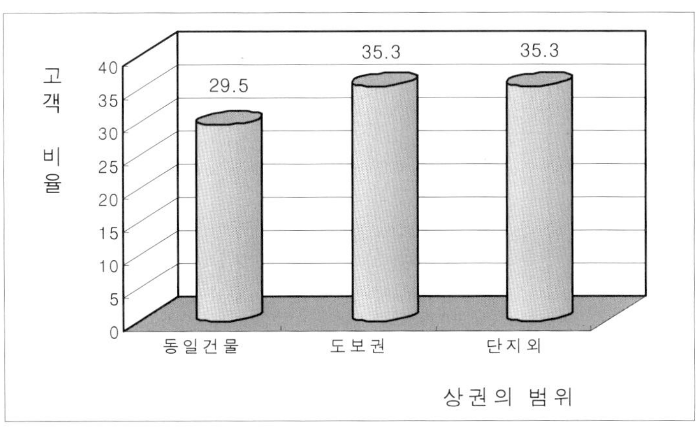

〈그림 Ⅴ-5〉 지역·지구중심 지역 상가 고객 점유 비율

③ 발전에 대한 의견

주상복합건물의 공급 확대 경향에 대한 점포주들의 의견〈표 Ⅴ-39〉은 주민에 비해 반대 의견의 비율이 높게 나타나고 있다.

지역별로 살펴보면 부도심 역세권지역 점포주들의 찬성 비율이 가장 높고, 도지역 점포주들의 보통 이상 찬성 비율도 높은 반면 목동과 도곡동은 중간 정도의 의견을 나타내는 사람들이 상대적으로 가장 높다.

주상복합아파트 주민의 경우 도심지역에서 반대 비율이 가장 높았고 목동과 도곡동 주민들의 찬성 비율이 가장 높은 것에 비해 상이한 결과를 나타내고 있음을 알 수 있다.

<표 V-39> 주상복합건물 개발에 대한 의견

단위: 인, (%)

	절대 반대	반대	보통	찬성	적극찬성	계
도 심	1(5.3)	4(21.1)	6(31.6)	3(15.8)	5(26.3)	19(100.0)
부심역세권	1(4.5)	2(9.1)	5(22.7)	8(36.4)	6(27.3)	22(100.0)
목 동	3(13.0)	3(13.0)	8(34.8)	5(21.7)	4(17.4)	23(100.0)
도곡동	1(4.0)	3(12.0)	8(32.0)	7(28.0)	6(24.0)	25(100.0)
계	6(6.7)	12(13.5)	27(30.3)	23(25.8)	21(23.6)	89(100.0)

자료: 설문조사.

4. 복합용도개발의 효과

복합용도개발계획 개념에서 가장 중요한 목적으로 삼고 있는 것은 '직·주 근접'과 이를 통한 도시 '교통량 감소'이며 주상복합건물은 이러한 계획 개념에 의해 등장한 건축형식이다. 따라서 이번 장에서는 복합용도개발의 계획 개념이 현재 서울시 주상복합건물을 통해 제대로 구현되고 있는지를 분석하고자 한다. 이를 위해 주상복합건물 주민과 점포주들의 통근 양식과 구매 관련 생활패턴을 통해 복합용도개발이 긍정적 측면으로의 발전가능성을 보여주고 있는지 파악하고 이러한 효과 또한 중심지 계층구조와 관련된 지역별로 차별적 특성을 보이고 있는지 파악하고자 한다.

1) 통근행태

① 직장의 위치

a. 주상복합아파트 주민

주상복합아파트 거주 주민의 직장의 위치를 조사하였다〈표 Ⅴ-40〉. 그 결과 동일권역 내의 통근자 비율이 상당히 높게 나타나고 있는데, 사직 동은 73.1%, 서초동·잠실동은 56-57%, 목동은 75%, 도곡동은 52.5%로 목동과 사직동지역에서 가장 높은 수치를 나타내고 있다. 서초동·잠실 동·도곡동은 55% 수준으로 비슷한 수치를 나타내고 있다.

특히 거주지 "구" 내에서의 통근율을 살펴보면 사직동이 65.4%로 가 장 높은 수치를 보여주고 있다. 반면 서초동과 잠실동은 각각 28.6%, 28.0%로 가장 낮은 수준을 보여주고 있으며, 경기도에 직장을 가지고 있 는 경우가 25% 정도를 차지하고 있다. 목동은 52.8%, 도곡동은 42.5% 정도의 주민이 "구" 내에서의 통근자로 나타났다. 이상의 결과를 통해 볼 때 도심부인 사직동 주상복합건물 주민의 "구" 내 통근율이 가장 높 아 직장과의 거리가 가장 짧을 것으로 추측할 수 있다.

실재 복합용도개발에서 얻고자 하는 직·주 근접의 효과가 어느 정도 나타나고 있는지 검증해 보기 위해 서울시 자료〈표 Ⅴ-41〉와의 비교를 시도하였다〈그림 Ⅴ-6〉. 서울시 전체 "구" 내 통근자의 비율은 23.5%이 며 종로구는 26.1%로 평균보다 높은 "구" 내 통근 비율을 나타내고 있 다. 서초구와 송파구는 각각 22.5%, 24.4%, 양천구는 19.1%, 강남구는 37.6%를 나타내고 있다. 강남구의 "구" 내 통근 비율이 가장 높고 종로 구가 그 다음 수준이다.

〈표 Ⅴ-40〉 세대주의 직장 위치

단위: 인, (%)

직장위치 / 조사지역		사직동	서초동	잠실동	목동	도곡동	계
도심	종로	17(65.4)	2(7.1)			2(5.0)	21
	용산	1(3.8)				1(2.5)	2
	중	1(3.8)	1(3.6)			1(2.5)	3
	계	19(73.1)	3(10.7)			4(10.0)	26(16.8)
동북	동대문			1(4.0)			1
	성동			1(4.0)			1
	광진					2(5.0)	2
	도봉			1(4.0)			1
	노원					1(2.5)	1
	계			3(12.0)		3(7.5)	6(3.9)
서북	서대문	1(3.8)					1
	마포				1(2.8)	1(2.5)	2
	계	1(3.8)			1(2.8)	1(2.5)	3(1.9)
동남	서초		8(28.6)	1(4.0)		3(7.5)	12
	강남		7(25.0)	6(24.0)	3(8.3)	17(42.5)	33
	송파	1(3.8)	1(3.6)	7(28.0)		1(2.5)	10
	계	1(3.8)	16(57.1)	14(56.0)	3(8.3)	21(52.5)	55(35.5)
서남	양천				19(52.8)		19
	금천				3(8.3)		3
	영등포	2(7.7)	1(3.6)	1(4.0)	4(11.1)	3(7.5)	11
	동작	1(3.8)		1(4.0)	1(2.8)		3
	관악		1(3.6)				1
	계	3(11.5)	2(7.1)	2(8.0)	27(75.0)	3(7.5)	37(23.9)
경기도	계	2(7.7)	7(25.0)	6(24.0)	5(13.9)	6(15.0)	26(16.8)
기타	계					1(2.5)	1(0.6)
외국	계					1(2.5)	1(0.6)
계		26(100.0)	28(100.0)	25(100.0)	36(100.0)	40(100.0)	155(100.0)

자료: 설문조사.

〈표 Ⅴ-41〉 사례지역 통계자료상의 통근 비율

단위: %

	시내통근통학자		시외통근통학자
	"구" 내에서의 통근자	시내의 다른 "구"로 유출되는 통근자	시외지역으로 유출되는 통근자
서울특별시	23.5	66.0	10.4
종로구	26.1	68.2	5.7
서초구	22.5	65.8	11.7
송파구	24.4	65.4	10.2
양천구	19.1	66.0	14.9
강남구	37.6	53.3	9.1

자료: 서울시, 1997, 교통 DB 센서스 및 데이터베이스 구축.

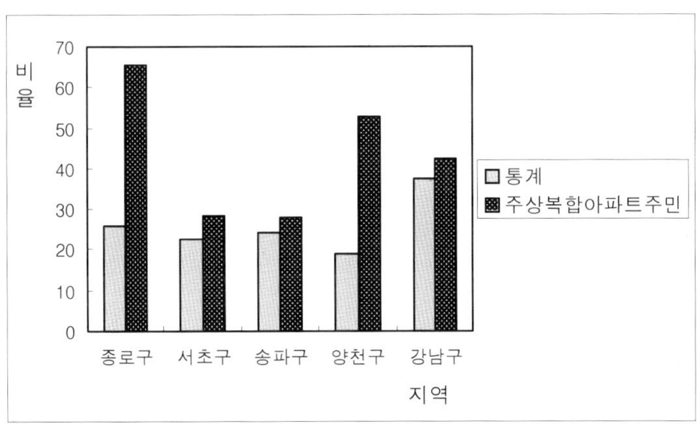

〈그림 Ⅴ-6〉 동일 "구" 내 통근자 비율의 비교

모든 지역에서 "구" 내 통근 비율은 통계자료보다 높게 나타나고 있다. 특히 종로구와 양천구의 주상복합건물 주민들은 통계자료에 비해 "구" 내 통근 비율이 상당히 높은 것으로 나타났다. 다만 부도심지역에 해당하는 서초구와 송파구 주민들은 많은 차이를 나타내지는 않고 있다.

한편 "구" 내 통근과 동일권역 내 통근은 아니지만 직장과 주거지의 근접 정도를 보기 위해, 확장된 개념을 적용하여 인접구에 해당하는 지역으로의 통근 정도를 살펴보았다〈지도 Ⅴ-6, 7, 8, 9, 10〉. 도심(사직동)의 경우 중구와 용산구 그리고 서대문구까지 통근하는 주민들, 부도심 중 서초동은 강남·송파·관악구, 잠실동은 강남·서초구, 지역·지구중심 중 목동은 영등포·동작구, 도곡동은 서초·송파구까지 통근하는 주민들을 인접구 통근자로 볼 수 있겠다.[42]

이상의 결과를 통해 볼 때 주상복합 주민들의 통근거리는 일반 주민들에 비해 상당히 짧은 것으로 나타났다. 동일 "구" 내 통근, 인접구 통근, 권역 내 통근 등의 모든 개념에서 특히 도심지역 주상복합건물 주민들의 통근거리가 가장 짧고, 반면 부도심지역 주상복합 주민들의 통근거리가 가장 멀고 특히 일반 주민들의 경우와 많은 차이를 나타내지 않는 것으로 보인다.

---

42) 인접구 통근 비율은 다음과 같다.

	사직동	서초동	잠실동	목동	도곡동
인접구 통근 비율	76.9%	60.7%	56.0%	66.5%	52.5%

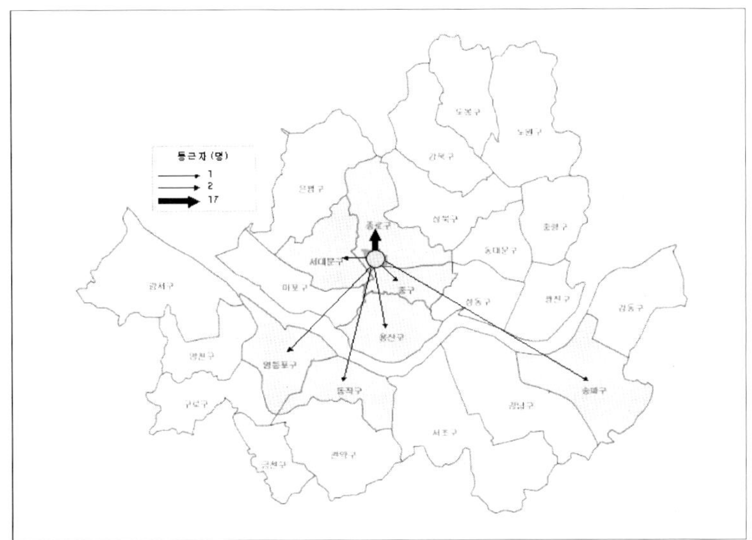

〈지도 Ⅴ-6〉 구별 통근 현황(사직동)

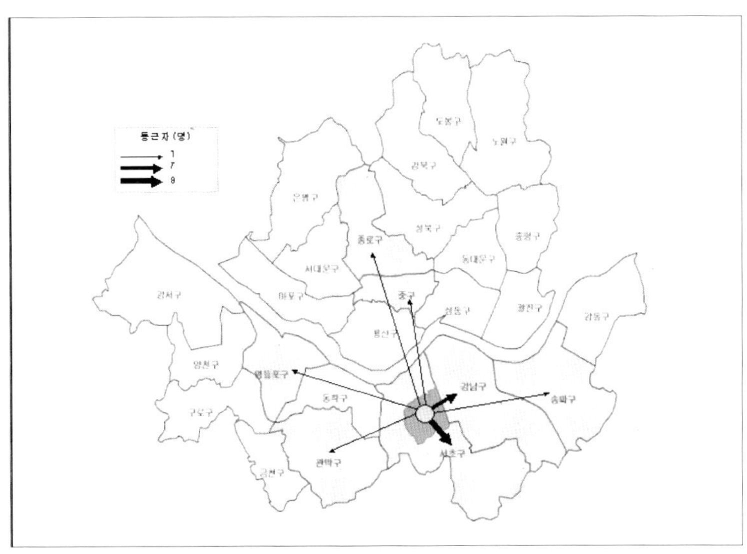

〈지도 Ⅴ-7〉 구별 통근 현황(서초동)

〈지도 Ⅴ-8〉 구별 통근 현황(잠실동)

〈지도 Ⅴ-9〉 구별 통근 현황(목동)

〈지도 Ⅴ-10〉 구별 통근 현황(도곡동)

b. 상가 점포주

복합용도건물로써 상가 점포주의 통근거리 또한 중요한 요소이다〈표 Ⅴ-42〉. 도심과 부도심지역 주상복합건물의 상가 점포주들은 주민들에 비해 통근거리가 상당히 먼 것으로 나타났다. 오히려 목동과 도곡동 등 외곽지역으로 갈수록 "구" 내 통근자 비율이 높은 것을 알 수 있었다. 동일권역 내의 통근자로 확대시킬 경우 도심지역만 제외하면 50% 이상 이 권역 내 통근으로 나타난다.

이러한 결과는 도심부가 직·주 거리가 가장 짧게 나타난 주민의 분석 결과와 완전히 반대되는 성향을 나타내는 것으로 도심부 점포주들의 상 가 입지는 직·주 근접 행태와는 거리가 먼 것으로 보인다.

234

〈표 Ⅴ-42〉 점포주의 거주지 위치

단위: 인. (%)

거주지역	조사지역	사직동	부심역세권	목동	도곡동	계
도심	종로	3(15.8)				3
	용산			1(4.3)		1
	계	3(15.8)		1(4.3)		4(4.5)
동북	동대문				2(8.0)	2
	성동			1(4.3)		1
	광진	1(5.3)	2(9.1)			3
	성북		1(4.5)			1
	도봉	1(5.3)				1
	노원	2(10.5)				2
	계	4(21.1)	3(13.6)	1(4.3)	2(8.0)	10(11.2)
서북	은평	3(15.8)		1(4.3)		4
	서대문		1(4.5)			1
	계	3(15.8)	1(4.5)	1(4.3)		5(5.6)
동남	서초		1(4.5)	1(4.3)	4(16.0)	6
	강남		2(9.1)		13(52.0)	15
	송파	1(5.3)	7(31.8)		1(4.0)	9
	강동	1(5.3)	1(4.5)		1(4.0)	3
	계	2(10.5)	11(50.0)	1(4.3)	19(76.0)	33(37.1)
서남	양천			10(43.5)		10
	강서			3(13.0)		3
	구로			1(4.3)		1
	금천				1(4.0)	1
	영등포		1(4.5)			1
	동작	1(5.3)		1(4.3)		2
	관악	1(5.3)				1
	계	2(10.5)	1(4.5)	15(65.2)	1(4.0)	19(21.3)
경기도	계	5(26.3)	6(27.3)	4(17.4)	3(12.0)	18(20.2)
계		19(100.0)	22(100.0)	23(100.0)	25(100.0)	89(100.0)

자료: 설문조사.

② 통근 시 이용 교통수단과 소요 시간

a. 승용차 보유 현황

직·주 근접을 통한 교통량 감소가 주된 목표인 복합용도건물에서 주민들의 승용차 보유 현황은 중요한 분석 요소이다. 승용차 보유 현황을 살펴보면〈표 Ⅴ-43〉1대 이상을 보유한 가구가 93.1%이며, 2대 이상의 경우가 50%를 넘는다. 이는 직·주 근접을 통한 교통량 감소를 위한 계획 개념과는 거리가 있는 것으로 보인다. 특히 부도심지역은 전체 응답 가구의 74% 이상(66가구 중 49가구)이 2대 이상의 승용차를 보유하고 있어 가구원수를 고려했을 때 최소한 가족 2인 중 1인은 승용차를 소유하고 있다는 것이며, 이는 곧 승용차 이용 정도가 클 것을 짐작하게 하는 부분이다. 이는 부도심지역 주민들의 직·주 거리가 가장 길게 나타난 앞의 분석(〈표 Ⅴ-40〉 참조)과도 관련이 있는 것으로 보인다. 그러나 도심의 주민들은 승용차가 없는 가구가 19%에 달하고 있어 다른 지역과 차별성을 보이고 있다. 세대주의 동일구 내 통근 비율이 가장 높았던 것과 관련시켜 볼 때 다른 지역에 비해 복합용도개발의 계획 개념을 가장 잘 실현시킬 수 있는 지역으로 풀이된다.

〈표 Ⅴ-43〉 가구의 승용차 보유 현황

단위: 인, (%)

	없다	1대	2대	3대 이상	계
사직동	5(19.2)	19(73.1)	2(7.7)		26(100.0)
서초동	2(6.7)	8(26.7)	15(50.0)	5(16.7)	30(100.0)
잠실동		7(19.4)	25(69.4)	4(11.1)	36(100.0)
목 동	2(4.9)	19(46.3)	20(48.8)		41(100.0)
도곡동	3(7.1)	13(31.0)	24(57.1)	2(4.8)	42(100.0)
계	12(6.9)	66(37.7)	86(49.1)	11(6.3)	175(100.0)

자료: 설문조사.

236

b. 이용 교통수단과 교통시간

통근 시 이용하는 교통수단은〈표 V-44〉세대주의 경우 자가용 이용이 전체의 70%를 넘는데 사직동을 제외한 나머지 지역은 약 80% 이상이 자가용 통근을 하는 것으로 드러났다. 그러나 도심지역인 사직동의 경우 도보와 버스, 지하철을 포함하는 대중교통 이용률이 65.2%에 달하고 있으며, 특히 도보 통근자가 43%를 넘어서고 있어 다른 지역과의 뚜렷한 차별성을 드러내고 있다. 이를 통해 도심부의 복합용도개발은 기본적인 계획 개념이 실천되고 있다고 볼 수 있으며 앞으로의 개발에서도 많은 시사점을 얻을 수 있을 것으로 생각한다.

점포주의 경우는 자가용을 이용하는 점포주가 56%를 넘으며, 도보는 15.6% 정도이다. 세대주의 경우 도보 통근이 가장 많았던 도심부에서 점포주가 도보로 통근하는 사람은 하나도 없었다. 오히려 목동과 도곡동 등 하위 계층의 중심지로 갈수록 도보 통근이 많아지고 있어 이 또한 주민들의 통근과 상반된 결과를 나타내고 있다.

〈표 V-44〉 통근 시 이용 교통수단

단위: 인, (%)

	세대주								점포주					
	도보	버스	지하철	택시	통근통학 버스	자가용	계		도보	버스	지하철	택시	자가용	계
사직동	10 (43.5)	2 (8.7)	3 (13.0)	1 (4.3)		7 (30.4)	23 (100.0)	사직동		4 (21.1)	8 (42.1)		7 (36.8)	19 (100.0)
서초동			4 (13.8)		1 (3.4)	24 (82.8)	29 (100.0)	부심역세권	3 (13.6)	3 (13.6)	2 (9.1)		14 (63.6)	22 (100.0)
잠실동	4 (12.5)	1 (3.1)	2 (6.3)			25 (78.1)	32 (100.0)							
목동	2 (4.9)	2 (4.9)	1 (2.4)			36 (87.8)	41 (100.0)	목동	5 (20.8)	2 (8.3)	2 (8.3)		15 (62.5)	24 (100.0)
도곡동	3 (7.7)		5 (12.8)		2 (5.1)	29 (74.4)	39 (100.0)	도곡동	6 (24.0)		3 (12.0)	1 (4.0)	15 (60.0)	25 (100.0)
계	19 (11.6)	5 (3.0)	15 (9.1)	1 (0.6)	3 (1.8)	121 (73.8)	164 (100.0)	계	14 (15.6)	9 (10.0)	15 (16.7)	1 (1.1)	51 (56.7)	90 (100.0)

자료: 설문조사.

〈표 Ⅴ-45〉 통근 소요 시간

단위: 인, (%)

	세대주						점포주			
	30분 이내	30분-1시간	1시간-2시간	2시간 이상	계		30분 이내	30분-1시간	1시간-2시간	계
사직동	14 (66.7)	4 (19.0)	2 (9.5)	1 (4.8)	21 (100.0)	사직동	4 (21.1)	12 (63.2)	3 (15.8)	19 (100.0)
서초동	10 (35.7)	15 (53.6)	3 (10.7)		28 (100.0)	부심역세권	14 (63.6)	6 (27.3)	2 (9.1)	22 (100.0)
잠실동	18 (56.3)	10 (31.3)	4 (12.5)		32 (100.0)					
목동	19 (50.0)	17 (44.7)	2 (5.3)		38 (100.0)	목동	19 (79.2)	5 (20.8)		24 (100.0)
도곡동	25 (65.8)	10 (26.3)	3 (7.9)		38 (100.0)	도곡동	20 (80.0)	4 (16.0)	1 (4.0)	25 (100.0)
계	86 (54.8)	56 (35.7)	14 (8.9)	1 (0.6)	157 (100.0)	계	57 (63.3)	27 (30.0)	6 (6.7)	90 (100.0)

자료: 설문조사.

　　통근에 소요되는 시간을 살펴보면〈표 Ⅴ-45〉 세대주의 경우 모든 지역에서 통근 시간 30분 이내인 경우가 전체 응답자의 50%를 넘고 있어 교통 조건이 주상복합아파트를 선택하는 데 있어 중요한 요소임을 짐작할 수 있다. 특히 도심과 도곡동은 30분 이내의 응답률이 65%를 넘을 정도로 높은 수치를 나타내고 있다. 반면 부도심지역인 서초동과 잠실동지역은 통근에 1-2시간을 소요하는 응답자 수가 다른 지역에 비해 상대적으로 높게 나타났다. 지역·지구중심 지역 주민들은 1시간 이내의 통근 시간을 갖는 응답자가 90% 이상으로 부도심지역에 비해 짧게 나타나고 있다.

　　점포주의 경우 통근에 소요되는 시간도 도심 점포주들이 가장 많으며 지역·지구중심 지역 점포주들의 통근 시간이 훨씬 짧게 나타나고 있어 통근 수단에서 나타난 주민들과의 상반된 통근 패턴을 확인할 수 있다.

2) 일상서비스 구매행태

건물 내 상업기능을 건물 내 주민들이 얼마나 많이 사용하고 있는지를 알아보기 위해 상품 및 일상생활서비스 구매 관련 생활에 대한 질문을 하였는데〈표 V-46〉스포츠·레저시설과 금융기관 이용이 건물 내에서 가장 많다.

지역별 응답자의 건물 내 이용 기능의 개수는 도심지역이 2가지(문구·서적, 금융), 부도심지역은 5가지(음식료품, 문구·서적, 스포츠·레저, 병원, 금융), 목동과 도곡동은 각각 7, 6가지이다.

음·식료품과 스포츠·레저시설은 목동과 도곡동 주민들이 가장 많이 이용하고 있으며, 병원은 잠실동과 목동, 학원은 목동 주민들이, 금융기관은 사직동과 잠실동, 도곡동 주민들이 가장 많이 이용하는 것으로 나타났다.

특히 부심과 지역·지구중심 건물에서 스포츠·레저시설 이용과 금융기관 이용이 가장 특징적으로 보인다.

건물 내 복합기능의 이용을 통해 주변지역 교통량 감소를 꾀하는 복합용도개발의 계획 개념에 비추어 볼 때, 앞에서 분석한 '직·주 근접'의 상황과는 관련성이 적어 보인다. 즉 도심부 주민의 경우 도보를 이용한 통근이 다른 지역에 비해 가장 많음에도 불구하고 건물 내 복합기능의 이용은 가장 저조하게 나타났다. 이는 도심부 복합건물의 경우 업무기능이 높은 비중을 차지하고 있어 일상 서비스 판매기능이 적게 제공되고 있기 때문으로 보인다. 또한 도심부는 주변에 상업기능이 많아 주민들은 그러한 기능들을 이용할 것으로 보인다. 지역·지구중심 지역에 입지한 주상복합건물은 일반 판매기능보다 고급화된 스포츠·레저시설의 공급이 건물 내 주민의 수요에 부응하고 있기 때문으로 보인다. 따라서 슈퍼를 제외한 일반 판매기능의 건물 내 이용은 적은 비중을 차지한다고 볼 수 있겠다.

〈표 Ⅴ-46〉 물품 및 서비스 구매 장소

단위: 인, (%)

		음식료품	문구서적	의류잡화	전기전자	가구인테리어	스포츠레저	병원	학원	금융	계
사직동	1		2(8.7)							7(33.3)	9(4.9)
	2	18(72.0)	9(39.1)	1(4.2)	2(9.5)	1(6.3)	6(31.6)	11(52.4)	4(28.6)	13(61.9)	65(35.3)
	3	1(4.0)	9(39.1)	1(4.2)	7(33.3)	4(25.0)	2(10.5)	5(23.8)	3(21.4)		32(17.4)
	4	3(12.0)	1(4.3)	6(25.0)	6(28.6)	2(12.5)	1(5.3)				19(10.3)
	5	1(4.0)	1(4.3)	13(54.2)	3(14.3)	6(37.5)	2(10.5)				26(14.1)
	6	2(8.0)	1(4.3)	3(12.5)	3(14.3)	3(18.8)	8(42.1)	5(23.8)	7(50.0)	1(4.8)	33(17.9)
	계	25(100.0)	23(100.0)	24(100.0)	21(100.0)	16(100.0)	19(100.0)	21(100.0)	14(100.0)	21(100.0)	184(100.0)
서초동	1	1(3.3)	1(3.3)				2(6.9)	1(3.3)		1(3.3)	6(2.4)
	2	13(43.3)	10(33.3)			1(3.6)	3(10.3)	18(60.0)	8(44.4)	23(76.7)	76(30.0)
	3		11(36.7)	1(3.4)	3(10.3)	7(25.0)	6(20.7)	3(10.0)	3(16.7)	2(6.7)	36(14.2)
	4	8(26.7)	1(3.3)	4(13.8)	8(27.6)	3(10.7)	1(3.4)				25(9.9)
	5	8(26.7)	4(13.3)	24(82.8)	15(51.7)	15(53.6)	7(24.1)	2(6.7)	2(11.1)	2(6.7)	79(31.2)
	6		3(10.0)		3(10.3)	2(7.1)	10(34.5)	6(20.0)	5(27.8)	2(6.7)	31(12.3)
	계	30(100.0)	30(100.0)	29(100.0)	29(100.0)	28(100.0)	29(100.0)	30(100.0)	18(100.0)	30(100.0)	253(100.0)

		음식료품	문구서적	의류잡화	전기전자	가구인테리어	스포츠레저	병원	학원	금융	계
잠실동	1	4(11.4)	1(2.9)				10(29.4)	4(11.4)		18(51.4)	37(12.4)
	2	13(37.1)	12(34.3)		1(3.0)	2(6.1)	3(8.8)	13(37.1)	9(39.1)	11(31.4)	64(21.5)
	3		8(22.9)	2(5.7)	4(12.2)	7(21.2)	8(23.5)	7(20.0)	10(43.5)	2(5.7)	48(16.1)
	4	11(31.4)			6(18.2)	1(3.0)				1(2.9)	19(6.4)
	5	7(20.0)	9(25.7)	32(91.4)	19(57.6)	22(66.7)	5(14.7)				94(31.5)
	6		5(14.3)	1(2.9)	3(9.1)	1(3.0)	8(23.5)	11(31.4)	4(17.4)	3(8.6)	36(12.1)
	계	35(100.0)	35(100.0)	35(100.0)	33(100.0)	33(100.0)	34(100.0)	35(100.0)	23(100.0)	35(100.0)	298(100.0)
목동	1	10(25.6)	2(6.1)	2(6.1)			13(40.6)	4(12.9)	10(43.5)	2(6.1)	43(15.0)
	2	10(25.6)	17(51.5)	3(9.1)	2(6.5)	3(9.7)	5(15.6)	18(58.1)	8(34.8)	28(84.8)	94(32.9)
	3		7(21.2)	1(3.0)	3(9.7)	11(35.5)	2(6.3)	5(16.1)	1(4.3)		30(10.5)
	4	9(23.1)	2(6.1)	1(3.0)	9(29.0)	4(12.9)	1(3.1)				26(9.1)
	5	10(25.6)	2(6.1)	25(75.8)	16(51.6)	11(35.5)	6(18.8)	1(3.2)	1(4.3)	1(3.0)	73(25.5)
	6		3(9.1)	1(3.0)	1(3.2)	2(6.5)	5(15.6)	3(9.7)	3(13.0)	2(6.1)	20(7.0)
	계	39(100.0)	33(100.0)	33(100.0)	31(100.0)	31(100.0)	32(100.0)	31(100.0)	23(100.0)	33(100.0)	286(100.0)

		음식료품	문구서적	의류잡화	전기전자	가구인테리어	스포츠레저	병원	학원	금융	계
도곡동	1	7(16.7)	7(17.1)		1(2.6)		26(66.7)	3(7.1)		30(71.4)	74(21.4)
	2	19(45.2)	9(22.0)		1(2.6)	2(5.1)	3(7.7)	20(47.6)	8(42.1)	8(19.0)	70(20.3)
	3	1(2.4)	11(26.8)		5(12.8)	14(35.9)	3(7.7)	13(31.0)	6(31.6)		53(15.4)
	4	9(21.4)	3(7.3)	1(2.4)	9(23.1)	2(5.1)					24(7.0)
	5	6(14.3)	3(7.3)	39(92.9)	21(53.8)	11(28.2)	4(10.3)				84(24.3)
	6		8(19.5)	2(4.8)	2(5.1)	10(25.6)	3(7.7)	6(14.3)	5(26.3)	4(9.5)	40(11.6)
	계	42(100.0)	41(100.0)	42(100.0)	39(100.0)	39(100.0)	39(100.0)	42(100.0)	19(100.0)	42(100.0)	345(100.0)
계	1	22(12.9)	13(8.0)	2(1.2)	1(0.7)	0	51(33.3)	12(7.5)	10(10.3)	58(36.0)	169(12.4)
	2	73(42.7)	57(35.2)	4(2.5)	6(3.9)	9(6.1)	20(13.1)	80(50.3)	37(38.1)	83(51.6)	369(27.0)
	3	2(1.2)	46(28.4)	5(3.1)	22(14.4)	43(29.3)	21(13.7)	33(20.8)	23(23.7)	4(2.5)	199(14.6)
	4	40(23.4)	7(4.3)	12(7.4)	38(28.4)	12(8.2)	3(2.0)	0	0	1(0.6)	113(8.3)
	5	32(18.7)	19(11.7)	133(81.6)	74(48.4)	65(44.2)	24(15.7)	3(1.9)	3(3.1)	3(1.9)	356(26.1)
	6	2(1.2)	20(12.3)	7(4.3)	12(7.8)	18(12.2)	34(22.2)	31(19.5)	24(24.7)	12(7.5)	160(11.7)
	계	171(100.0)	162(100.0)	163(100.0)	153(100.0)	147(100.0)	153(100.0)	159(100.0)	97(100.0)	161(100.0)	1,366(100.0)

주: 1(건물 내 상가), 2(근처의 상가), 3(중심가 전문점), 4(할인점), 5(백화점), 6(기타).
자료: 설문조사.

242

한편 주상복합건물 내 필요하다고 생각되는 시설에 대한 질문에서 슈퍼, 병·의원, 스포츠·레저시설, 금융기관 등에서 가장 높은 응답을 보이고 있다〈표 V-47〉. 판매 업종 중 슈퍼를 제외한 나머지 기능들은 선호도가 낮게 나타났으며 일반적으로 개인 서비스업에 대한 선호도가 높은 것으로 나타났다. 특히 현재 주상복합건물에 가장 많이 입점해 있는 음식점은 이용도가 낮을 뿐 아니라 필요시설로 인식하는 사람도 적다. 오히려 음식점이 같이 있어 소음과 환기 문제에 대한 불만을 토로하는 사람들이 많았다.

복합건물 내 주민들은 일반 판매업의 복합으로 인한 주거부문에의 침입을 싫어하고 있었으며 구매에 있어 그다지 점포 선택의 중요성이 높지 않은 기능(슈퍼, 병·의원, 스포츠 시설, 금융기관 등)들에 대해서만 복합되기를 원하고 있는 것으로 보인다.

〈표 V-47〉 주상복합건물 내 필요하다고 생각하는 상업시설

단위: 인, (%)

| | 일상품(편의품)판매 | | | 비교품(선매·전문품)판매 | | | 공공·교육기관 | | | | 개인서비스업 | | | | 기타 | 계 |
	슈퍼	문구서적	음식점	의류잡화	가구	전기전자	학원	유치원	학교	공공기관	금융기관	병의원	스포츠레저	이미용		
사직동	13 (18.3)	5 (7.0)	2 (2.8)	2 (2.8)		3 (4.2)	3 (4.2)	1 (1.4)		3 (4.2)	6 (8.5)	9 (12.7)	11 (15.5)	10 (14.1)	3 (4.2)	71 (100.0)
서초동	23 (28.0)	5 (6.1)	6 (7.3)	1 (1.2)	2 (2.4)	2 (2.4)	3 (3.7)		1 (1.2)	2 (2.4)	5 (6.1)	11 (13.4)	14 (17.1)	7 (8.5)		82 (100.0)
잠실동	26 (28.6)	2 (2.2)	9 (9.9)	2 (2.2)	2 (2.2)	1 (1.1)	6 (6.6)			1 (1.1)	8 (8.8)	12 (13.2)	9 (9.9)	12 (13.2)	1 (1.1)	91 (100.0)
목 동	23 (28.0)	8 (9.8)	1 (1.2)	1 (1.2)	1 (1.2)	2 (2.4)	2 (2.4)	8 (9.8)		1 (1.2)	5 (6.1)	27 (32.9)		1 (1.2)	2 (2.4)	82 (100.0)
도곡동	16 (19.5)	7 (8.5)	5 (6.1)	3 (3.7)	3 (3.7)	5 (6.1)	3 (3.7)	2 (2.4)	3 (3.7)	10 (12.2)	3 (3.7)	6 (7.3)	5 (6.1)	1 (1.2)	10 (12.2)	82 (100.0)
계	101 (24.8)	27 (6.6)	23 (5.6)	9 (2.2)	8 (2.0)	13 (3.2)	17 (4.2)	11 (2.7)	4 (1.0)	17 (4.2)	27 (6.6)	65 (15.9)	39 (9.6)	31 (7.6)	16 (3.9)	408 (100.0)

자료: 설문조사(복수응답).

5. 소 결

Ⅴ장에서는 주상복합건물의 집적을 통해 형성되고 있는 새로운 주거지역화 현상에 대해 지역단위의 특성을 파악하고자 하였다. 이를 위해 서울시 중심지 계층구조와 관련하여 6개 지역을 선정, 주민과 상가 점포주를 대상으로 설문조사를 실시하고 그 결과를 분석하였다.

첫째, 주상복합아파트라는 새로운 형태의 주택을 통해 형성된 분화된 주거지역이라는 관점에서 기존의 주거지역과는 다른 성격의 지역임을 설명할 수 있는 주민들의 사회·경제적 특성과 인구학적 특성을 찾아보고자 하였다. 소득과 직업, 학력, 생애주기의 4가지에 대해 분석하였다.

응답 가구의 절반 이상이 월평균 소득 500만 원 이상이며, 전 지역에서 500만 원 이상의 가구가 가장 많은 비중을 차지하고 있다. 400만 원 이상은 전체 가구의 74.5%를 기록하고 있어 고소득 집단임을 알 수 있다. 주택의 소유형태와 규모 또한 가구의 소득계층을 유추할 수 있는 요소인데, 응답 가구의 약 88%가 자가 소유이며, 규모 또한 75% 이상의 가구가 50평 이상에 거주하고 있다.

세대주의 직업은 개인자영업자가 가장 많고 전문직 종사자가 그 다음을 차지하고 있다. 지역별로는 도심지역은 전문직, 사무직 등의 화이트칼라 업종과 개인자영업자가 많으며, 부도심지역은 화이트칼라 업종이 가장 많고, 지역·지구중심 지역은 개인자영업 종사자가 절반 이상을 차지하고 있다.

학력 분포를 살펴본 결과 전 지역 응답 가구의 95% 이상이 대졸 이상의 세대주였고, 배우자 또한 도심을 제외하면 대졸자가 80% 이상을 차지하고 있다.

이상의 결과는 모두 해당지역 통계자료와 비교했을 때 훨씬 높은 수준을 나타내고 있음을 알 수 있었다.

한편 세대주, 배우자, 자녀들의 연령 분석을 통해 파악한 가구의 생애주기는 부도심〉목동의 순으로 나타나며 도심은 다양한 연령대가, 도곡동은 두 가지 연령대의 세대주가 동시에 나타나고 있어 특징적인 현상을 보여주고 있다. 이러한 주상복합건물 주민의 생애주기는 통계자료와 비슷하게 나타나고 있는데, 이는 생애주기와 관련된 주택의 선택은 주택의 유형보다 지역의 선택과 더욱 높은 관련성을 가지고 있는 것으로 풀이된다.

따라서 기존의 다른 거주지역과 구분될 수 있는 주민의 사회·경제적 특성이라는 측면에서 주상복합 주거지역은 대졸 이상 고학력의 개인자영업이나 전문직, 행정관리직에 종사하는 고소득층의 주거 형태로 분화된 주거지역을 형성할 가능성이 있다고 보여진다.

한편 이러한 주민 구성의 특징도 입지에 따라 약간의 차별성을 파악할 수 있는데 특히 부도심지역 주민들의 소득계층이 가장 높고, 지역·지구 중심 지역이 두 번째로 나타나고 있으며, 도심지역이 가장 낮은 것으로 보인다. 한편 가구의 생애주기를 통해 살펴 본 인구학적 특성은 지역 통계자료와 비슷한 결과를 나타내면서 지역 간 차별적 특성을 나타내고 있었다.

둘째, 특정한 형태의 주택에 의해 형성된 주거지역이지만 도시의 어느 곳에 입지하느냐에 따라 지역적 특성은 차별적인 성격을 가질 수 있다. 이것은 주거선택과정에서 기존의 지역이 가지고 있는 여러 가지 속성들로 인해 발생하는 수요의 차별성이 크게 작용할 것이기 때문이다. 따라서 지역별 차별성을 파악하기 위해, 이주과정, 주거입지요인, 주거 만족도, 발전가능성, 상업기능의 역할 등을 통해 살펴보았다.

이주과정을 통해 본 지역 간 차별성은 이전 거주지역의 위치, 주택의 형태와 소유형태 및 규모 등을 통해 파악한 결과 먼저 인근지역에서의 이주가 가장 많으며 가구의 특징도 고소득층이 다수임을 알 수 있었다. 다만 도심지역 가구의 소득수준이 약간 낮음을 알 수 있었다.

지역별 주거입지 요인 분석 결과 주상복합아파트 선택 이유 중 가장 많은 것은 '교통환경'에 대한 고려이다. 그러나 지역별로는 조금씩 다른데, 도심지역은 교통비용과 주거 관리에 대한 시간비용을 중요하게 생각하는 가구들이 주로 선택한 주거 형태라면 지역·지구중심 지역의 주민들은 주거환경과 내부구조 및 주상복합건물의 편리성과 경제적 이유를 가장 중요한 선택요인으로 응답하였으며, 부도심지역은 교통환경과 주거환경, 경제적 이유 등이 고르게 분포하고 있어 이 두 지역의 중간적 형태를 띄는 곳으로 풀이된다.

주거 만족도는 개별 건물 규모가 크고 주거 세대수가 많을수록, 그리고 건물 집적의 정도가 클수록 좋은 것으로 나타났다. 도심에서 불만족 비율이 가장 높았으며, 그 외의 지역은 만족도가 50% 이상으로 나타나고 있다. 특히 목동과 도곡동 등 지역·지구중심 지역의 만족도가 가장 높게 나타났는데 만족도가 높은 곳일수록 당연히 앞으로의 주상복합건물 개발에 대한 찬성도가 높았으며, 근린관계 또한 집적하고 있는 주상복합건물의 수가 많은 곳일수록 좋은 것으로 나타났다.

주상복합건물 내에 복합되어 있는 상업기능은 입지에 따라 그 역할 정도가 차별적인지를 고찰하고자, 입점 요인과 상권의 공간적 범위 등을 통해 분석하였다. 그 결과 건물 내 주민을 고정고객으로 생각하고 입점한 상가는 많지 않으며, 오히려 주변지역의 여건상 위치가 적합하다는 이유에서 입점한 경우가 절반 이상을 차지하고 있다. 실재 형성되고 있는 상권의 범위를 보아도 동일건물 내 주민이 고객 비율의 50% 이상인 점포는 전체 응답 점포의 28.6%, 단지 내 주민이 고객의 50% 이상을 차지하는 점포는 26.1%, 단지 외 고객이 50% 이상을 차지하는 점포는 36.0%로 나타나고 있다. 상가의 점포주가 건물 내 주민이 고객 중 가장 많은 비중을 차지한다고 보는 지역은 부도심지역으로 나타났다.

셋째, 복합용도개발의 이익이 실재로 주상복합건물을 통해 나타나고 있는지 알아보기 위해 통근행태와 물품 및 서비스 구매 관련 생활에 대한 질문을 하였다.

도심지역 주민들이 다른 지역에 비해 "구" 내 통근율이 가장 높으며, 통근수단 또한 도보나 대중교통 이용률이 높게 나타나 직·주 근접을 통한 교통량 감소의 효과가 많이 나타나고 있는 것으로 보인다. 동일권역 내 통근과 인접구 통근까지 확장시킨 경우에도 도심지역 주민들의 통근거리가 다른 지역에 비해 가장 짧은 것으로 나타났다. 부도심지역 주민들의 통근거리가 가장 멀게 나타났고 통계자료와도 별로 차이가 없을 정도로 일반 주민들과 비슷한 성향을 보였다. 한편 상가 점포주들의 직·주 관계는 주민의 경우와 상반되는 성향을 나타내고 있는데, 도심지역 점포주들의 통근거리가 가장 먼 것으로 나타났으며, 도곡동을 제외하면 주민들에 비해 통근거리가 훨씬 먼 것으로 보인다.

상품 및 일상생활서비스 구매 관련 생활을 통해 건물 내 복합기능 이용의 정도를 파악하고자 하였다. 이는 복합기능 건물에서의 구매가 많을수록 인근지역에 유발하는 교통량을 감소시키는 효과가 있는 것으로 볼 수 있기 때문이다. 건물 내에서 이용하는 기능을 살펴보면 하위 계층의 중심지로 갈수록 건물 내 상가기능 이용의 종류가 다양한 것으로 나타났다. 가장 많이 이용하고 있는 기능은 스포츠·레저시설과 금융기관으로 나타났다. 그런데 앞에서 분석한 상가의 고객 구성 비율과 관련시켜 보면 지역·지구중심 지역 건물의 주민들은 건물 내에서 이용하는 상가기능의 종류는 가장 많지만 건물 내 주민의 비율은 가장 낮게 나타나고 있으며 도심지역은 이용하는 기능의 종류는 가장 적지만 건물 내 주민의 비율은 높은 편이다. 한편 주상복합건물에 필요하다고 생각하는 상업시설에 대한 질문에서 판매 업종에 대한 선호도가 상당히 낮은 것으로 나타났으며, 개인 서비스업에 대한 선호도가 높게 나타났다. 결국 건물 내 복합기능의 이용을 통해 주변지역 교통량 감소를 꾀하는 복합용도개발의 계획 개념에 비추어 볼 때 앞에서 분석한 직·주 근접의 상황과는 다른 결과를 나타내고 있다.

이상의 결과를 정리하면 서울시 주상복합건물 집적지역에 거주하고 있는 주민들은 주변지역에 대해 차별성을 가질 정도의 고소득·고학력층의 특성을 가지고 있어 분화된 주거지역을 형성할 가능성을 상당히 내포하고 있는 것으로 보인다. 그러나 지역에 따라 주민의 사회·경제적 특성은 차별성을 나타내고 있으며, 이러한 차별성은 주거입지요인과 주거 만족도, 상가의 역할 등에서 더욱 뚜렷이 나타나고 있었다. 즉 도심지역의 주상복합건물은 '직·주 근접'을 통한 복합용도개발의 계획 개념이 가장 잘 실천될 수 있는 가능성을 보이는 지역으로 나타났으며, 지역·지구중심 지역의 건물들은 복합용도개발과는 관련이 없는 일반 주거지역적 성격이 강한 곳으로 편리하고 차별적인 삶을 추구하는 고소득층들이 독특한 주택의 한 유형으로 선택했을 뿐이기 때문인 것으로 생각된다. 한편 부도심지역은 이 두 지역의 특성이 혼합되어 나타나고 있는 곳이라 할 수 있겠다.

결국 특정 유형의 주택이긴 하지만 동일한 유형의 주택을 다른 지역에서 선택한 이유들은 각기 다르게 나타나고 있었다는 것이다. 이는 주택 선택에 있어 어떤 형태의 주택인가의 문제는 어느 지역에 있는 주택인가의 문제로 귀결된다고 볼 수 있다. 그 결과 주택을 통해 형성된 주거지역은 주변지역과의 맥락 속에서 지역별로 차별적 특성을 가지게 된다고 볼 수 있는 것이다.

VI. 요약 및 결론

1. 연구결과의 요약 및 결론

본 연구는 고급화·대형화 경향을 보이고 있는 서울시 주상복합건물이 인근지역에서 집적을 이루고 있는 현상에 주목하면서 새롭게 형성되어 가는 주거지역이라는 관점에서 접근하고자 하였다.

이들 지역은 대부분 도시계획상 상업지역으로, 거대한 주거지 형성이 불가능했던 곳이지만 '주상복합건물'이라는 새로운 건축물의 집적으로 인한 '주거지역 형성'이라는 변화에 초점을 두고, 주거지역의 형성과정과 지역별 특성을 파악하고자 하였다.

이를 통해 새로운 유형의 주택에 의해 형성된 주거지역이 분화된 하나의 지역적 성격을 나타내고 있는지, 그리고 이들 지역은 도시공간구조적 계층성과 관련하여 볼 때 차별적 성격을 보이는지를 분석하여 주거지역 이해에 있어 주택과의 관련성을 파악하고자 하였다. 나아가 지역적 특성에 맞는 주상복합건물 개발·관리 방안을 제시하고자 하였다.

이를 위하여 먼저 Ⅲ장에서는 1960년대 이후 서울시 주상복합건물의 공간적 확대 과정을 시기별로 살펴보고 이를 가능하게 한 사회·경제적 배경을 고찰하였다. 이어 Ⅳ장에서는 서울시 주상복합건물을 대상으로 입지의 공간적 특성을 살펴보고, 그 결과를 토대로 사례조사 지역을 선정, Ⅴ장에서 지역별 주거 특성을 분석하였다. 이상의 연구결과는 다음과 같다.

Ⅲ장에서 고찰한 서울시 주상복합건물의 발달 과정을 살펴보면,

첫째, 해방 이후 '상가주택'이라는 형태로 존재해 오던 복합용도개발

형식이 1967년 세운상가아파트를 시작으로 초기 복합공동주택 개발 시기를 열게 되었다. 그러나 여러 가지 문제점 때문에 주춤했던 개발이 도심 재개발사업으로 1970년대 말부터 다시 진행되면서 복합개발의 두 번째 시기를 열게 된다. 하지만 주거환경에서 많은 문제점을 드러내게 된 복합건축은 한 동안 주춤하다가 1980년대 말 새로운 경향으로 다시 대두하게 되었는데, 이후의 개발은 주로 주거기능을 강조하면서 서울시 전역에 걸쳐 급격히 증가하게 되었다. 특히 1990년대 중반 이후에 공급된 건물들은 고소득층의 고급 주거시설에 대한 수요에 부응하는 대규모, 초호화 경향이 강해지면서 도심부가 아닌 지역에서 개발이 활성화되었다.

둘째, 1990년대 이후 주상복합건물의 공간적 확대는 정부와 건설업체, 주택수요자 등 3자의 이해가 시기적으로 맞아떨어지고 있기 때문인 것으로 보인다. 서울의 도심부는 지속적인 인구 및 가구수의 감소, 기존 주택의 노후화 등으로 인해 인구 공동화현상을 지속시킬 가능성이 높아지게 되면서 도심부 거주에 매력을 느끼는 인구를 수용할 거주공간을 확보한다는 차원에서 복합용도개발을 제도적으로 지원하기 시작하였다. 한편 서울시는 주택수요 단위로서의 가구수는 증가하는 데 반해 개발 가능 택지는 부족한 상황에서 기존 시가지 재개발과 고밀 이용 방식을 수용할 수 있는 고층 빌딩형 주상복합 개발방식은 많은 효과를 기대하게 하는 부분으로 채택될 수 있었던 것으로 보인다.

이러한 배경 하에 주택건설촉진법에서는 지속적인 제도 완화를 통해 주상복합건물 공급을 활성화시키게 되었다. 특히 지가가 높은 상업지역 내에서 허용된 주택건설은 건설업체들로 하여금 고층의 대형건물을 공급함으로써 엄청난 이득을 챙길 수 있는 지름길을 마련해 준 꼴이 되어 버렸다. 거기에 주택수요자들 또한 고층의 주거가 가지는 약점들을 미리 계산해 보기도 전에 투기적 현상에 사로잡혀 지속적인 시장을 형성하고 있는데 이는 서구의 고층 주거의 실패와 비교해 볼 때 예외적인 특징이라 할 수 있다. 여기에 고급주택에 대한 실수요자들의 요구가 부합되어

'주택수요의 다원화 시대'를 이끌면서 나타난 것이 고층의 고급형 주상복합아파트였던 것이다.

결국 주상복합건물은 도시재개발이라는 측면과 함께 획일적인 주거문화를 거부하는 다양한 주택수요계층이 출현하게 되면서 새로운 형태의 주택에 대한 수요를 교통이 편리한 역세권에 고층의 주상복합건물의 형태로 수용하려는 업체들의 개발방식과 상승작용을 일으키면서 새로운 주거지역 형성을 가능하게 한 것으로 보인다. 규제 완화는 이러한 현상을 선도했다고 할 수 있을 정도의 영향력으로 작용했다.

Ⅳ장에서는 서울시 주상복합건물 입지의 공간적 특성을 파악하기 위해 분포패턴과 위치적 특성, 건축적 특성 등 3가지 관점에서 분석하였다. 그 결과는

첫째, 현재 서울시 주상복합건물은 전체 25개 구 중 22개 구, 522개 행정동 중에는 57개 동에 1개 이상의 건물이 입지 해 있다. 미준공건물이 완성되면 25개 구 전체와 100개의 행정동에서 1개 이상의 주상복합건물을 볼 수 있게 된다. 권역별로는 동남과 서남권에 압도적으로 많은 건물이 입지하고 있는데, 그중에서도 특히 서초, 강남, 송파, 영등포, 양천의 5개 구에 전체 건물의 47%가 건설되어 있다. 이러한 경향은 미준공건물에서도 거의 비슷하지만 도심부 재개발지역에 미준공건물이 증가할 것으로 보여 복합용도개발의 계획 개념에 비추어 볼 때 이 부분은 고무적인 사실이라 할 수 있다. 전체 건물이 모두 완공될 경우 30,000세대가 넘는 가구가 주상복합아파트에 거주하게 될 것으로 보인다.

허가연도별 특징을 살펴보면 건물수의 경우 1993년부터 1996년까지 꾸준하게 증가하던 허가건수가 IMF의 여파로 침체되었다가 99년을 기점으로 다시 급속한 성장세를 나타내기 시작하였으며, 세대수는 1994년과 1997년을 기점으로 많은 변화를 보이고 있다. 이는 지속적인 규제 완화 속에 특히 1994년과 1998년의 법령 개정이 직접적인 영향을 미친 것으로

해석된다.

둘째, 주상복합건물이 입지하고 있는 곳의 위치적 특성을 파악하기 위해 용도지역, 입지환경, 주상복합아파트 가격, 도시공간구조와의 관련성 등을 분석하였다.

용도지역상 대부분 상업지역을 이용하고 있는 건물들이며 미준공건물의 경우 이러한 경향성은 훨씬 더 강해질 것으로 예측된다. 이는 상업기능을 제공해야 할 지역에 대규모의 주거지역이 형성되고 있다는 측면에서 도시계획적으로 문제가 될 소지를 안고 있는 부분이기 때문에 더욱 면밀한 조사와 분석이 이루어져야 할 것으로 본다.

한편 도로와 지하철역과의 관계를 중심으로 한 입지환경 분석의 결과, 역세권과 간선도로변에 위치한 건물이 50% 이상을 차지하고 있다. 특히 지하철역으로부터 반경 300m 이내에 입지한 건물이 전체의 36.5%이며 이 중 31개 건물은 환승역 입지를 나타내고 있다. 따라서 주상복합건물의 교통 여건은 상당히 좋을 것으로 보인다.

초기 분양 당시 주상복합아파트의 분양가는 기존의 아파트 가격에 비해 상당히 높았지만 현재 매매가격에서는 아파트보다 낮은 가격을 형성하고 있다. 하지만 초기의 대형 주상복합아파트 분양가가 전체 아파트 가격 상승을 유도한 부분이 없지 않으며, 앞으로 준공될 건물들 또한 가격이 만만치 않아 대형 고급 아파트의 가격 형성에 영향을 미칠 것으로 보인다. 주상복합아파트들 간에도 지역별로는 가격 차이가 상당히 심하다. 강남, 서초, 송파, 양천, 여의도 등 한강 이남지역의 대규모 집적지역들의 가격이 가장 높으며, 마포와 서대문지역이 중간 정도 수준을 나타내고 있고, 종로, 강동, 구로, 관악, 동작 등 도심부와 외곽지역의 건물들이 가장 낮은 가격을 보이고 있다.

도시공간구조와의 관련성을 살펴보면 부도심과 지구중심 지역에 있는 건물이 가장 많으며 다음으로 외곽지역이 많고 도심지역 건물이 가장 적다.

셋째, 주상복합건물의 건축적 특성을 파악하기 위해 건물의 규모와 형태, 수용기능의 3가지를 통해 분석하였다.

평면적 관점에서 본 규모는 도심지역이 가장 크고, 수직적 관점에서의 규모는 한강 이남지역이 가장 큰 것으로 나타났다. 모든 규모에서 서북지역의 건물이 가장 작았다. 이 규모들은 미국의 복합용도개발 건물의 규모와 비교해 볼 때 대부분 소규모이지만 미준공건물의 경우 중규모에 해당하는 것들이 약간 증가할 것으로 보인다. 대부분의 건물 규모는 1993년과 1999년을 기점으로 대형 규모들이 등장하게 되어 결국 건물의 규모는 법적 규제와 밀접한 관련성이 있는 것으로 보인다.

건물의 형태는 소수의 몇 개를 제외하면 모두 단동형이다. 결국 하나의 건물에 수직적으로 기능을 중첩시키고 있는데, 지하에 주차장, 그 위에 상가, 그 위에 아파트 기능의 순으로 복합되는 경우가 대부분이었다.

건물 내 수용기능도 2개의 건물을 제외하면 모든 건물이 주거와 상업 혹은 주거와 상업, 업무기능의 복합으로 구성되어 있다. 도심지역의 건물은 상업과 업무기능이 탁월하였으며, 지역·지구중심의 건물은 주거기능이 가장 탁월하였고, 부심과 외곽지역은 중간적 형태를 띄고 있었다.

결과적으로 현재 서울시 주상복합건물의 입지 특성은 공간적으로는 주로 한강 이남의 강남·서초·송파·양천·여의도 등에 21층 이상의 고층 빌딩들이 집적한 곳들이 나타나고 있으며, 위치적 성격으로는 지하철역과 주요 간선도로변에 접하여 입지한 경우가 많고, 대부분이 주거와 상업기능의 복합인 경우라 할 수 있다. 도심부가 아닌 하위 계층의 중심지(부도심과 지역·지구중심)라는 공간적 측면과 21층 이상의 대형 빌딩들이 교통 여건이 우수한 상업지역에 입지하게 된 주요 원인은 정부의 지속적인 규제 완화가 직접적 영향을 미치고 있는 것으로 보인다. 특히 1994년의 준주거지역으로의 확장, 1995년의 세대수 제한 철폐, 1999년의 주거연면적 90% 확대 등은 건물의 규모에 즉각 반영된 것으로 나타났다.

이상의 결과를 토대로 주상복합건물이 집적을 이루고 있어 상업지역 내에 새로운 주거지역을 형성하고 있는 것으로 볼 수 있는 사례지역들을 선정하였다. 이때 도시공간구조의 계층성을 관련시켜 도심과 부심, 지역·지구중심 등 3개의 계층에서 5개 지역을 선정하여 주민과 상가 점포주를 대상으로 설문조사를 실시하였다. 그 결과를 Ⅴ장에서 분석하였다.

첫째, 주민의 소득과 직업, 학력을 통해 본 주상복합 주거지역은 대졸 이상 고학력의 개인자영업과 전문직 종사자가 많은 고소득층의 주거지역적 성격이 강하게 나타나고 있다. 그런데 이러한 주민의 동질적인 제반 특성들도 지역별로는 약간의 차별성을 나타내고 있다. 가구의 경제적 수준으로 볼 때 부도심에 해당하는 서초동과 잠실동지역이 가장 높고, 목동과 도곡동 등 지역·지구중심 지역이 그 다음이며, 도심의 사직동이 가장 낮은 수준을 보여주고 있다. 한편 인구학적 특성으로 살펴본 생애주기는 지역 통계자료의 성격과 비슷하게 나타나고 있어 이 또한 지역별로는 차별적임을 알 수 있었다.

둘째, 사회·경제적 특성상 동질적 성향이 강한 주거지역이지만 도시의 어느 지역에 입지하느냐에 따라 차별적 성격을 가질 것이라 보고, 주상복합 주거지역의 특성이 입지별로 차별적인지 분석하기 위해 이주과정, 주거입지요인, 주거 만족도, 발전가능성, 상가기능의 역할 등을 고찰하였다.

이전 거주를 통해 본 주상복합건물의 주민 특성도 상당한 고소득층임을 알 수 있었고, 단지의 규모가 클수록 건물 내 기능 이용 정도가 높아지며, 근린관계도 좋고, 만족도가 높아 이주할 경우 주상복합아파트를 다시 선택할 의향이 많고 개발에도 찬성하는 편이었다. 따라서 하위 계층의 중심지로 갈수록 만족도가 높았으며 도심지역에서는 근린관계와 주거만족도가 가장 좋지 않은 것으로 나타나 지역 간 차별성을 보여주고 있었다.

한편 주상복합아파트를 주거로 선택할 때 중요하게 고려한 요소 또한 지역별로 차별적이었다. 기본적으로 주상복합아파트를 선택한 주민들은 교통환경에 대한 고려가 가장 많은 사람들이었다. 지역별로는 도심은 교통환경, 부심은 교통과 넓고 편리한 구조, 재산가치, 지역·지구중심은 넓고 편리한 구조와 재산가치 등을 가장 중요한 요인으로 응답하고 있다. 도심지역 주민들은 직·주 근접과 교통의 편리가 주요한 입지결정 요인으로 작용하고 있어 복합용도개발계획 개념의 성공 가능성을 엿볼 수 있게 하는 부분이며, 부도심지역은 도심과 지역·지구중심 지역의 특성이 혼재되어 있음을 알 수 있다.

상권 형성과 관련하여 도심지역은 건물 내 주민과 단지 외 고객이 주를 이루며, 부심역세권은 건물 내 주민과 단지 내 도보권 고객이 주를 이루고 있고, 지역·지구중심 지역은 건물 내 주민과 단지 내 주민, 단지 외 고객의 비율이 비슷하게 나타나고 있지만 건물 내 주민이 가장 적은 것으로 나타났다.

셋째, 복합용도개발의 유용성 검증을 위해 주민과 상가 점포주들을 대상으로 통근양식 및 구매 관련 생활패턴을 분석하였다. 직·주 근접에 대한 분석 결과 주민과 상가 점포주들의 통근 양식은 반대의 성향을 나타내고 있었다. 주민은 도심지역이 통근거리가 가장 짧고 도보 통근이 많은 반면 상가 점포주들은 도심지역 통근거리가 가장 멀고 하위 계층의 중심지로 갈수록 짧아지는 경향이 있다. 한편 구매 관련 생활 분석 결과 주민들은 일반 판매업의 복합을 통한 주거기능에의 침해를 싫어하고 있어 스포츠·레저시설, 병·의원, 금융 기관, 슈퍼 등의 기능에 대해서만 선호도를 나타내고 있다.

이상의 연구결과를 정리하면 다음과 같다.

첫째, 1967년 세운상가아파트를 시작으로 개발된 복합공동주택은 70년대 말, 80년대 말을 기준으로 특징적 성격을 가지면서 발전해 왔다. 특히 90년대 중반 이후에 공급된 건물들은 고소득층의 고급 주거시설에 대한 수요에 부응한 대규모, 초호화 경향이 강해지면서 도심부가 아닌 지역에서 개발이 활성화되었는데, 이것은 정부의 도심재개발을 인한 규제 완화가, 획일적인 주거문화를 거부하는 다양한 주택수요계층과 이들의 수요를 교통이 편리한 역세권에 고층의 주상복합건물의 형태로 수용하려는 업체들을 부추기면서 대형의 주상복합건물 집적지역 형성을 가능하게 한 것으로 보인다.

둘째, 서울시 주상복합건물의 입지 특성은 규모 면에서 규제 완화의 영향을 직접적으로 받으며 고층의 대형건물로 발전하여 왔다. 특히 강남·서초·송파·양천·여의도 등 한강 이남지역 위주로 대형의 건물들이 집적하고 있으며, 위치적 성격으로는 용도지역상 상업지역으로 지하철역과 주요 간선도로변에 접하여 입지한 경우가 많고, 중심지 계층과 관련하여 볼 때 도심보다는 부도심과 지구중심 지역에 입지한 건물이 가장 많다. 건축적 특징은 도심지역 건물이 대지면적과 건축면적이 가장 넓고, 층수와 연면적, 용적률 등은 동남권의 건물이 가장 높은 것으로 나타났으며, 기능적으로는 주거와 상업기능의 복합인 경우가 대부분이다.

셋째, 현재 서울시 주상복합건물의 집적지역은 다음의 두 가지 측면에서 주상복합아파트라는 새로운 유형의 주택을 통해 형성되어 가는 '분화된 주거지역'적 성향이 강하게 나타나고 있는 것을 볼 수 있다. ① '주민의 구성'을 통해 바라볼 때, 현재 서울시 주상복합건물 주민들의 사회·경제적 특성을 종합하면 대졸 이상 고학력의 개인자영업이나 전문직, 행정관리직에 종사하는 고소득층의 주거 형태라고 할 수 있다. ② 이들의 '주거선택요인'은 공통적으로 교통환경을 제일 중요한 요인으로 선택하고 있다. 즉 시간비용을 가장 중시하는 사람들의 거주지라 볼 수 있겠다.

넷째, 기존의 다른 주거지역과 차별적이라 할 만한 주상복합건물 집적지역은 내부적으로는 동질성을 가지고 있지만, 주상복합 주거지역 간에는 입지에 따른 차별성이 존재함을 알 수 있었다. ① '주민 구성'에 있어 고소득, 고학력 계층의 주거지이긴 하지만 지역별로 약간의 계층성을 발견할 수 있었는데, 하위 계층의 중심지로 갈수록 생애주기가 낮아졌으며,

경제적 수준으로는 도심지역이 가장 낮은 것을 알 수 있었다. 이것은 기존의 지역적 특성과 연관이 있는 것으로 풀이된다. ② ‘주거선택요인’은 교통환경에 대한 가장 많은 고려 이외에 특정 유형의 주택을 각기 다른 지역에서 선택한 이유들은 각기 다르게 나타나고 있다는 것이다. 도심은 교통환경이, 부도심은 교통환경과 주거환경과 경제적 이유가, 지역·지구중심은 주거환경과 기능복합으로 인한 편리성 및 경제적 이유가 가장 중요한 주거입지 결정 요인으로 나타났다. ③ ‘주거 만족도’에 있어 건물과 관련시켜 보았을 때 부도심과 지역·지구중심 지역의 건물들은 도심에 비해 개별 건물 규모가 크고, 주거 단지의 규모 또한 가장 큰데, 이러한 지역들일수록 만족도가 높고 근린 형성이 잘 되고 개발 자체에 대해서도 찬성의 의견이 높은 것으로 나타났다. ④ ‘상가의 특성과 역할’에 있어서도 지역별로 차별적인데, 부도심과 지역·지구중심 지역의 건물은 공급되는 상업기능의 종류가 도심지역에 비해 많으며 고급화된 경우가 많다. 이에 대해 주민들은 건물 내 상가를 이용하는 종류가 많다. 그러나 고객의 비중으로 볼 때는 특히 지역·지구중심 지역의 건물 상가에 건물 내 주민의 고객 비율은 가장 낮은 것으로 나타났다. ⑤ ‘복합용도개발의 효과’는 특히 직·주 근접과 관련하여 도심지역이 가장 성공적으로 보이며, 부도심지역이 가장 낮은 효과를 보여주었다.

따라서 주상복합건물 주거지역의 지역별 성격을 정리하면 다음과 같다. 도심의 주상복합건물은 복합용도개발의 계획 개념의 실천 가능성을 가장 많이 보여주는 성격을 가지고 있으며, 지역·지구중심의 건물들은 복합용도개발과는 관련성이 적은 일반 주거지역적 성격을 많이 가지고 있는 것으로 보인다. 이는 편리한 삶과 차별적인 주거공간을 추구하는 고소득층의 사람들이 독특한 주택의 한 유형으로 선택했을 뿐이기 때문인 것으로 보인다. 한편 부도심지역은 이 두 지역의 특성이 혼합되어 나타나고 있는 곳이라 할 수 있겠다.

결국 주택과 주거지와의 관계에서 특정 유형의 주택은 소득과 학력, 직업 등에서 차별적 성향을 강하게 나타내고 있으며, 주거지로서의 특징은 중심지 계층구조별로 지역 간에 차별성을 나타내고 있다.

이것은 주택의 선택에 있어 사회, 계층적 요소는 중요한 설명요인이지만, 주거지 선택에 있어 주변지역의 성격은 중요한 요소임을 짐작하게 하는 부분인데, 결국 특정 유형의 주택이지만 어느 지역에 입지하느냐에 따라 주거입지의 선택과정은 달라질 수 있고, 그 결과 주거지의 성격이 달라진다는 결론을 내릴 수 있다.

이상의 결과를 토대로 앞으로 증가추세를 보이고 있는 서울시 주상복합건물 건설에 대한 정책적 제안을 하고자 한다.

첫째, 주상복합건물은 복합용도개발 개념의 일환으로 추진되고 있음을 분양 당시부터 인식시켜주어야 할 필요가 있다. 특히 대규모의 고급 주상복합건물일 경우 이러한 개념과는 상관없는 특정 유형의 주택으로만 인식하고 있어 계획 개념은 상실된 채 지역 내에서 여러 가지 문제를 일으킬 소지를 가지고 있기 때문이다.

둘째, 현재 서울시에서 주상복합건물의 집적지역이라 할 만한 곳들 중 최근에 개발되고 있는 건물들(조만간 준공될 건물들을 포함)은 대부분이 3·40층, 심지어 60층 이상의 고층건물들로 이루어져 있고, 내부의 아파트 또한 5·60평 이상의 대규모이다. 이 건물들은 분양 당시부터 특정 수요자들만을 대상으로 한 마케팅, 내부 마감재의 고급화로 인한 높은 분양 가격 등으로 인해 'income 게토'라 불릴 만하다. 이로 인한 계층 간 위화감, 주변지역 주민들과의 마찰 등은 상당한 사회적 문제가 될 가능성이 있다. 이에 대한 고려가 정책적으로 필요할 것으로 본다.

셋째, 본 연구를 통해 주거입지의 결정 요인과 특싱은 지역별로 차별적임을 인식할 때 지역별로 각기 다른 개발방식을 취해야 한다는 것이다. 먼저 도심지역은 주변지역이 대부분 업무와 상업기능으로 이루어진 곳이다. 따라서 복합용도개발에 의한 주상복합건물이라 할지라도 건물 내 주거기능을 오히려 많이 보급하는 것이 도심부 재생이라는 측면에서도 효과적일 것으로 생각한다. 한편 부심과 지역·지구중심 지역은 건물 내 상업기능이 주거부문을 침해하지 않는 범위 내에서 건축적 설계가 최대한으로 이루어질 수 있다면 현재 복합되어 있는 기능들보다 더욱 다양한 종류의 기능들을 많이 복합함으로써 건물 내 주민들이 이용할 수 있게 하는 것이 중요하다고 본다. 이 지역 주민들은 건물 내 기능의 수준이 자신들의 수요에 맞고, 주거부문에 대한 침입이 최소화된다면 이용할 가능성이 가장 높은 지역으로 보인다. 또한 다양하고 수준 높은 기능들을 공급함으로 인해 주변의 일반 주거지역 거주민들도 이용할 수 있는 상가를 조성하는 것이 필요한 일이라 생각된다. 이와 관련하여, 현재 시행되고 있는 '용도용적제'와 같은 일률적 규제는 건설업체들의 수익률 증대를 위해 도심이 아닌 기타 지역에서 고층의 주거 위주 개발을 부추길 것이며, 그 결과 주변지역 주민들과의 계층 간 위화감 등을 조성하게 되고, 한편 주변지역이 양질의 주거지역인지, 대규모 상업기능이 필요한 지역인지, 혹은 업무 중심의 기능 집적을 통한 중심적 역할을 하는 곳인지 등에 대한 고려 없는 일률적 개발을 통해 지역적 문제를 일으킬 소지가 크기 때문이다.

2. 연구의 의의와 한계

서울시 주상복합건물을 대상으로 입지 특성과 지역별 주거 특성을 연구한 본 연구가 갖는 의의는 다음과 같다.

먼저 서울시 전역을 대상으로 주상복합건물 자료를 구축했다는 것이다. 실재 주상복합건물만을 따로 관리하는 자료 체계가 없어 지금까지의 연구들은 거의 사례지역의 몇몇 건물들만을 대상으로 한 것들이었다. 전체 자료의 구축을 통해 실질적으로 법령의 변화와 관련시켜 건물의 특성들이 변화하는 과정을 분석할 수 있었다는 것은 정책 입안자들에게 도움이 될 수 있는 자료라 생각한다.

또한 서울시 주상복합건물의 공간적 확산 및 규모의 확대를 가능하게 한 사회·경제적 배경에 대해 정부와 업계, 소비자 등 다양한 각도에서의 설명과 분석을 시도하였다는 것이다.

다음으로 주상복합건물 집적지역의 특성을 밝히는 데 있어 주민뿐만 아니라 상가에 대한 고찰을 통해 종합적 분석을 하였다는 점이다. 주상복합건물이 가지고 있는 다기능적 측면에서 기존 연구들이 주거와 상업기능을 별개로 연구하고 있는 것을 극복하고자 하였다.

가장 중요한 것은 기존 연구의 한계에서도 밝혔듯이 주상복합건물에 대한 연구들이 건물 자체의 주거적 합성에 초점을 맞추고 설계 부문에 대한 제언들이 많았던 것에 비해 본 연구는 개별 건물의 관점이 아니라 주상복합건물 집적지역을 대상으로 지역적 관점에서 주거 특성을 바라보았다는 것이다. 이를 통해 새로운 유형의 주택에 의해 형성된 주거지역이 주민들의 사회·경제적 계층성에 의해 분화될 가능성을 밝힐 수 있었고, 이러한 주거지역이 기존의 지역적 특성에 의해 차별적 특성들을 가지고 있음을 알 수 있었다. 이것은 건축물의 공급과 수요의 결과가 결국 도시공간을 통해 나타나는 것이기 때문에 기존의 지역적 특성을 무시할 수 없다는 점에서 정책 입안자들이 고려해야 할 중요한 시각을 제시해 주고자 한 지리적 의도를 담아내고 있다는 점이다.

이상의 연구의의에도 불구하고 본 연구는 다음과 같은 한계를 가진다.

우선 주상복합 집적지역의 새로운 주거지역 특성을 밝히는 데 있어 인근의 일반 아파트지역의 특성을 함께 고찰한다면 사회·경제적 계층성이나 주거입지 결정 요인을 비교하여 '분화된 주거지역' 형성에 대한 정확한 결론을 내릴 수 있을 것이다. 그러나 본 연구에서는 그 부분을 기존 통계자료로 대체하였기 때문에 '분화'에 대한 높은 가능성만을 제시한 것은 연구의 한계로 볼 수 있겠다. 향후의 연구에서 인근 아파트지역의 주민 특성과 아파트 상가의 특성을 함께 비교하여 주상복합건물로 인해 형성되고 있는 주거지역적 특성을 정확히 고찰할 필요가 있다고 보여진다.

또한 지역 선정에 있어 중심지 계층에서 제외되는 기타 지역(외곽)과의 비교가 있었다면 더욱 뚜렷한 지역 간 차별성을 밝힐 수 있었을 것이며 실제 기타 지역에서의 주거지역화 현상의 장·단점을 파악할 수도 있었을 것이다. 그러나 현재 서울시 주상복합건물 집적지역 중에는 중심지와 관련 없는 곳이 거의 없다. 향후 이러한 지역으로 건물 공급이 확대되었을 때의 연구과제로 남기고자 한다.

마지막으로 건물의 이용에 대한 고찰은 시간적 효과와 지역적 효과를 함께 바라보아야 하는데, 현재 대형화 추세를 나타내는 상황에 초점을 두고자 사례지역 대부분의 건물이 1996년대 이후 준공된 것들이었다. 따라서 동일한 지역 내에서 90년대 이전 건물들과의 비교가 필요하리라 본다. 다만 서울시 주상복합건물은 90년대 이전의 건물이 많지 않기 때문에 본 연구의 목적상 공간구조적 계층성에 맞는 연구대상들이 부족하여 제외시켰다. 하지만 도심부의 경우 향후 연구에 있어서 현재 건설 중인 많은 주상복합건물들이 준공되면 80년대 재개발에 의한 건물의 이용과 2000년대 고급화·대형화된 건물의 이용에 대한 비교연구가 충분히 가능하리라 생각한다.

참고문헌

<국내 문헌>

강병기·여홍구·김항집, 1997, "도시계획법 체계 속의 혼합용도지역의 개념과 규제내용의 변화에 관한 연구", 대한국토·도시계획학회지 「국토계획」, 32권 1호, pp.7-25.

강인호·한필원, 2000, 주거의 문화적 의미, 세진사.

건설교통부, 2000, 용도지역·지구제도의 개선방안 연구.

고은아, 1993, 주택시장에서 국가개입의 특성과 그 계층적 영향에 관한 연구 -도시관리주의론을 중심으로-, 서울대 석사학위논문.

구동회, 1990, 대도시 노동자주택지구의 형성과 특성에 관한 연구 -구로공단 인접지역을 사례로-, 서울대 석사학위논문.

구동회, 1998, 대도시 주민의 전원지향 이주과정과 생활양식: 수도권 전원주택을 중심으로, 서울대 박사학위논문.

국토개발연구원, 1990, 주택공급 확대를 위한 효율적 토지이용방안 연구 -서울시 주거지 이용구조를 중심으로-.

권문성, 1992, 주거상업복합건물의 계획에 관한 연구, 서울대 석사학위논문.

권상준, 1980, "서울시 토지이용 계획의 방법론과 그 문제점 -서울시 도시기본계획을 중심으로-", 주택금융, 통권 60호, pp.47-56.

권오혁·윤완섭, 1991, "서울시 아파트의 공간적 확산과 주거지 분화", 한국사회사연구회논문집, 29호, 한국사회사연구회, 문학과 지성사, pp.94-132.

권원용, 1982, "도시모형개발을 위한 서울시민의 주거입지 행태에 관한 고찰", 국토연구, 제1호, 국토개발연구원, pp.54-69.

김기수·양동양, 2000, "공동주택단지 주거환경 만족도에 영향을 미치는 사용자 특성에 관한 연구", 대한국토·도시계획학회지 「국토계획」, 제

35권 5호, pp.101-114.

김석철·박길룡·온영태·허영·오덕성, 1994, "주상복합건축물 무엇이 문제인가", 건축가 9408(145호), pp.11-30.

김선기, 1991, 주거이동과 주거구조의 공간적 특성 및 상호관계에 관한 실증적 연구 -서울시의 경우-, 서울대 박사학위논문.

김양성, 1995, "주상복합-검증되어야 할 가능성", 건축문화 9507, pp.150-153.

김영수, 1998, "우리나라 주택정책의 개선방안에 관한 연구", 지역사회개발연구, Vol.23, No.1, pp.285-299.

김영하·진철훈, 1990, "주거환경과 토지혼합이용제도에 관한 연구", 대한건축학회 논문집 6권 2호, pp.141-152.

김영현, 1991, 서울시 주택계층과 거주지역 연구, 서울대 석사학위논문.

김영환, 2001, "영국의 지속가능한 주거지 재생계획의 특성", 대한국토·도시계획학회지「국토계획」, 제36권 1호, pp.151-167.

김용창, 1997, 서울시 토지이용에서 위치이용의 지역적 특성과 도심부 소규모사업장의 존재양식, 서울대 박사학위논문.

김윤기, 1985, 주택유형 선택의 행태에 관한 연구, 서울대 석사학위논문.

김 인, 2001, "지하철 역세권 주상형 주상복합타운 개발컨셉 구상 -서울 지하철 역세권을 대상으로-(High-Rise Compound Building Construction on the Old Residential Areas near Subway Station-A Study of Residential Redevelopment in the Central City of Seoul-)", 한국도시지리학회지, 제4권 2호, pp.65-68.

김 인·김기혁, 1981, "서울 상업지역 공간조직에 관한 연구", 대한국토계획학회지「국토계획」, 16권 2호, pp.26-41.

김 인·박영규, 1984, "주택의 소유관계와 거주지 공간분화 현상: 서울을 사례로", 사회과학과 정책연구 6(2), pp.117-151.

김정수, 1995, 서울시 주상복합형 건물 점유지역의 주거 특성, 상명여대 석사학위논문.

김정태·오덕성, 1991, "주거지 내 주상복합주택의 건축유형과 만족도에 관한 조사", 대한건축학회학술발표논문집, 11권 20호, pp.87-93.

김창석·우명제, 2000, "서울시 중심지 설정과 중심지 특성에 관한 연구", 대한국토·도시계획학회지「국토계획」, 제35권 제1호, pp.17-30.

김태섭, 2000, "우리나라 주거수준의 변화에 대한 고찰", 주택포럼2000, 제1호, pp.128-137.

김한수·임준홍·송흥수, 1998, "도심주거지 선호성향에 관한 연구-대구시를 중심으로", 주택연구 제 6권 제1호, pp.137-155.

김항집, 1997, 토지이용 혼합을 매개로 한 용도지역제의 유연적 운용에 관한 연구, 한양대 박사학위논문.

김항집·강병기·여홍구, 1997, "용도지역 변경이 토지이용 변화에 미치는 영향(Ⅰ) -준주거지역과 일반주거지역의 비교를 중심으로-", 대한국토·도시계획학회지「국토계획」, 32권 2호, pp.59-76.

김현수, 1994, 북한의 도시계획에 관한 연구, 서울대 박사학위논문.

남희용, 1997, "생애단계와 주택의 변화 추이", 주택포럼 1997, 제2호, pp.49-53.

남희용, 2000, "중산층 주택수요 특성", 주택포럼 2000, 제1호, pp.138-148.

대한주택공사, 1994, 주상복합건물의 입지 및 주택수요에 관한 연구.

대한주택공사, 1999, 복합건축물 사례조사집.

대한주택공사 주택연구소, 1996, 복합공동주택 단지개발을 위한 계획기법 연구.

대한주택공사 주택연구소, 1999, 한국공동주택계획의 역사.

도경선, 1994, 서울시의 사회계층별 거주지 분화에 관한 연구, 서울대 석사학위논문.

문영필, 1998, 복합용도개발에 관한 연구, 홍익대 석사학위논문.

민병호·김상호·김수암, 1994, "초고층 아파트의 입주 후 평가: 초고층 거주생활에 대한 입주자 반응", 주택연구 제2권 제1호, pp.99-124.

박영한, 1973, "서울 도심지역의 설정과 내부구조에 관한 연구",「지리학」, 제8호, pp.51-62.

박영한, 1983, "한국 도시지리학의 연구동향과 도시이해의 방향", 「지리학논총」, 제10호, pp.71-85.

박용준, 1994, 우리나라 주상복합건물의 문제점 분석과 개선방안에 관한 연구, 고려대 석사학위논문.

박유신, 1998, 수도권 주상복합아파트의 사회·경제적 특성에 관한 연구, 서울대석사학위논문.

박인석, 1984, 서울시 도심 내 주거의 실태 및 개발방향에 관한 연구, 서울대 석사학위논문.

박철수, 1995, "일본의 소규모 주상복합건축 사례", 건축문화9507, pp.160-166.

박태호, 1998, 서구의 근대적 주거공간에 관한 공간사회학적 연구 -근대적 주체의 생산과 관련하여-, 서울대 박사학위논문.

배효숙, 1986, 주거지 내 자생적 주상혼용건물의 환경양식에 관한 연구 - 서울시의 계획적 주거단지를 사례로 하여-, 서울대 석사학위논문.

백욱인, 1991, "계급·계층별 생활양식", 사회계층-이론과 실제, 서울대학교 사회과학연구회편, 다산출판사, pp.550-566.

산업도서출판공사, 1996, 「한국의 현대건축 6」: 주상복합·복합건축.

서울시정개발연구원, 1998, 서울시 중심지체계 변화분석과 정책과제.

서울특별시, 1997, 2011 서울도시기본계획.

서울특별시, 2001, 도심재개발사업 현황.

서정렬, 1998, "서울시 아파트 현황 및 개발 특성 연구", 주택포럼 1998, 제1호, pp.81-91.

서정렬, 2000, "서울시 아파트의 물리적 특성 분석", 주택포럼 2000, 제1호, pp.149-156.

서종균·고은아·박세훈, 1993, "주택문제와 주택의 정치학", 서울연구, 한국공간환경연구회, 한울, pp.331-357.

손세욱·최찬환, 1992, "집합주거에 있어서 근린영역과 근린관계에 관한 연구", 대한건축학회논문집, 8권 5호, pp.103-113.

송명규, 1992, 지방공공재가 소득계층별 주거지 분화에 미치는 영향에 관한 연구 -서울시를 사례로-, 서울대 박사학위논문.

송미령, 1997, 도시공간구조의 통근통행에 관한 연구 -서울시를 사례로-, 서울대 박사학위논문.

신현수·이영근·박천보·오덕성, 1991a, "고층 및 저층 주상복합건축물의 주거인특성에 관한 비교연구(Ⅰ)", 대한건축학회학술발표논문집, 11권 20호, pp.79-82.

신현수·이영근·박천보·오덕성, 1991b, "고층 및 저층 주상복합건축물의 주거인 특성에 관한 비교연구(Ⅱ)", 대한건축학회학술발표논문집, 11권 20호, pp.83-86.

양동양, 1988, 도시·주거단지 계획, 기문당.

양동양·김진욱·김성도·박선미, 1994, "도심 주상복합개발에 관한 사회인식 연구 -도심 내 직장인을 대상으로-", 대한건축학회논문집 10권 10호, pp.45-58.

양동양·유승무·박형석·남영우, 1994, "복합용도개발(MXD)에서의 거주성에 관한 연구", 대한건축학회논문집 10권 10호, pp.145-158.

양재섭, 2001, 서울 도심부 주거실태와 주거확보방향 연구, 서울시정개발연구원.

엄성욱, 2000, 주상복합건축물 내 상업 및 편익시설의 입지별 수용특성에 관한 연구 -서울시 주상복합타운을 중심으로-, 중앙대 석사학위논문.

오덕성, 1989, "복합용도 건축물의 발전경향(Ⅰ) -역사적인 발전추세-", 건축사 8911, 대한건축사협회, pp.46-55.

오덕성, 1990a, "복합용도 건축물의 발전경향(Ⅱ) -독일의 복합용도 Complex의 계획추세-", 건축사 9001, 대한건축사협회, pp.50-63.

오덕성, 1990b, "복합용도 건축물의 발전경향(Ⅲ) -미국의 복합용도 Complex계획과 발전 경향-", 건축사 9002, 대한건축사협회, pp.32-43.

오덕성, 1990c, "복합용도 건축물의 발전경향(Ⅳ) -한국의 발전내용과 장래 방향-", 건축사 9004, 대한건축사협회, pp.64-79.

오덕성·김정태, 1992, "주상복합주택의 유형과 계획방향에 관한 연구", 대한건축학회논문집, 8권 10호, pp.73-83.

오덕성·박천보, 1990, "도시 입지별 상업용도 건축물의 분포 및 수용기능 특성과 복합용도 건축물의 역할에 관한 연구 -대전시와 청주시를 대상으로-", 대한국토계획학회지「국토계획」, 25권 2호, pp.49-63.

유 리, 1994, 서울시 도심 주거기능 쇠퇴에 관한 연구, 서울대 석사학위논문.

윤영미, 1996, 주상복합건축의 실태와 개발방향, 경상대 석사학위논문.

윤혜정, 1996, 주거환경개선을 위한 주거지역 유형화에 관한 연구 -서울시를 사례로-, 서울대 박사학위논문.

이강선, 1987, 서울 도심 복합주거의 주거 적합성에 관한 연구, 서울대 석사학위논문.

이기석, 1975, "서울 중심지역의 1960년 인구 및 주택특색의 분포에 관한 다변수 분석", 지리학과 지리교육 제4집, 서울대학교 교육대학원 지리학연구실, pp.1-26.

이기석, 1980, "대도시 거주지 분화와 패턴에 관한 연구: 서울시를 중심으로", 한국의 도시와 촌락 연구, 보진재, pp.128-172.

이문원, 1983, 주거지역의 토지이용측면에서 본 용도지역지구제에 관한 연구, 서울대 석사학위논문.

이상대, 1996, 서울시 내부시가지 쇠퇴현상의 진단에 관한 연구, 서울대 박사학위논문.

이숙임, 1983, "주택유형의 지역적 분화와 주민의 사회경제적 특성에 관한 연구", 지리학의 과제와 접근방법, pp.281-301.

이정전, 1988, 토지경제론, 박영사.

이정중, 1987, 도심부 복합용도건물 내 거주민의 주거실태분석에 관한 연구, 서울대 석사학위논문.

이주형·기윤환, 2000, "사회의 경제환경변화에 의한 복합용도의 취약성 해결방안", 대한국토·도시계획학회지「국토계획」, 35권 6호, pp.81-95.

이춘호, 2001, "수도권 신도시 거주자 주거 만족도 비교분석", 대한국토·

도시계획학회지「국토계획」, 제36권 6호, pp.191-204.

이호진, 1994, "한 번의 실수를 또 하려나", 건축가 9407(144호), p.17.

임국택, 1994, "주상복합주택의 발생과 분포 특성에 관한 연구 －서울시를 중심으로－", 대한국토·도시계획학회지 「국토계획」, 29권 3호, pp.209-232.

임국택, 1995, 주상복합건물의 특성분석과 입지모형설정에 관한 연구 －서울특별시를 중심으로－, 중앙대 박사학위논문.

임준홍·김한수, 2001, "도심거주의 선호자 및 선호유형에 관한 연구 －대구광역시를 사례로－", 대한국토·도시계획학회지「국토계획」, 제36권 6호, pp.205-215.

임창호, 1993, "21세기를 향한 신 대도시공간구조론: 효율성, 형평성, 쾌적성, 그리고 지속성", 대한국토·도시계획학회지「국토계획」, 28권 4호, pp.21-38.

장경철, 2000, 서울시 영등포 주공상 혼합지역 커뮤니티 재생에 관한 연구, 서울대 석사학위논문.

장성수, 1995, "미래주상복합건축－건설 배경과 공간의 대응전망", 건축문화 9507, pp.167-169.

장성수·서정렬, 1996, "「도시주거패턴」 조사를 통한 주요 구 분석", 주택포럼 1996, 가을호, pp.56-67.

정승혜, 2002, 도시주거 유형으로서의 근린형주상복합 적용에 관한 연구, 서울대 석사학위논문.

조명래, 1995, "포스트모던 도시론", 한국공간환경연구회,「새로운 공간환경론의 모색」, 한울, pp.15-69.

조재성, 1983, 도시공간구조에 관한 연구－서울시의 사례를 중심으로, 서울대 석사학위논문.

조춘만, 1996, 서울시 주상복합건물의 주거환경에 관한 연구, 서울대 석사학위논문.

주종원, 1994, "주상복합건축물 무엇이 문제인가?", 건축가 9408(145호), p.10.

주택문화사, 한국 '99-2000 주택총람.

주택산업연구원, 1996a, 도심의 주거기능 활성화와 주상복합용도 개발.

주택산업연구원, 1996b, 21세기 한국의 주택산업.

주택산업연구원, 1998, 주택산업의 합리적 개편에 관한 연구 -합병을 중심
　　으로-.

주택포럼, 1995. 12, pp.110-112.

초의수 옮김, 1996, 도시의 정치경제학(David Harvey, 1989, The Urban
　　Experience), 한울.

최막중, 1995, "주택정책 및 공간정책의 도시개발 패러다임에 의한 신개발
　　과 재개발의 평가와 대안", 주택연구 제3권 제2호, pp.29-53.

최막중·김세신, 1999, "토지이용계획의 변화·발전 과정에 관한 연구: F.
　　S. Chapin Jr. 등의 'Urban Land Use Planning을 중심으로", 대한
　　국토·도시계획학회「국토계획」, 제34권 제1호, pp.25-39.

최막중·임영진, 2001, "가구특성에 따른 주거입지 및 주택유형 수요에 관
　　한 실증분석", 대한국토·도시계획학회지「국토계획」, 제36권 6호,
　　pp.69-81.

최막중·지규현, 1997, "다핵화 정책에 의한 직주근접 효과의 규범적 평가: 서
　　울시를 중심으로", 대한국토·도시계획학회「국토계획」, 제32권 제5
　　호, pp.25-37.

최명철, 1984, 도심부 집합주거 설계, 서울대 석사학위논문.

최병두 옮김, 1983, 사회정의와 도시(David Harvey, 1973, Social Justice
　　and the City), 종로서적.

최상희, 1998, 도심재개발사업에 의해 조성된 복합용도건물의 주거 특성에
　　관한 연구, 서울대 석사학위논문.

최세락, 1999, 초고층 고급 복합용도 아파트의 수요특성에 관한 연구, 한양
　　대 석사학위논문.

최　열, 1999, "도시 내 주거이동 결정 요인과 희망 주거지역 분석", 대한
　　국토·도시계획학회지「국토계획」, 제34권 5호, pp.19-30.

최왕돈, 1986, 도심지 고층복합건물의 계획에 관한 연구-주거 및 업무·상
　　업용도 등의 복합을 중심으로, 서울대 석사학위논문.

통계청, 2002.9, 「한국의 인구 및 주택」 보도자료.

하성규, 1987, "한국 주택점유형태의 변화와 정책과제", 사회과학연구 제1
　　집, 중앙대.

하성규, 1991, 주택정책론, 박영사.

하성규, 1995, "Housing Crisis and Perspectives of Housing Policy in Korea:
　　한국의 주택문제와 주택정책전망", 주택연구 제3권 제2호, pp.135-160.

하성규·김연명, 1991, "한국의 주택정책과 이데올로기", 대한국토·도시계
　　획학회 「국토계획」, 26권 1호, pp.23-41.

하성규·김재익, 1992, "주거지와 직장의 불일치 현상에 관한 연구", 대한
　　국토·도시계획학회 「국토계획」, 27권 1호, pp.51-72.

하성규·김재익·전명진, 1995, "대도시공간구조 변화패턴에 관한 연구(서
　　울시를 중심으로)", 대한국토·도시계획학회 「국토계획」, 제30권 제
　　5호, pp.141-152.

한국토지개발공사, 1994, 주상복합건물의 활성화를 위한 용지계획 및 설계
　　에 관한 연구, 한국토지개발공사 기술연구소.

한주연, 1989, 서울시의 직업별 거주지 분리현상에 관한 연구, 서울대 석사
　　학위논문.

한혜숙, 2001, 대도시 주택 하위시장 확인에 관한 연구 -서울시를 대상으
　　로-, 서울대 석사학위논문.

호유정, 1996, 복합용도개발의 유형별 특성에 관한 연구 -서울시 주상복합
　　건물을 중심으로-, 서울대 석사학위논문.

홍두승, 1991, "계층의 공간적 분화 1975-1985: 서울시의 경우", 사회계층-이
　　론과 실제, 서울대학교 사회과학연구회편, 다산출판사, pp.567-583.

홍두승·김미희, 1988, "도시중산층의 생활양식 -주거생활을 중심으로-",
　　성곡논총, 제19집, pp.485-530.

홍인옥, 1997, 서울시 단독주택지역의 변화 유형과 특성에 관한 연구, 서울

대 박사학위논문.

홍재정, 1993, 고층주상복합건물의 주거환경개선에 관한 연구 -불만족요소의 추출 및 그 개선 방향을 중심으로-, 서울대 석사학위논문.

〈외국 문헌〉

Adams, J. S., 1984, "The Meaning of Housing in America", *Annals of the Association of American Geographers*, Vol.74, No.4, pp.515-526.

Ainscough, T. A., 1996, Reurbanization in Calgary: An Urban Design and Guidelines for a Mixed-Use, Transit-oriented Development. Master of Environmental Design of The University of Calgary.

Alonso, W., 1964, *Location and Land Use: Toward a General Theory of Land Rent*, President and Fellows of Harvard College, East-West Center Press, Honolulu.

Badcock, B., 1995, "Building Upon the Foundations of Gentrification: Inner-City Housing Development in Australia in the 1990s", *Urban Geography*, Vol.16, No.1, pp.70-90.

Baer, W. C., 1986, "The Evolution of Local and Regional Housing Studies", *Journal of the American Planning Association*, Vol.52, No.2, pp.172-184.

Ball, M., 1984, "Forms of Housing Production-the Birth of a New Concept or the Creation of a cul-de-sac?", *Environment and Planning A*, Vol.16, No.2, pp.261-268.

Ball, M., 1986, "The Built Environment and the Urban Question", *Environment and Planning D*, Vol.4, pp.447-464.

Ball, M. J., and R. M. Kirwan, 1977, "Accessibility and Supply Constraints in the Urban Housing Market", *Urban Stdies*, Vol.14, pp.11-32.

Bartholomew, H., 1955, *Land Uses in American Cities*, Harvard University Press, Cambridge.

Bassett, K. and J. R. Short, 1978, "Housing Improvement in the Inner City: A Case Study of Changes Before and After the 1974 Housing Act", *Urban Studies*, Vol.15, pp.333-342.

Bassett, K. and J. R. Short, 1980, *Housing and Residential Structure: Alternative approaches*, Routledge and Kegan Paul, London.

Blatman, R. M., 1983, "The Misuse of Mixed-Use Centers", *Real Estate Review*, Vol.13, No.2, pp.93-96.

Bourne, L. S., 1976, "Urban Structure and Land Use Decisions", *Annals of the Association of American Geographers*, Vol.66, No.4, pp.531-547.

Bourne, L. S., 1981, *The Geography of Housing*, John Wiley & Sons, New York.

Burnley, I. H. and P. A. Murphy, 1995, "Residential Location Choice in Sydney's Perimetropolitan Region", *Urban Geography*, Vol.16, No.2, pp.123-143.

Burns, E. K., 1984, "Progress in Land Use Planning", *Urban Geography*, Vol.5, No.4, pp.356-361.

Burns, E. K., 1988, "Land Use Planning and Urban Spatial Structure", *Urban Geography*, Vol.9, No.2, pp.209-216.

Callado, J., 1995, "The Architect's Perspective", *Urban Studies*, Vol.32, No.10, pp.1665-1677.

Cao, T. V., 1980, Mixed Land Uses, Externalities and Residential Property Values: An Empirical Analysis of the Municipal Zoning Ordinance of Tuscon, Arizona, PhD dissertation of The University of Arizona.

Childs, P. D., T. J. Riddough, A. J. Triants, 1996, "Mixed Use and the Redevelopment Option", *Real Estate Economics*, Vol.24, pp.317-339.

Conway, D. J.(ed.), 1977, *Human Response to Tall Buildings*, Dowden, Hutchingson & Ross, Inc.

Curry, K., 1998, "Latest Phase in Development to Include Luxury

Apartments", *Dallas Business Journal*, Vol.22, No.18, pp.3.

Diamond, D. B., 1980, "Income and Residential Location: Muth Revisited", *Urban Studies*, Vol.17, pp.1-12.

Dixon, A., 1997, "Housing and the Environment: A New Agenda", *Housing Studies*, Vol.12, No.4, pp.579-581.

Evans, A. W., 1973, *The Economics of Residential Location*, Macmillan.

Filion, P., K. McSpurren, N. Huether, 2000, "Synergy and Movement within Suburban Mixed-Use Centers: The Toronto Experience", *Journal of Urban Affairs*, Vol.22, No.4, pp.419-438.

French, R. A., 1979, "The Indivisuality of the Soviet City" in French, R. A. and F. E. I. Hamilton(eds.), *The Socialist City*, John Wiley & Sons, pp.73-104.

Fujii, T. and T. A. Hartshorn, 1995, "The Changing Metropolitan Structure of Atlanta, Georgia: Locations of Functions and Regional Structure in a Multinucleated Urban Area", *Urban Geography*, Vol.16, No.8, pp.680-707.

Fung, A., 1990, Conjunctive Housing: Housing in Mixed-Use Complexes, Master of Architecture of The Mcgill University.

Galster, G., 1997, "Comparing Demand-side and Supply-side Housing Policies: Sub-market and Spatial Perspectives", *Housing Studies*, Vol.12, No.4, pp.561-577.

Grant, J., 2002, "Mixed Use in Theory and Practice-Canadian Experience with Implementing a Planning Principle", *Journal of the American Planning Association*, Vol.68, No.1, pp.71-84.

Guiton, J.(ed.), 1981, *The Ideas of Le Corbusier: On Architecture and Urban Planning*, translated by Margaret Guiton, George Braziller.

Hall, P., 1997, "Regeneration Policies for Peripheral Housing Estates: Inward-and Outward-Looking Approaches", *Urban Studies*, Vol.34, pp.873-890.

Harris, R., 1984, "Residential Segregation and Class Formation in the Capitalist City: A Review and Directions for Research", *Progress in Human Geography*, Vol.8, No.1, pp.26-49.

Hartshorn, T. A., 1971, "Inner City Residential Structure and Decline", *Annals of the Association of American Geographers*, Vol.61, No.1, pp.72-96.

Hartshorn, T. A., 1980, *Interpreting the City: An Urban Geography*, Wiley.

Herbert, D. T. and D. M. Smith(eds.), 1979, *Social Problems and the City: Geographical Perspectives*, Oxford University Press.

Hill, D. R., 1988, "Jane Jacobs' Ideas on Big, Diverse Cities: A Review and Commentary", *Journal of the American Planning Association*, Vol.54, No.3, pp.302-314.

Howe, D. A., 1990, "The Flexible House: Designing for Changing Needs", *Journal of the American Planning Association*, Vol.56, No.1, pp.69-77.

Jacobs, J., 1993, *The Death and Life of Great American Cities*, Random House.

Johnston, R. J., 1971, *Urban Residential Patterns: An Introductory Review*, G. Bell and Sons, London.

Jones, C., 1979, "Housing: the Element of Choice", *Urban Studies*, Vol.16, pp.197-204.

Kemeny, J. & S. Lowe, 1998, "Schools of Comparative Housing Research: From Convergence to Divergence", *Housing Studies*, Vol.13, No.2, pp.161-176.

Kempen, R. V., V. A. J. M. Schutjens & J. V. Weesep, 2000, "Housing and Social Fragmentation in the Netherlands", *Housing Studies*, Vol.15, No.4, pp.505-531.

Kirby, D. A., 1983, "Housing", in Michael Pacione(ed.), *Progress in Urban Geography*, Croom Helm, London & Canberra, pp.7-44.

Knox, P. L., 1982, "Residential Structure, Facility Location and Patterns of Accessibility", in Cox, K. & Johnston, R. J.(eds.), *Conflict, Politics and the Urban Scene*, Longman, pp.62-87.

Knox, P. L., 1987, "The Social Production of the Built Environment: Architects, Architecture and the Post-Modern City", *Progress in Human Geography*, Vol.11, No.3, pp.354-377.

Knox, P. L., 1994, *Urbanization-An Introduction to Urban Geography*, Prentice Hall.

Law, C. M., 1988, *The Uncertain Future of the Urban Core*, Routledge, London and New York.

Lee, D., 1995, The Relationship between the Stages of the Family Life Cycle and Housing Consumption and Residential Mobility: A Study of Urban Areas in Korea, PhD dissertation of The University of Birmingham.

McLeod, P. B. and J. R. Ellis, 1982, "Housing Consumption Over the Family Life Cycle: an Empirical Analysis", *Urban Studies*, Vol.19, pp.177-185.

Morcombe, K. N., 1984, *The Residential Development Process: Housing Policy and Theory*, Gower Publishing Company.

Morrison, P. S. and S. McMurray, 1999, "The Inner-city Apartment versus the Suburb: Housing Sub-markets in a New Zealand City", *Urban Studies*, Vol.36, No.2, pp.377-397.

Morrow-Jones, H. A., 1987, "The Geography of Housing: Housing Policy" *Urban Geography*, Vol.8, No.6, pp.577-584.

Morrow-Jones, H. A., 1998, "Repeat Homebuyers and American Urban Structure", *Urban Geography*, Vol.19, No.8, pp.679-694.

Newton, P. W., and R. J. Johnston, 1976, "Residential area characteristics and Residential Area Homogeneity: Further Thoughts on Extensions to the Factorial Ecology Method", *Environment and Planning A*, Vol. 8, pp.543-552.

Pogodzinski, J. M. and T. R. Sass, 1991, "Measuring the Effects of Municipal Zoning Regulations: A Survey", *Urban Studies*, Vol.28, No.4, pp.597-621.

Procos, D., *Mixed Land Use: From Revival to Innovation*, AIP, R. P. D.(ed.), Community Development Series.

Pucher, J., 1990, "Capitalism, Socialism, and Urban Transportation: Policies and Travel Behavior in the East and West", *Journal of the American Planning Association*, Vol.56, No.3, pp.278-296.

Robson, B. T., 1969, *Urban Analysis: A Study of City Structure with Special Reference to Sunderland*, Cambridge at the University Press.

Slater, J. R., 1986, "Income, Location and Housing in Greater London", *Urban Studies*, Vol.23, pp.333-341.

Somerville, P., 1998, "Empowerment through Residence", *Housing Studies*, Vol.13, No.2, pp.233-257.

Stockdale, A. & G. Lloyd, 1998, "Forgotten Needs? The Demographic and Socio-economic Impact of Free-standing New Settlements", *Housing Studies*, Vol.13, No.1, pp.43-58.

Taylor, R. B., B. A. Koons, E. M. Kurtz, J. R. Greene and D. D. Perkins, 1995, "Street Blocks with More Nonresidential Land Use Have More Phisical Deterioration Evidence from Baltimore and Philadelphia", *Urban Affairs Review*, Vol.31, No.1, pp.120-136.

Tucker, S. N., 1980, "Mixed-Use Area Development Control", *Urban Studies*, Vol.17, pp.287-297.

Turner, J. F. C., 1991, *Housing by People: Towards Autonomy in*

Building Environments, London: Marion Boyars.

ULI-the Urban Land Institute, 1987, *Mixed-Use Development Handbook.*

Varady, D. P., 1983, "Determinants of Residential Mobility Decisions", *Journal of the American Planning Association*, Vol.49, No.2, pp.184-199.

Weesep, J. V., 1984, "Condominium Conversion in Amsterdam: Boon or Burden?", *Urban Geography*, Vol.5, No.2, pp.165-177.

Weesep, J. V. and M. W. A. Maas, 1984, "Housing Policy and Conversions to Condominiums in the Netherlands", *Environment and Planning A*, Vol.16, pp.1149-1161.

Whitehand, J. W. R., 1984, "Urban Geography: the internal structure of cities", *Progress in Human Geography*, Vol.8, No.1, pp.95-104.

Witherspoon, R. E., J. P. Abbett and R. M. Gladstone, 1981, *Mixed-Use Developments: New Ways of Land Use*, ULI.

Wu, F., 1998, "The New Structure of Building Provision and the Transformation of the Urban Landscape in Metropolitan Guangzhou, China", *Urban Studies*, Vol.35, No.2, pp.259-283.

阿部成治, 1987, "用途純化から混在の評価へ －戦後西ドイツの都市計劃の轉換－", 都市計劃, 통권 제145호, pp.22-27.

近藤達夫, 1987, "住・工複合化についての考察", 都市計劃, 통권 제145호, pp.53-58.

田端 修, 1987, "都心定住と〈商住混合〉", 都市計劃, 통권 제145호, pp.59-66.

富安秀雄, 1987, "市街地更新時における住居, 非住居施設の混合", 都市計劃, 통권 제145호, pp.67-73.

支倉幸二・草場優昭, "都市開發プロジェクトにおける 「混合」の試みについて", 都市計劃, 통권 제145호, pp.74-83.

부록 1. 설문 응답 점포의 일반적 사항

1. 업종: 주상복합건물 내의 상가는 대부분 음식점, 의류·잡화 판매점, 음·식료품 판매점 등으로 이루어져 있다. 그리고 병·의원 등이 개업하고 있는 경우가 종종 있다. 설문에 응답한 점포는 보석·시계 판매점, 음·식료품 판매점(음식점 포함), 의류·잡화 판매점이 다수를 차지하고 있고, 병·의원이나 약국이 그 다음으로 많다〈표 1〉.

〈표 1〉 설문 응답 점포의 업종 분포

단위: 개소, (%)

| | 소매업 | | | | | | 교육
서비스업 | 보건업 | 오락
산업 | 기타서비스업 | | | 기 타 | | | 계 |
	음식 료품	의약품 화장품	의류 잡화	문구	화원	보석 시계	학원	병의원 약국	오락실 당구장	부동산	이·미 용실	비디오 · 노래방	수리 점	대리 점	기타	
도심	3 (15.8)		5 (26.3)		1 (5.3)	4 (21.1)				1 (5.3)					5 (26.3)	19 (100.0)
부심 역세권	4 (18.2)	1 (4.5)				10 (45.5)		2 (9.1)	2 (9.1)		2 (9.1)				1 (4.5)	22 (100.0)
목동	2 (8.3)		2 (8.3)	1 (4.2)	1 (4.2)	8 (33.3)	4 (16.7)	2 (8.3)			1 (4.2)	1 (4.2)	1 (4.2)		1 (4.2)	24 (100.0)
도곡동	3 (12.0)		4 (16.0)			13 (52.0)		1 (4.0)	1 (4.0)	1 (4.0)		1 (4.0)		1 (4.0)		25 (100.0)
계	12 (13.3)	1 (1.1)	11 (12.2)	1 (1.1)	2 (2.2)	35 (38.9)	4 (4.4)	5 (5.6)	3 (3.3)	2 (2.2)	3 (3.3)	2 (2.2)	1 (1.1)	1 (1.1)	7 (7.8)	90 (100.0)

자료: 설문조사.

2. 매장의 위치: 설문에 응답한 매장은 주로 1층과 지하 1층에 있는 점포가 가장 많다〈표 2〉.

〈표 2〉 설문 응답 점포의 매장 위치

단위: 개소, (%)

	1층	2층	3층	4층	지하1층	지하2층	계
도 심	7(36.8)				12(63.2)		19(100.0)
부심역세권	2(9.1)	3(13.6)			17(77.3)		22(100.0)
목 동	14(58.3)	9(37.5)				1(4.2)	24(100.0)
도곡동	10(40.0)	5(20.0)	3(12.0)	1(4.0)	6(24.0)		25(100.0)
계	33(36.7)	17(18.9)	3(3.3)	1(1.1)	35(38.9)	1(1.1)	90(100.0)

자료: 설문조사.

3. 매장 면적: 점포의 매장 면적은 19평 이하가 45.4%, 30평 이상이 46.5%, 나머지 8.1%는 20평대의 규모로 대부분 소규모이다. 지역별로는 도심부의 매장 면적이 가장 좁고, 50평대 이상의 넓은 면적을 가지는 상가들은 도곡동에 가장 많다. 도곡동은 100평 이상의 규모도 다른 지역에 비해 가장 많은 것으로 나타났다〈표 3〉.

〈표 3〉 설문 응답 점포의 매장 면적

단위: 개소, (%)

	9평 이하	10-19평	20-29평	30-39평	40-49평	50-59평	70-79평	80-89평	100평 이상	계
도 심	8(44.4)	6(33.3)	1(5.6)						3(16.7)	18(100.0)
부심역세권	5(22.7)	6(27.3)	1(4.5)	6(27.3)	1(4.5)		2(9.1)		1(4.5)	22(100.0)
목 동	5(23.8)	4(19.0)	4(19.0)	3(14.3)	1(4.8)	1(4.8)	1(4.8)	1(4.8)	1(4.8)	21(100.0)
도곡동	4(16.0)	1(4.0)	1(4.0)	4(16.0)	1(4.0)	5(20.0)	4(16.0)		5(20.0)	25(100.0)
계	22(25.6)	17(19.8)	7(8.1)	13(15.1)	3(3.5)	6(7.0)	7(8.1)	1(1.2)	10(11.6)	86(100.0)

자료: 설문조사.

4. 영업기간: 도심을 제외하면 대부분 점포의 영업기간은 현재 3년 미만에 불과하다. 목동과 도곡동은 준공한지 2~3년, 부심은 5~6년, 도심은 8년과 20년 이상의 건물들이다. 목동과 도곡동을 제외한 나머지 지역에서도 영업기간 3년 미만의 점포가 가장 많아 점포 주인의 변화가 자주 일어나고 있음을 알 수 있다〈표 4〉.

〈표 4〉 설문 응답 점포의 영업기간

단위: 개소, (%)

	1년 미만	1-3년 미만	3-5년 미만	5년 이상	계
도 심	4(21.1)	3(15.8)	3(15.8)	9(47.4)	19(100.0)
부심역세권	8(38.1)	4(19.0)	3(14.3)	6(28.6)	21(100.0)
목 동	14(58.3)	10(41.7)			24(100.0)
도곡동	11(45.8)	11(45.8)	2(8.3)		24(100.0)
계	37(42.0)	28(31.8)	8(9.1)	15(17.0)	88(100.0)

자료: 설문조사.

5. 종사자수: 점포 주인이 혼자 운영하는 경우는 도심지역에서 가장 많다. 점포 주인을 포함한 전체 종업원수가 5명 이하인 점포가 전체의 75%를 차지하고 있다. 15명 이상의 종업원을 보유하고 있는 점포는 도곡동에만 나타나고 있다〈표 5〉.

〈표 5〉 설문 응답 점포의 종업원수*

단위: 개소, (%)

	1명	2명	3명	4-5명	6-10명	11-15명	15명 이상	계
도 심	8(42.1)	4(21.1)	3(15.8)	3(15.8)	1(5.3)			19(100.0)
부심역세권	4(19.0)	4(19.0)	3(14.3)	6(28.6)	2(9.5)	2(9.5)		21(100.0)
목 동	6(26.1)	2(8.7)	6(26.1)	4(17.4)	3(13.0)	2(8.7)		23(100.0)
도곡동	1(4.0)	6(24.0)	4(16.0)	2(8.0)	9(36.0)	1(4.0)	2(8.0)	25(100.0)
계	19(21.6)	16(18.2)	16(18.2)	15(17.0)	15(17.0)	5(5.7)	2(2.3)	88(100.0)

주: * 점포 주인을 포함한 종업원수.
자료: 설문조사.

6. 상점 소유형태: 점포의 82%가 임대 형식으로 가게를 운영하고 있었다. 분양을 받거나 매입한 경우는 전체의 16.9%를 차지하는데 도곡동에 있는 점포들이 가장 많다〈표 6〉.

〈표 6〉 설문 응답 점포의 상점 소유형태

단위: 개소, (%)

	분양 혹은 매입	임대	기타	계
도 심	3(15.8)	16(84.2)		19(100.0)
부심역세권	3(13.6)	18(81.8)	1(4.5)	22(100.0)
목 동	3(13.0)	20(87.0)		23(100.0)
도곡동	6(24.0)	19(76.0)		25(100.0)
계	15(16.9)	73(82.0)	1(1.1)	89(100.0)

자료: 설문조사.

부록 2. 설문지

<주민 대상 설문지>

이 설문지는 지리학 박사학위논문 작성을 위한 자료로, 서울시내 주상복합건물의 특성과 공간구조적 역할에 관한 연구의 일부입니다. 이 연구는 서울시내 주상복합건물의 공급이 증가하고 있는 시점에서 지역적 특성과 서울시 전체 공간구조적 측면에서의 역할을 파악함으로써 복합용도건물의 유용성을 밝히고 앞으로의 도시계획에 대한 기초적 자료를 제공하기 위한 것입니다. 응답해 주신 내용에 대해서는 절대 비밀이 보장되며, 순수 연구목적으로만 사용될 것임을 약속드립니다. 여러분의 귀중한 한 마디가 학문적 연구 및 앞으로의 정책 방향을 모색하는 데 도움이 된다는 것을 생각하시어, 바쁘시더라도 잠시 시간을 할애하여 설문에 응해주시면 대단히 감사하겠습니다.

2002년 6월

서울대학교 대학원 지리학과 박사과정 정은진

(전화: 880-6444/016-256-2457)

Ⅰ. 가구 일반 사항과 통근(통학) 행태

1. 귀하의 가족구성과 통근(통학)에 대하여 〈보기〉에서 골라 주십시오.

관 계	1. 연령	2. 성별	3. 직업	4. 학력	직장(학교)		통근(통학)	
					5. 소재지	6. 집과의 거리	7. 이용 교통수단	8. 소요 시간
세대주					_____ 시 _____ 구 _____ 동			
배우자					_____ 시 _____ 구 _____ 동			
자녀					_____ 시 _____ 구 _____ 동			
자녀					_____ 시 _____ 구 _____ 동			
자녀					_____ 시 _____ 구 _____ 동			
					_____ 시 _____ 구 _____ 동			

〈보기〉
1. **연령** ① 미취학아동 ② 8-9세 ③ 10대 ④ 20대 ⑤ 30대 ⑥ 40대 ⑦ 50대 ⑧ 60대 이상
2. **성별** ① 남 ② 여
3. **직업** ① 전문직(교수, 교사, 의사 등) ② 행정/관리직(5급 이상 공무원, 회사 과장급 이상)
    ③ 사무직 ④ 판매/서비스직 ⑤ 개인자영업 ⑥ 생산직 ⑦ 주부 ⑧ 학생 ⑨ 기타
4. **학력** ① 대졸 이상 ② 고졸 ③ 중졸 이하 ④ 고등학생 ⑤ 중학생 ⑥ 초등학생
5. **직장(학교) 소재지** 소재지의 시·구·동명을 적어 주십시오.
6. **직장(학교)과 집과의 거리** ① 같은 건물 ② 500m 이내 ③ 500m-1km ④ 1km-2km
    ⑤ 2km-3km ⑥ 3km-4km ⑦ 4km 이상
7. **교통수단** ① 도보 ② 자전거 ③ 버스 ④ 지하철 ⑤ 택시 ⑥ 통근(통학)버스 ⑦ 자가용 ⑧ 기타
8. **시간** ① 30분 이내 ② 30분-1시간 ③ 1시간-2시간 ④ 2시간 이상

2. 가족 전체의 월평균 수입은? (　　　)

  ① 50만 원 미만 ② 50-100만 원 ③ 100-150만 원 ④ 150-200만 원

  ⑤ 200만 원 이상 ⑥ 300만 원 이상 ⑦ 400만 원 이상 ⑧ 500만 원 이상

3. 승용차가 있습니까? (　　　)

  ① 없다 ② 한 대 있다 ③ 두 대 있다 ④ 세 대 이상 있다

Ⅱ. 이주과정과 거주 선택요인

4. 현재 살고 계신 주택에 관하여 답해 주십시오.

주 소	거 주 기 간	소 유 형 태	주 택 의 규 모
_____ 구 _____ 동 _____ 번지	_____ 년 _____ 개월	① 자가 ② 전세 ③ 월세 ④ 기타	_____ 평(분양면적)

5. 현재 주택으로 이사오기 전에 살던 주택에 관하여 답해 주십시오.

전 거주지 주소	주 택 의 형 태	주 택 의 규 모	소 유 형 태
—— 시 —— 구 —— 동	① 아파트 ② 연립주택 ③ 다세대 ④ 단독주택 ⑤ 주상복합아파트 ⑥ 기타	—— 평 (아파트: 분양면적, 단독주택: 건축면적)	① 자가 ② 전세 ③ 월세 ④ 기타

6. 현재의 주상복합건물로 이사오게 된 이유에 대하여.

　　1) 아파트와 다른 주상복합건물이라는 것을 알고 선택하셨나요? (　　　)
　　　　① 예　　　　② 아니오

　　2) '예'일 경우 아파트가 아닌 주상복합건축물을 선택하게 된 이유를 3
　　　가지만 골라 주십시오. ·····························　(　　，　　，　　)
　　　　① 재개발 이전의 원래 권리자　② 직장이 가깝기 때문에　③ 교통이 편리하므로

　　　　④ 주변의 근린환경, 편익시　⑤ 건물 내에 있는 상업시설　⑥ 방 배치, 시설 등 집구
　　　　　설 등 주거환경의 문제로　　　등의 이용이 편리해서　　　조가 좋아서

　　　　⑦ 더 넓은 주택이 필요해서　⑧ 교육여건이 좋아서　　　⑨ 집값이 싸기 때문에

　　　　⑩ 재산가치가 있을 것 같　⑪ 내 집 마련을 위해서　⑫ 맞벌이 생활의 편리
　　　　　아서　　　　　　　　　　　　　　　　　　　　　　를 위해

　　　　⑬ 기　타(　　　　　)

III. 현재의 주거환경에 대한 만족도

7. 1) 이전 거주지와 비교해서 좋은 점은?
　　　(①　　　　　　　　　②　　　　　　　　　　　　　　)

　　2) 이전 거주지와 비교해서 나쁜 점은?
　　　(①　　　　　　　　　②　　　　　　　　　　　　　　)

8. 이사를 가신다면 또 주상복합건물로 가실 의향이 있으십니까? (　　　)
　　① 예　　　　　　　　　　　② 아니오
　　〈"아니오"일 경우에만 답해 주시기 바랍니다.〉

　　1) 어떤 형태의 주택으로 옮기고 싶으십니까? (　　　)
　　　　① 아파트 ② 연립주택 ③ 다세대주택 ④ 단독주택 ⑤ 기타 (　　　)

2) 주상복합건물에 있는 주택이 마음에 안 드신다면 이유는 무엇인지 2
   가지만 골라 주십시오. …………………………………… (,   )
   ① 소음·공해가 심해서   ② 주변환경이 나빠서   ③ 교통환경이 나빠서

   ④ 교육여건이 나빠서   ⑤ 공공시설, 편익시설이   ⑥ 주차시설이 나빠서
                         없어서

   ⑦ 관리비가 비싸서   ⑧ 전용면적이 작아서   ⑨ 상업용도와의 혼잡

   ⑩ 투자가치가 없어서   ⑪ 기타 (   )

9. 아래 표의 사항들에 대해 평소 느끼시는 만족도를 표시해 주십시오.

생활환경 만족도 조사 항목		아주 만족	조금 만족	보 통	조금 불만	아주 불만
거주지로서의 생활환경	대중교통 이용의 편리성					
	재산증식을 위한 투자가치					
	자녀의 학교와의 교통환경과 교육환경					
	직장과의 교통환경					
	주변의 공공시설 및 편익시설(관공서, 우체국, 은행 등)					
	놀이터·녹지 등 오픈스페이스					
	관리비 및 난방비의 부담 정도					
건물 내 상가시설	상가의 규모					
	업종의 다양함					
	상품 및 서비스 수준					
	가격 수준					
건물의 구조	건물 출입구					
	엘리베이터 이용편리성					
	주차장 이용의 편리함 및 주차공간의 여유					
	소음·먼지·대기오염 등으로부터의 보호					
	채광·통풍 등의 조건					
	주택내부구조(설계)의 안전성과 편리함					
	전용면적					
건물의 관리 및 경제적 속성	경비·방범 상태					
	주택 보수 및 수리상태					
	건물 주변청결 상태					
이웃관계	건물 내 이웃과의 친분관계					
	서로 알고 지내는 집은 대략 몇 가구?	( ) 가구				
귀하가 느끼시는 총체적 만족도는						

Ⅳ. 상업기능에 대한 인식과 활용도

10. 다음의 물건을 구입하거나 서비스를 받는 곳이 어디인지 〈보기〉에서
    골라 주십시오.

> 〈보기〉 ① 건물 내 상가 ② 근처의 상가 ③ 중심가 전문점 ④ 할인점 ⑤ 백화점 ⑥ 기타

☐ 음·식료품( )　　☐ 문구, 서적( )　　☐ 의류, 잡화( )

☐ 전기, 전자제품( )　　☐ 가구, 인테리어 제품( )　　☐ 스포츠·레저활동( )

☐ 병·의원( )　　☐ 아이들 학원( )　　☐ 은행 등 금융서비스( )

11. 건물 내 상가에 가장 필요하다고 생각하시는 상점이나 시설을 3가지
    만 골라 주십시오.(현재 건물에 없는 상점이나 시설 중에서 골라 주
    십시오) ……………………………………………… (　, 　, 　)

    ① 슈퍼마켓·식료품·일용품　　② 문구·서적　　③ 음식점·제과점

    ④ 병의원·한의원·약국　　⑤ 학원·독서실　　⑥ 유치원

    ⑦ 학교　　⑧ 은행·금융기관　　⑨ 스포츠·레저시설

    ⑩ 이·미용실, 목욕탕, 세탁소　　⑪ 동사무소 등 공공기관　　⑫ 의류·잡화점

    ⑬ 가구·인테리어 제품점　　⑭ 전기·전자제품점　　⑮ 기타(　　　　)

Ⅴ. 총체적 의견

12. '주상복합건물'이란 현재 귀댁의 경우와 같이 주거공간과 상업·업무
    공간을 혼합하여 지은 건물을 말합니다. 전문가들은 이러한 주상복합
    건물이 사는 곳과 직장을 가깝게 하여 교통의 혼잡을 줄이고 야간에
    도 시가지가 활성화되게 하는 등의 장점이 있는 반면, 주거환경이 나
    빠지는 단점이 있다고 합니다. 귀하의 입장에서 보실 때 이러한 주상
    복합건물의 공급을 늘린다면 이에 대해 어떻게 생각하십니까? ( )
    ① 여러 모로 좋지 않기 때문에 절대로 반대한다.
    ② 나름대로의 좋은 점도 있겠으나 살기에 불편하므로 반대한다.
    ③ 그저 그렇다.
    ④ 몇 가지 불편사항만 개선되면 괜찮다.

⑤ 살기에 편리하고 별로 큰 피해가 없으므로 가급적 많이 보급해야
   한다.
⑥ 기 타 (   )

설문에 응답해 주셔서 대단히 감사합니다.

<상가 점포주 대상 설문지>

이 설문지는 지리학 박사학위논문 작성을 위한 자료로, 서울시내 주상복합건물의 특성과 공간구조적 역할에 관한 연구의 일부입니다. 이 연구는 서울시내 주상복합건물의 공급이 증가하고 있는 시점에서 지역적 특성과 서울시 전체 공간구조적 측면에서의 역할을 파악함으로써 복합용도건물의 유용성을 밝히고 앞으로의 도시계획에 대한 기초적 자료를 제공하기 위한 것입니다. 응답해 주신 내용에 대해서는 절대 비밀이 보장되며, 순수 연구목적으로만 사용될 것임을 약속드립니다. 여러분의 귀중한 한 마디가 학문적 연구 및 앞으로의 정책 방향을 모색하는 데 도움이 된다는 것을 생각하시어, 바쁘시더라도 잠시 시간을 할애하여 설문에 응해주시면 대단히 감사하겠습니다.

2002년 6월

서울대학교 대학원 지리학과 박사과정 정은진

(전화: 880-6444/016-256-2457)

1. 점포 주인의 일반 사항과 통근행태
   1) 성　　별: ① 남 ② 여
   2) 나　　이: ① 20대 ② 30대 ③ 40대 ④ 50대 ⑤ 60대 이상
   3) 거 주 지: _________ 시 _________ 구 _________ 동
   4) 통근수단: ① 도보　　② 자전거　　　③ 버스
   　　　　　　 ④ 지하철　⑤ 택시　⑥ 자가용　⑦ 기타(　　　)
   5) 통근 시간: ① 30분 이내　　　② 30분 - 1시간
   　　　　　　 ③ 1시간 - 2시간　④ 2시간 이상

2. 영업환경에 관하여

1) 귀하가 취급하고 계시는 업종은 다음 중 몇 번에 해당합니까? (　　　)

업종구분	업종구분(세분류)
1. 소매업	11. 종합소매업(백화점, 대형할인점)
	12. 음식료품, 담배(슈퍼 등)
	13. 의약품 및 화장품
	14. 의류, 신발, 잡화
	15. 가전제품, 가구, 가정용품
2. 숙박 및 음식점업	21. 숙박업
	22. 음식점업(주점, 제과점 포함)
3. 금융 및 보험관련 서비스업/부동산업	31. 은행
	32. 부동산 등 소개업소
4. 교육서비스업	41. 학원
	42. 독서실
	43. 유치원, 보육시설
5. 보건업	51. 병·의원, 한의원
	52. 동물병원
	53. 약국
6. 기타 오락, 문화 및 운동관련산업	61. 도서관
	62. 오락실, 당구장 등
	63. 체육시설(헬스장, 볼링장, 레져시설, 기원 등)
7. 기타 서비스업	71. 이·미용실
	72. 목욕탕
	73. 세탁소
	74. 비디오방, 노래방 등
8. 기타	81. 사진관, 표구점
	82. 제조업, 수리점, 카센터
	83. 기타(　　　　　　　　　　　　　　　　)

2) 현재의 장소에서 상점을 경영하신 지 얼마나 되었습니까? ＿년＿개월

3) 상점주인을 포함한 전체 종사자수는 몇 명입니까? ＿＿＿＿명

4) 매장은 몇 층에 위치하고 있습니까?　지상＿＿＿층　혹은 지하＿＿＿층

5) 매장 면적은? ＿＿＿＿평

6) 상점 소유형태는? ① 분양 혹은 매입 ② 임대(전, 월세) ③ 기타(　)

7) 상점의 분양가/임대료는 주변지역의 일반 상가와 비교해 볼 때
　　① 비싼 편이다 ② 비슷하다 ③ 싼 편이다

8) 월평균 순수익은 주변지역의 일반 상가와 비교해 볼 때
　　① 많은 편이다 ② 비슷하다 ③ 적은 편이다

9) 귀하의 상점을 이용하는 전체 고객을 100%로 보았을 때, 고객들의 구성 비율은 어느 정도 됩니까?
① 동일건물 거주자: _______ %
② 단지 내 거주자(도보권 이용자) : _______ %
③ 단지 외 거주자(자가용, 기타 교통수단 이용자) : _______ %

3. 주상복합건물에 대하여

1) 주상복합건물에 상점을 연 이유는 무엇입니까? (　　)
① 재개발되기 이전의 원래 권리자
② 건물 내 거주자와 가까이 입지하므로 일반 상가보다 장사에 더 유리할 것 같아
③ 집이 가까운 곳에 있어서
④ 주상복합건물의 여부와는 무관하게 점포의 위치상 적합해서
⑤ 기타(　　　　　　　　　　　　　　　　　　　　　　　)

2) 주상복합건물에서 영업하시는 데 가장 큰 애로사항이 있다면?
(　　　　　　　　　　　　　　　　　　　　　　　　　　)

3) 주상복합건물에서 영업하시는 것이 일반 상가보다 유리한 점이 있다면?
(　　　　　　　　　　　　　　　　　　　　　　　　　　)

4) '주상복합건물'이란 현재 귀댁의 경우와 같이 주거공간과 상업·업무공간을 혼합하여 지은 건물을 말합니다. 전문가들은 이러한 주상복합건물이 사는 곳과 직장을 가깝게 하여 교통의 혼잡을 줄이고 야간에도 시가지가 활성화되게 하는 등의 장점이 있는 반면, 주거환경이 나빠지는 단점이 있다고 합니다. 귀하의 입장에서 보실 때 이러한 주상복합건물의 공급을 늘린다면 이에 대해 어떻게 생각하십니까? (　　)
① 여러 모로 좋지 않기 때문에 절대로 반대한다.
② 나름대로의 좋은 점도 있겠으나 살기에 불편하므로 반대한다.
③ 그저 그렇다.
④ 몇 가지 불편사항만 개선되면 괜찮다.
⑤ 살기에 편리하고 별로 큰 피해가 없으므로 가급적 많이 보급해야 한다.
⑥ 기　타(　　　　　　　　　　　　　　　　　　　　　)

설문에 응답해 주셔서 대단히 감사합니다.

• 저자 •

정은진　　• 약　력 •
(鄭珉禎)　서울대학교 사회과학대학 지리학과 졸업
　　　　　서울대학교 대학원 문학 석사
　　　　　서울대학교 대학원 지리학 박사

　　　　　서울대학교 국토문제연구소 선임연구원
　　　　　서울대, 경희대, 성신여대, 서원대 등 강의
　　　　　현) 미국 The New School 연구원

　　　　　• 주요 논저 •
　　　　　「사회·경제공간으로서 접경지역연구 : 소외성과 낙후성의 형성과 변화」
　　　　　「한국 장수도 변화의 공간적 특성」
　　　　　「고령화 사회의 장수지역 특성과 장수문화 발전에 관한 연구」
　　　　　『도시해석』(공저)
　　　　　『현대 도시의 변화와 정책』(공역)
　　　　　외 다수

서울시 주상복합건물의 주거 특성

• 초판 인쇄	2006년 7월 20일
• 초판 발행	2006년 7월 20일
• 지 은 이	정은진
• 펴 낸 이	채종준
• 펴 낸 곳	한국학술정보㈜
	경기도 파주시 교하읍 문발리 526-2
	파주출판문화정보산업단지
	전화　031) 908-3181(대표)·팩스　031) 908-3189
	홈페이지　http://www.kstudy.com
	e-mail(e-Book사업부)　ebook@kstudy.com
• 등　　록	제일산-115호(2000. 6. 19)
• 가　　격	29,000원

ISBN　89-534-5420-4 93980 (Paper Book)
　　　　89-534-5421-2 98980 (e-Book)